高职高专"工作过程导向"新理念教材　计算机系列

Linux操作系统基础教程

王宝军　编著

U0283890

清华大学出版社

北京

内 容 简 介

本书以 Linux 系统管理基础及应用为主线,融入"适度、够用"的操作系统原理知识,是专为培养 Linux 网络服务器配置与管理能力开设前置课程或相关专业开设 Linux 操作系统基础及应用等课程而精心编排、量身定制的教材。全书共分 7 章,其中,操作系统原理的五大管理功能主要分布在第 1、3、4 章介绍;Linux 系统应用均采用任务驱动方式,便于在实训环境中采用融合教、学、做的"理实一体"模式实施教学;第 7 章作为网络服务器配置入门内容,还可分组模拟实际企业网络信息服务项目而采用角色扮演的方式组织实施。

本书还提供了 3 个附录。其中,附录 A 提供了深入学习 GRUB、Samba 和 Apache 配置的详解;附录 B 可作为 Linux 常用命令的速览工具;附录 C 提供了涵盖本书全部知识点的练习题共计 500 题及其参考答案,便于课后练习、自测及考核。

本书的特点可以概括为:理论知识适度够用、浅显通俗;应用操作任务驱动、做中获知;内容设计采用模块架构、案例翔实;练习测试题库丰富、便于实施。本书可作为高职高专计算机相关专业的教材,也可作为初学者自学自练的参考书。

本书封面贴有清华大学出版社防伪标签,无标签者不得销售。
版权所有,侵权必究。举报:010-62782989,beiqinquan@tup.tsinghua.edu.cn。

图书在版编目(CIP)数据

Linux 操作系统基础教程/王宝军编著. —北京:清华大学出版社,2019(2021.2 重印)
高职高专"工作过程导向"新理念教材.计算机系列
ISBN 978-7-302-53395-5

Ⅰ.①L… Ⅱ.①王… Ⅲ.①Linux 操作系统—高等职业教育—教材 Ⅳ.①TP316.89

中国版本图书馆 CIP 数据核字(2019)第 178764 号

责任编辑:孟毅新
封面设计:傅瑞学
责任校对:袁 芳
责任印制:刘海龙

出版发行:清华大学出版社
   网   址:http://www.tup.com.cn,http://www.wqbook.com
   地   址:北京清华大学学研大厦 A 座   邮   编:100084
   社 总 机:010-62770175   邮   购:010-62786544
   投稿与读者服务:010-62776969,c-service@tup.tsinghua.edu.cn
   质量反馈:010-62772015,zhiliang@tup.tsinghua.edu.cn
   课件下载:http://www.tup.com.cn,010-83470410
印 刷 者:北京富博印刷有限公司
装 订 者:北京市密云县京文制本装订厂
经   销:全国新华书店
开   本:185mm×260mm   印   张:17.75   字   数:408 千字
版   次:2019 年 12 月第 1 版   印   次:2021 年 2 月第 3 次印刷
定   价:48.00 元

产品编号:082253-01

前　言

操作系统是计算机系统必须配备的核心软件,是计算机相关专业的必修课程,其经典的理论知识也是学习其他课程的基础。Linux 是典型多用户、多任务网络操作系统,也是一套免费使用和自由传播的类 UNIX 操作系统,其完善的内置 TCP/IP 网络和通信功能、众多的优良特性和极高的性价比使之得以广泛应用,特别是在企业网络服务器以及云计算、大数据平台的构架等领域占据着明显的优势和日益增多的市场份额。

为适应以云计算、大数据等技术支撑的"互联网＋"新业态,作为培养高技能应用型人才的高等职业技术院校计算机网络技术及其相关专业正越来越多地开设 Linux 操作系统以及网络服务器、云平台架设等方面的课程。但由于多数读者对 Windows 操作系统平台下的基本操作都较为熟练,而对 Linux 操作系统接触较少,尤其是在 Linux 命令行界面下使用命令进行基本操作的能力较为薄弱。为此,编著者结合长期的教学实践和高等职业教育专业建设与改革的经验,以 Linux 系统管理基础应用为主线,融入"适度、够用"的操作系统原理知识,为培养 Linux 网络服务器配置与管理能力开设前置课程或相关专业开设 Linux 操作系统基础及应用等课程而精心编排、量身定制了这本《Linux 操作系统基础教程》教材。

操作系统既是计算机硬件资源和软件资源的管理者,也是用户与计算机之间的友好界面。本书第 1 章首先介绍操作系统的定义与观点、产生与发展,让读者理解操作系统及其涉及的一些基本概念,领略三大基本类型操作系统鲜明的性能特征对比,同时介绍交互式系统中的命令界面和批处理系统的作业调度策略。第 2 章介绍 Linux 操作系统的发展、特点、版本、安装过程中的难点释疑,以及 Linux 引导过程与设置、用户界面的基本使用。第 3 章结合磁盘文件系统基本原理,介绍 Linux 系统中的磁盘管理、文件和目录管理命令的基本操作以及 vi/vim 编辑器的基本使用。第 4 章介绍操作系统中对三大硬件资源的管理功能和实现机制,即 CPU 管理(进程管理)、存储管理和设备管理。第 5 章介绍 Linux 系统管理员常用的用户管理、权限管理、进程管理及其他系统管理命令的使用,以及 Linux 系统中的软件安装和 Shell 编程基础。第 6 章介绍如何组建

Linux 局域网，让读者能学会 Linux 系统的网络配置与测试，能够配置 Samba 服务器并实现 Linux 与 Windows 系统之间的资源共享。第 7 章选取实际的企业网络信息服务项目作为案例，使读者能通过项目的组织实施学会在 Linux 平台下架设 DHCP、DNS 和 Web 服务器以及配置客户端进行测试或访问的基本方法，以引领读者入门 Linux 网络服务器的配置与管理。

本书还提供了 3 个附录。附录 A 较为全面地介绍了 GRUB、Samba 和 Apache 配置文件的详解，作为读者进一步深入配置的学习参考；附录 B 以表格形式列出了本书涉及的常用 Linux 命令格式与示例，读者可用作速览的工具；附录 C 提供了共计 500 题的练习题及其参考答案，基本涵盖了本书操作系统原理和 Linux 系统管理两部分内容的知识点，题型包括单选题、多选题、判断题和填空题，便于读者课后练习和自测，也便于教师对学生的学习情况进行考核。

本课程建议学时为 60～80。本书第 3 章和第 5～7 章的 Linux 操作使用部分均采用任务驱动方式，建议在安装 Linux 系统的实训环境中采用"理实一体"教学模式，通过任务的实施将"教、学、做"融为一体。在第 7 章的网络服务器配置中，还可以分组模拟实际企业网络信息服务项目而采用角色扮演的方式组织实施。同时，对于课程考核，建议除了通过练习题进行理论知识考核外，还要根据学生对各项操作任务、分组项目的实施情况给予一定比例的实践成绩。

本书由浙江交通职业技术学院王宝军编著，戎成主审。在本书的写作及某些项目方案设计、任务实施过程中，得到了浙江交通职业技术学院戎成、王永平等老师的热情帮助，他们以渊博的学识和丰富的实践经验，对本书的内容构思提出了许多宝贵建议；编著者还参考了涉及相关内容的多部优秀教材和专著，从中获得了许多写作灵感，受益匪浅。在此，向各位老师和作者一并表示诚挚的感谢。

鉴于编著者水平所限，书中难免有不足之处，恳请读者不吝指正。

编著者

2019 年 6 月

目　录

第1章 操作系统概述

学习目的与要求

通过了解操作系统的产生与发展，领略三大基本类型操作系统截然不同的性能特征，并理解从中引出的一些基本概念以及操作系统的定义、五大管理功能和基本特征。操作系统是计算机资源的管理者，也是用户与计算机之间的友好接口。本章还要求掌握交互式系统中的命令接口和批处理系统中的作业管理与调度策略。

1.1 操作系统及其发展历程

如果说计算机是拥有各种资源的复杂而庞大的庄园，用户是庄园的主人，那么操作系统就是组织和管理庄园内所有资源的大管家。引入了操作系统的计算机，用户只需通过操作系统告诉计算机想要做什么，而无须关心该怎么做，因为操作系统会按用户的意图自动组织实施，从而使计算机的操作变得十分简便。

1.1.1 操作系统的定义与观点

计算机硬件系统是由处理器(CPU)、存储器和外部设备三大部件组成的，但它们仅仅提供了用户作业赖以活动的物质基础。如果把没有任何软件支持的计算机称为裸机(Bare Machine)，那么现在呈现在用户面前的是经过操作系统改造而成的功能更强、使用更方便的虚拟机(Virtual Machine)。因为操作系统在用户和计算机之间架起了一座桥梁，它控制和管理着整个系统的硬件和软件资源，提供了各种软件运行的支撑环境，使用户无须深入硬件就可以方便、透明地使用计算机。

于是，我们给出操作系统较为完整的定义：操作系统是用来控制和管理计算机系统资源，合理地组织计算机工作流程，以及方便用户操作的程序集合。定义中表达三层含义的三句话，实际上是不同用户从不同侧面看待操作系统的三种观点。

(1) 资源管理观点。这是对系统设计员来说的，资源管理观点的实质是把操作系统看成计算机系统的资源管理程序。计算机系统中的资源按其作用可以分为四大类：处理器、存储器、外部设备三类硬件以及存放在外存上的信息，操作系统的任务就是对这些资源进行动态地分配、释放、相互配合以及信息的记录和修改，为用户提供一种简单有效的资源使用方法，充分发挥资源的利用率。

（2）用户管理观点。对一般用户来说,操作系统是用户和计算机之间的接口。也就是说,用户通过操作系统提供的服务来使用计算机。用户要实现的功能由操作系统负责组织,而不需要了解计算机内部是如何工作的。为此,操作系统为用户提供了两种接口:一种是程序接口,由一组供程序员编程时使用的系统调用程序组成;另一种是命令接口,是提供给操作员可以使用命令或鼠标操作计算机的界面。

（3）进程管理观点。这是对那些专门研究程序和数据流通的人员来说的,多道程序出现后,同一时间在系统中存在多个独立运行的并发程序,而处理器的数量总是少于并发程序的数量,所以它们在系统中不可能同时占有处理器而真正并行执行,在程序执行过程中会存在相互的制约关系,进程的引入就是为了描述这些并发程序之间的动态执行过程。从这个观点来说,操作系统的作用是对进程进行管理,如进程的创建、调度、撤销以及相互通信等,其实质就是对处理器的时间进行合理的分配和管理。

1.1.2　操作系统的产生与发展

计算机从最初的手工操作,到采用监督程序来管理程序执行过程的单道批处理,逐步产生了操作系统的雏形。从此,按不同的应用场合、运行环境以及对系统功能的不同要求,形成了多道批处理系统、分时系统和实时系统三大类性能特点截然不同的操作系统。经过 20 世纪六七十年代的计算机技术大发展时期后,操作系统到 80 年代已趋于成熟,呈现出多种类型。因此,操作系统由用户和计算机的客观需要而产生,伴随着计算机技术本身及其应用的日益发展而逐渐发展和不断完善。

下面详细介绍操作系统的产生和发展过程,目的是让读者了解随着计算机的发展而不断引出的新问题和解决问题的思路,以及引入的许多操作系统的基本概念。

1. 手工操作

在第一代计算机时期(1946 年至 20 世纪 50 年代中期),操作系统尚未出现。这时的计算机采用手工操作方式,用户既是程序员又是操作员,由他们直接对计算机硬件系统进行操作,如图 1-1 所示。

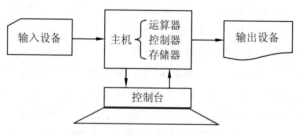

图 1-1　计算机的手工操作方式

首先,将事先已穿孔的纸带(或卡片)装入纸带输入机(或卡片输入机),再启动它们把程序和数据送入计算机;然后通过控制台开关启动计算机运行程序;当程序运行完毕,并取走计算结果、卸下纸带(或卡片)后,才让下一个用户上机。这种手工操作方式有以下两个缺点。

（1）用户独占全机。一台计算机的全部资源只能由一个用户独占。

（2）CPU 等待人工操作。在用户进行装带（卡）、卸带（卡）等手工操作时间内，CPU是空闲的。

在计算机发展初期，由于运算速度较慢，手工操作在整个程序上机操作过程中所占比例还不是很大，对手工操作方式所造成的资源利用率的降低还能够容忍。但由于 CPU速度的提高和系统规模的扩大迅速，而 I/O 设备的速度提高缓慢，人机速度以及 CPU 和I/O 设备速度的差距都日趋加大。

为了减小这些差距，20 世纪 50 年代末出现了一种脱机输入/输出技术。该技术是指事先将纸带（或卡片）上的程序和数据通过一台外围机输入相对高速的磁带（或磁盘）存储器中，当主机需要执行该程序时再把它们从磁带（或磁盘）上高速地调入内存，如图 1-2 所示。输出过程也是类似，先将结果由主机高速地送入磁带（或磁盘），再由外围机将其送到输出设备进行输出。

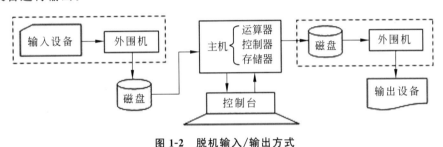

图 1-2　脱机输入/输出方式

这种脱机 I/O 方式的主要优点如下。

（1）减少了 CPU 的空闲时间。装带（卡）、卸带（卡）以及将程序和数据从低速 I/O 设备送到高速磁带（或磁盘）上，都是在脱机情况下进行的，它们不占用主机时间，从而有效地减少了 CPU 的空闲时间。

（2）提高了 I/O 速度。当 CPU 在程序运行中需要数据时，是直接从高速的磁带（或磁盘）上将数据调入内存的，不再是从低速 I/O 设备上调入，从而大大缓解了 CPU 和 I/O设备之间速度的不匹配，进一步提高了 CPU 的利用率。

2. 单道批处理系统的形成

我们先引入一个作业的概念。用户使用计算机解题时，通常采用某种计算机语言对计算问题编写源程序，准备好运行时的初始数据，同时还要提出如汇编或编译、装配连接、启动执行等用于控制执行过程的要求。作业就是指一次计算过程或者事务处理过程中，从输入开始到输出结束，用户要求计算机所做的全部工作的集合。其中的每一个加工步骤称为作业步。

早期的计算机系统非常昂贵，为了能更充分地利用它，人们尽量让主机开启后能连续地运行。在手工操作阶段，一个作业要完成其全部过程之后才能开始下一个作业，脱机I/O 方式为成批处理用户作业的单道批处理系统的形成奠定了基础。

当有大量用户作业提交给计算中心要求处理时,计算机操作员可以按作业的优先程度、作业的类型等因素选择一批作业,把它们以脱机的方式输入磁盘;然后由系统配备的监督程序(Monitor)自动控制每个作业从调入内存、汇编或编译、装配连接、启动执行、输出结果的全过程,并使作业一个接一个地连续处理,直到这批作业全部完成为止。这里,监督程序相当于管理者的角色,也是后来形成的操作系统的雏形,它对作业运行过程的管理的描述如图 1-3 所示。

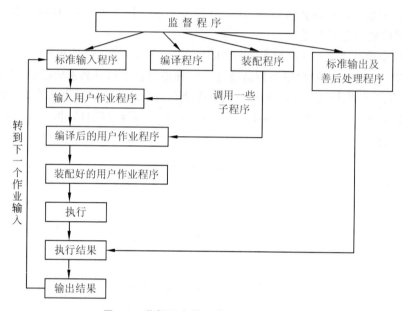

图 1-3 监督程序管理作业的运行过程

20 世纪 60 年代初期,计算机硬件技术获得了通道技术和中断技术两方面的重大进展。这两项技术的发展使得操作系统进入执行系统(Executive System)阶段,克服了监督程序管理作业运行时可能出现的系统程序和用户程序之间的调用、冲突等问题。执行系统具有以下特点。

(1) I/O 工作由主机控制下的通道完成,主机和通道、主机和 I/O 设备可并行操作。

(2) 用户程序的 I/O 操作都由系统进行合法性检查后才执行,提高了系统安全性。

(3) 除 I/O 中断外,溢出、时钟等中断可克服错误停机、用户程序的死循环等。

由于系统对作业的处理都是成批进行的,而且在内存中始终只保持一道作业,所以称为单道批处理系统。20 世纪 50 年代末至 60 年代初,出现了许多成功的单道批处理系统,如 FMS、IBSYS 等。虽然在系统资源利用率和系统吞吐量等方面,单道批处理系统比手工操作阶段有了显著提高,但还远远没有达到理想的要求。

例如,单道批处理系统有着单道性、顺序性和自动性的特征,也就是说监督程序每次只能从外存上的一批作业中按顺序调入一道作业进入内存,该作业完成运行后,才调入后续作业并运行。然而,实际中的作业有大有小,并且一个作业的运行过程往往是 CPU 运算和 I/O 操作交叉进行。一方面,当一个作业在运行中需要进行慢速的 I/O 操作时,就会造成高速 CPU 的等待;另一方面,系统内存需要按最大的作业配置,而多数时间内存中只有一道小作业,这就降低了内存的利用率。

严格地说,单道批处理系统还不能称为操作系统,只能算是操作系统的前身。

3. 多道批处理操作系统

在 20 世纪 60 年代中期引入了多道程序设计技术,由此形成了多道批处理系统,标志着操作系统进入了成熟的阶段。

在多道批处理系统中,用户提交的作业都先存放在外存并排成一个队列,称为后备队列;然后,由作业调度程序按一定的算法从后备队列中选择若干个(而非一个)作业调入内存,这些在内存中等待 CPU 调度执行的作业称为进程,也排列成进程的就绪队列,如图 1-4 所示,它们将共享 CPU 和系统中的各种资源。

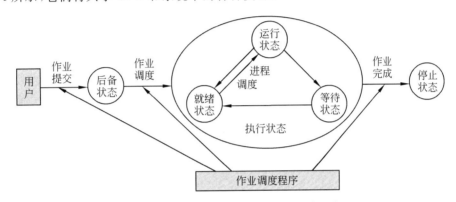

图 1-4　多道批处理系统中的作业调度程序

当 CPU 正在运行某个进程时,如果需要进行 I/O 操作,进程调度程序就会让其进入等待队列,并从就绪队列中按一定原则重新选择一个进程占有 CPU 而运行,使得 CPU 总是处于忙碌状态。这样,同时存放在内存中的多道程序从微观上看是串行的,但从宏观上看却是并行的,它们同时向前推进,如图 1-5 所示。

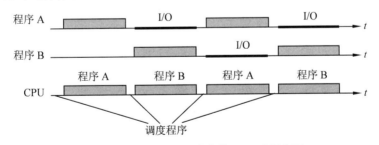

图 1-5　多道批处理系统中的 CPU 时间分配

可以看出,在多道批处理系统中,CPU、内存和 I/O 设备的利用率都得到了极大的提高,在保持 CPU 和 I/O 设备不断忙碌的同时,也必然会大幅度地提高系统的吞吐量。因此,资源利用率高和系统吞吐量大是多道批处理系统的两个最大优点。

但是,多道批处理系统也存在着两个主要缺点:①无交互能力,用户把作业提交给系统后直至作业完成,都不能与自己的作业进行交互,这对修改和调试程序极为不便;②平均周转时间长,由于作业要排队依次进行处理,所以一个作业从进入系统开始到它完成并退出系统所经历的时间往往较长,通常需要几个小时甚至几天的时间。

多道批处理系统具有操作系统的五大管理功能,为使系统中的多道程序间能协调地运行,必须解决以下几个方面的主要技术问题。

(1) 并行运行的多道程序要共享计算机系统的硬件和软件资源,它们不仅要竞争,还要彼此同步,所以同步与互斥机制成为操作系统设计中的重要问题。

(2) 随着多道程序的增加,出现了内存不够用的问题,提高内存的使用效率就变得十分重要,也因此出现了诸如覆盖技术、对换技术和虚拟存储技术等内存管理技术。

(3) 多道程序存在于内存,就要保证系统程序存储区和各用户程序存储区的安全可靠,由此提出了内存保护的要求。

4. 分时操作系统

20 世纪 60 年代,计算机的运算速度有了很大提高,但它仍然十分昂贵,不可能像现在这样每人独占一台计算机。如果说追求高资源利用率和系统吞吐率是多道批处理系统的设计目标,那么用户对人机的交互、多用户共享主机以及方便的作业控制等方面的迫切要求,是推动分时操作系统形成和发展的主要动力。

分时系统就是为了满足用户需要所形成的一种新型操作系统,它与多道批处理系统有着截然不同的性能目标。多用户分时系统如图 1-6 所示。

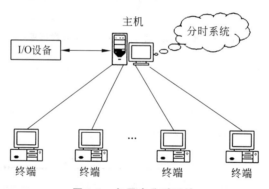

图 1-6　多用户分时系统

在多用户分时系统中,一台主机上连接了多个带有显示器和键盘的终端,同时允许多个用户共享主机中的资源,每个用户都可以通过自己的终端以交互方式使用计算机。要实现分时系统,必须解决以下两个关键问题。

(1) 如何使多个终端用户共享系统资源。为解决这一问题,人们把计算机系统中具有运行能力的资源(如 CPU、I/O 设备等)的时间划分成很小的时间片,然后按一定规则分配给需要它的程序。例如,假设系统连接了 50 个终端,系统轮流为每个终端分配 10ms 的 CPU 时间用来接收和处理用户输入的命令。这样,对某个终端用户来说,每隔 500ms 就会轮到一次服务,避免了像批处理系统中一个作业可能长时间占用 CPU 的情形。由于响应速度足够快,所以用户感觉就像自己独占了一台主机一样。显然,时间片长短的选择至关重要,它将直接影响着分时系统的性能。如果时间片过长,则无法满足用户对响应时间的要求;如果时间片过短,则系统在多个终端用户之间切换处理而需要花费的额外开销就会大大增加,从而降低系统效率。

(2) 如何使终端用户能方便地与自己的作业命令交互。系统为每个联机的终端用户创建一个操作界面,当用户在自己的终端上输入作业命令时,系统应及时地接收该作业命令,并直接调入内存进行处理,最后将处理结果返回用户。接着,用户又可以输入下一条命令,也就实现了人机交互。这一工作方式与批处理系统完全不同,批处理系统中是先将作业存入磁盘,然后再调入内存运行,因为磁盘上的作业无法运行,也就无法实现交互。

在具体实现上,分时系统有单道分时系统、具有“前台”和“后台”的分时系统以及多道分时系统等三种实现方法。现在所使用的分时系统都属于引入了多道程序设计技术而形成的多道分时系统。与批处理系统相比,分时系统具有以下特征。

(1) 交互性。用户可通过终端与系统进行广泛的人机交互。主要表现在两个方面:①为用户提供了良好的软件开发和调试环境,使用户可以在程序动态运行情况下对其加以控制,为用户上机提交作业提供了方便,尤其对于远程终端用户;②为用户之间进行合作提供方便,通过文件系统、电子邮件或其他通信机制可以彼此交换信息。

(2) 及时性。每个终端用户的请求都能在很短的时间内获得响应,其时间间隔是根据人们所能接受的等待时间来确定的,通常为 2～3s。

(3) 多路性。多路性也就是同时性,是指允许在一台主机上同时连接多台联机终端,系统按分时原则为每个用户服务,多个用户共享 CPU 和其他资源,充分发挥了系统的效率。

(4) 独立性。每个用户各占一个终端,彼此独立操作,由于每个用户都能快速得到响应,所以客观上用户感觉不到其他用户的存在,就像独占计算机一样。

5. 实时操作系统

20 世纪 60 年代中期进入了第三代计算机的发展时期,计算机的各项性能都有了很大的提高,造价大幅度下降,使计算机的应用领域日益扩大,逐步向实时控制和实时信息处理等领域渗透。尽管分时系统已考虑用户对响应时间的要求,但其及时性还远远不能满足实时控制和实时信息处理的需要。

(1) 实时控制系统。当计算机用于生产过程的实时控制而形成以计算机为中心的控制系统时,系统要求能实时采集现场数据并及时处理,进而自动控制相应的执行机构,使某些参数(如温度、压力、方位等)能按预定的规律变化,以保证产品的质量并提高产量。类似地,也可以将计算机用于武器的控制,如火炮的自动控制、飞机的自动驾驶、导弹的制导等。通常把要求进行实时控制的系统称为实时控制系统。

(2) 实时信息处理系统。这是要求对信息进行实时处理的系统。这类系统通常由一台或多台主机通过通信线路连接成百上千个远程终端,计算机接收远程终端发来的服务请求,根据用户提出的问题,对信息进行检索和处理,并在很短的时间内为用户做出正确的回答。典型的实时信息系统有:飞机订票系统、情报检索系统等。

实时控制系统和实时信息处理系统统称为实时系统。实时系统中必定存在着若干个实时任务,它们反映或控制着相应的外部事件,因而具有某种程度的紧迫性。按执行时是否呈现周期性来划分,任务有周期性任务和非周期性任务两大类。其中,非周期性任务又分为开始截止时间任务和完成截止时间任务两种。因此,实时系统最明显的特征是实时性、可靠性和专用性。

(1) 实时性。实时信息系统对实时性的要求虽然也是以人们所能接受的等待时间来确定的,但通常要求响应速度要比分时系统更严格一些;而实时控制系统是根据控制对象所要求的开始截止时间或完成截止时间来确定的,一般为秒级、毫秒级,有的甚至要求低于 $100\mu s$。

(2) 可靠性。实时系统要求系统高度可靠,因为任何软、硬件上的故障或差错都可能带来巨大的经济损失,甚至造成无法预料的灾难性后果。因此,在实时系统中,往往都会采取多级容错措施,以保证系统的安全及数据的安全。例如,在硬件上采用双工体制,用两台完全相同的计算机,一台作为主机用于实时控制或实时处理,另一台则和主机并行工作用作后备。它们在任何时刻都保持相同的 CPU 现场,若一台主机发生故障,后备机就立即代替主机继续工作,以确保系统不间断地运行。又如,在对信息可靠性要求较高的场合可以采用多存储系统,即将相同的数据在不同存储位置上以镜像方式重复保存多个副本。

(3) 专用性。正是由于不同的控制和处理对象对实时性和可靠性有着特殊的要求,所以实时系统通常都是针对具体的应用而专门设计的,属于专用系统。

实时系统与批处理系统不同,它强调的是实时性和可靠性,而不是追求很高的资源利用率和系统吞吐量。实时系统与分时系统也不同,尽管它具有多路性、独立性和交互性的特征,但这些特征通常都有一定的针对性。例如,实时系统中的交互性一般只允许用户使用它提供的少量专用命令,不允许用户编写或修改程序。另外,实时系统中没有作业和"道"的概念,也就不存在作业的调度和切换问题。

1.1.3 操作系统的进一步发展

批处理系统、分时系统和实时系统构成了操作系统的 3 种基本类型,而现在一个实际的操作系统则往往兼有三者或其中两者的功能特点。随着微机和网络技术的发展,操作系统也进一步形成了微机操作系统、网络操作系统、分布式操作系统等多种类型。

1. 微机操作系统

配置在微机上的操作系统称为微机操作系统。最早出现的微机操作系统是在 8 位微机上的 CP/M,后来出现了 16 位和 32 位微机,相应地也就出现了 16 位和 32 位的微机操作系统。但从操作系统的技术实现角度来说,通常把微机操作系统分为单用户单任务操作系统、单用户多任务操作系统和多用户多任务操作系统 3 种。

(1) 单用户单任务操作系统。这是一种最简单的微机操作系统,只允许一个用户上机,且只允许用户程序作为一个任务运行。这类操作系统主要配置在 8 位和 16 位微机上,最具代表性的是 CP/M(Control Program/Monitor)和 MS-DOS 操作系统。CP/M 是 1975 年由 Digital Research 公司率先推出的带有软盘系统的 8 位微机操作系统,配置在以 Intel 8080、8085、Z80 芯片为基础的微机上。MS-DOS 是 1981 年由 Microsoft 公司开发,配置在 IBM 公司推出的基于 16 位 Intel 8086 CPU 的个人计算机(PC)上。它在 CP/M 的基础上进行了较大的扩充,具有较强的功能和性能优良的文件系统。

(2) 单用户多任务操作系统。这种操作系统只允许一个用户上机,但允许将一个用户程序分成若干个任务,使它们并发执行,从而有效地改善系统的性能。随着 386、486 到 P4 等 32 位微机的出现,多任务处理能力和图形用户界面成为微机操作系统的发展趋势,其中最具代表性的是 OS/2 和 Windows 操作系统。OS/2 是在 1987 年针对 80286 开发的 16 位微机操作系统;Windows 是在 1990 年推出的,以其易学易用、友好的图形用户界面,以及支持多任务等优点,成为 PC 上的主流操作系统。

(3) 多用户多任务操作系统。这种操作系统允许多个用户通过各自的终端使用同一台主机,共享主机系统中的各类资源,而每个用户程序又可进一步分为多个任务,使它们并发执行,从而进一步提高资源利用率和系统的吞吐量。大、中、小型机中配置的都是多用户多任务操作系统,32 位微机上也有不少配置这类操作系统,其中最具代表性的是 UNIX 和 Linux。UNIX 最初于 20 世纪 60 年代末配置在 DEC 公司的小型机 PDP 上,是由美国电报电话公司的 Bell 实验室开发的一套集中式多用户分时操作系统,它不仅具有强大的系统功能,而且在系统安全性、稳定性、可靠性以及多任务处理能力等方面具有一定的优势。Linux 最初于 1991 年由 Linus Torvalds 开发,是一套完全免费并开放源代码的类 UNIX 操作系统,本书将在第 2 章予以详细介绍。

2. 网络操作系统

计算机网络是计算机技术和通信技术高度发展并相互结合的产物,它可以定义为:将地理位置不同的、功能独立的多个计算机系统,通过通信设备和线路连接起来,由功能完善的网络软件将其有机地联系到一起并进行管理,从而实现网络资源共享和信息传递的系统。一般来说,通信距离的远近决定着传输速率的快慢,而传输速率又极大地影响着网络硬件和软件技术的各个方面,所以人们通常按照网络覆盖范围的大小,把计算机网络分为局域网(LAN)、广域网(WAN)和城域网(MAN)三类。

为计算机网络所配置的操作系统称为网络操作系统,它除了具备通常意义上的操作系统所具有的功能外,最为突出的就是还具有网络管理模块和通信软件。通信软件是一种交流的协议,是各计算机在通信中需要共同遵守的规则。网络操作系统应具有网络通信、资源管理、网络服务、网络管理和互操作能力 5 个方面的功能。

注意:多用户分时系统看上去与星状结构的计算机网络非常相似,但两者完全不同。分时系统中各用户使用的是由显示器、键盘和一个串行接口组成的终端,没有 CPU 和内存,也就没有处理能力,只能用于输入和传输用户的请求给主机,然后接收来自主机的处理结果并显示出来;而连接在计算机网络中的都是具有独立运行能力的计算机系统。当然,个人计算机上配置适当的仿真软件或硬件后,也可以作为一台智能终端来使用。

3. 分布式操作系统

在以往的计算机系统中,处理和控制功能都高度集中在一台主机上,所有的任务都由主机处理,这种系统称为集中式处理系统。分布式处理系统是指由多个分散的处理单元经网络的连接而形成的系统。其中,每个处理单元既具有高度的自治性,又相互协同,能在系统范围内实现资源管理、动态分配任务、并行运行分布式程序。

可见,分布式处理系统最基本的特征就是处理上的分布,其实质是资源、功能、任务和控制都是分布式的。

在分布式处理系统上配置的操作系统称为分布式操作系统。分布式处理系统是以网络为基础发展起来的,因此分布式操作系统与网络操作系统有许多相似之处,但在分布性、并行性、透明性、共享性和健壮性等方面两者也各有特点。

1.2 操作系统的功能与特征

1.2.1 操作系统的功能

操作系统的主要任务是控制和管理计算机系统中的资源。正是基于这种资源管理的观点,无论哪种类型的操作系统,其功能都可分为处理器管理、存储器管理、设备管理、信息管理(文件系统)和用户接口(作业管理)五大模块。

1. 处理器管理

处理器是计算机最珍贵的核心资源,所有程序的运行都要靠它来实现。处理器管理的主要任务是对处理器进行分配,并对其运行进行有效的控制和管理。在单道环境下,处理器被一个作业独占,对处理器的管理十分简单。但在多道程序并发执行的环境下,必须引入进程来动态地描述程序的执行过程,并以进程为单位来分配处理器,因而对处理器的管理可归结为对进程的管理。它主要包括以下几个方面。

(1) 进程控制。其主要任务包括:①为用户要运行的作业分配必要的资源,并创建进程;②控制进程在运行过程中的状态转换,因为多个进程共享处理器,就必须对处理器时间合理分配;③负责撤销已结束的进程,并回收其占有的资源。

(2) 进程调度。其主要任务是从进程的就绪队列中,按某种调度策略(算法)选择一个进程投入运行,即把处理器分配给它,并为它设置运行现场。

(3) 进程同步。由于多个进程竞争处理器资源,每个进程都以人们不可预知的速度向前推进,进程之间可能存在同步和互斥两种关系,因此要在系统中设置同步机制,对各进程的运行进行协调,从而实现进程的同步与互斥。

(4) 进程通信。在多道环境下,系统可能为一个应用程序建立多个进程,它们相互合作完成共同的任务。进程通信的任务就是使相互合作的进程之间实现信息的交换。

2. 存储器管理

存储器是计算机中有限的宝贵资源,因为其最大容量受地址总线位数的限制。尽管硬件的发展使存储器容量不断扩大,但无法满足多道程序环境下用户对存储容量无止境的需求。因此,操作系统就要对存储器进行合理的分配、保护和扩充。

(1) 内存分配。内存中除了操作系统、其他系统程序外,还有一个或多个用户程序,内存分配的主要任务就是为每道程序分配恰当的内存空间,使它们"各得其所"。应尽可能地提高存储器的利用率,并允许程序动态地申请内存空间。

(2) 地址映射。对于任何一个可装入执行的应用程序来说,其地址都是从"0"开始的相对地址(或称逻辑地址),整个程序的地址范围称为逻辑地址空间。在为需要运行的程序分配物理内存空间后,程序调入内存时,操作系统需要将程序中的逻辑地址转换成其对应的物理地址,也就是实现地址重定位或地址映射。

(3) 内存保护。由于内存中有多个程序共存,因此操作系统就要确保每道程序都在自己的内存空间中运行,互不干扰,绝不允许用户程序有意或无意地破坏系统程序和数据,也不允许转移到非共享的其他用户程序中去执行。

(4) 内存扩充。内存扩充并不是指单纯增加物理内存的容量,而是借助虚拟存储技术从逻辑上扩充内存容量,使用户感觉到的内存比物理内存大得多,或者让更多的用户程序能并发执行,因此操作系统应为虚拟存储器的实现提供必要的调入和置换机制。

3. 设备管理

设备管理的主要任务是完成用户提出的 I/O 请求,为用户分配 I/O 设备,提高 CPU 和 I/O 设备的利用率,提高 I/O 速度,方便用户使用 I/O 设备。为实现上述任务,操作系统应具有缓冲管理、设备分配、设备处理及设备独立性和虚拟设备等功能。

(1) 缓冲管理。为了缓解 CPU 和 I/O 设备之间速度不匹配的矛盾,达到提高 CPU 和 I/O 设备利用率的目的,通常为 I/O 设备配置一定的缓冲区。缓冲管理就是采用各种管理机制对缓冲区进行有效的管理。

(2) 设备分配。设备分配的基本任务是根据用户的 I/O 请求,按照某种分配策略为之分配所需的设备,并启动相应设备的处理程序。如果在 I/O 设备和 CPU 之间还存在着设备控制器和 I/O 通道,还必须为分配出去的设备分配相应的控制器和通道。

(3) 设备处理。设备处理程序又称为设备驱动程序,其基本任务是实现 CPU 和设备控制器之间的通信,即由 CPU 向设备控制器发送 I/O 指令,要求它完成指定的 I/O 操作;并接收由设备控制器发来的中断请求,以给予及时的响应和相应的处理。

(4) 设备独立性和虚拟设备。设备独立性也称设备无关性,它是指用户程序独立于物理设备,即与实际使用的物理设备无关。具体来说就是系统应为用户提供透明、友好地使用设备的方法,使用户无论是通过程序还是使用命令来操作设备,都不需要了解设备的具体参数和工作方式,只须简单地使用设备名即可。虚拟设备的功能是把每次仅允许一个进程使用的物理设备(即独占设备,如打印机等),改造为能同时供多个进程共享的设备,或者说把一个物理设备虚拟成多个对应的逻辑设备。

4. 信息管理(文件系统)

暂时不用或者需要长期保存的信息都是以文件的形式存放在磁盘上的,操作系统必须配置优良的文件系统,实现对磁盘上的文件进行安全、有效地管理。文件系统的主要任务是对用户文件和系统文件进行管理,以方便用户使用,并保证文件的安全性。

(1) 文件存储空间的管理。其主要任务是为每个文件分配必要的外存空间,删除文件时释放并回收所占空间,尽可能地提高外存的利用率,提高文件系统的工作速度。

(2) 目录管理。其主要任务是:①为每个文件建立目录项,并对众多的目录项加以有效的组织,使用户能方便地以“按名存取”的方式使用文件;②实现文件共享,只需在外存上保留一份该共享文件的副本;③提供快速的目录查询手段,以提高文件的检索速度。

(3) 文件的读/写管理和存取控制。读/写管理就是根据用户的请求,从外存中读取数据或将数据写入外存,这也是文件系统最基本的功能。为了防止外存上的文件被非法窃取或破坏,文件系统必须提供有效的存取控制手段,以避免未经核准的用户存取文件或者以不正确的方式使用文件,确保文件系统安全可靠。

5. 用户接口(作业管理)

为了方便用户使用计算机系统,操作系统提供了“用户与操作系统的接口”,称为用户接口,它包括命令接口和程序接口两种。命令接口面向普通用户,可以通过键盘终端或鼠标等操作方式向系统发送命令,直接或间接地提交和控制自己的作业运行;程序接口面向程序员,提供了一组系统调用,每一个系统调用都是一个完成特定功能的子程序,编程者可在用户程序中调用它们来访问系统资源或得到操作系统的服务。

根据用户对作业的控制方式不同,命令接口又进一步分为两种:①为批处理用户提供的脱机用户接口;②为联机用户提供的联机用户接口。

1.2.2　现代操作系统的基本特征

任何一个操作系统在设计时都会追求各方面优异的性能,总的原则是:尽可能高的资源利用率;尽可能大的系统吞吐量;尽可能快的响应时间;尽可能方便用户使用的交互能力。但这些设计原则之间有些是相互矛盾的,例如,要想获得系统资源的高利用率和大吞吐量,就要尽量避免用户干预,响应时间就不能过快,这就要看操作系统的设计侧重于哪些方面的性能。并发性、共享性、不确定性和虚拟性是现代操作系统具有的基本特征。

1. 并发性

并行性和并发性是两个有相似但有区别的概念。并行性是指两个或多个事件在同一时刻发生;而并发性是指两个或多个事件在同一时间间隔内发生。在多道程序环境下,并发性是指宏观上在一段时间内有多道程序在同时运行。但在单处理器系统中,每一时刻只能执行一道程序,所以微观上这些程序是在交替执行的,如图 1-7 所示。

应当指出,程序只是指令的有序集合,是一个静态实体,它们是不能并发执行的。为使程序能并发执行,系统必须为每个程序创建进程。简单地说,进程是在系统中能独立运行并作为资源分配的基本单位,它是一个活动实体,是动态的概念。

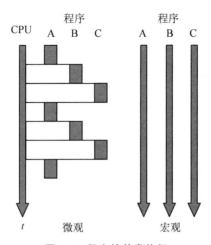

图 1-7　程序的并发执行

2. 共享性

共享性是指系统中的资源可供内存中多个并发执行的进程共同使用。任何一个计算机系统中的硬件和软件资源都是有限的,如果要向系统中的每个进程提供它所需要的全部资源,就会造成资源的极大浪费,而且对某些资源来说也是不可能的。

例如,在单 CPU 系统中,如果系统中有 n 个并发进程,则任何一个时刻总会有 $n-1$ 个进程处于等待 CPU 资源的状态。又如,系统中有许多进程都需要使用一个键盘接收程序,如果为这些进程都提供这一程序的副本并调入内存,就会造成存储空间的浪费。

由于资源的属性不同,多个进程对资源的共享方式也不同,一般的共享方式有以下两种。

(1) 互斥共享方式。系统中的某些互斥资源(如打印机、共用的堆栈等)虽然可以提供给多个进程使用,但在一段时间内却只允许一个进程访问。当一个进程正在访问这类资源时,其他欲访问该资源的进程必须等待,只有当占有它的进程访问完并释放该资源后,才允许另一个进程对该资源进行访问。

(2) 同时访问方式。系统中还有一类资源,允许在一段时间内有多个进程同时对它进行访问,例如,磁盘就是一种典型的可供多个进程同时访问的资源。

注意:并发和共享是现代操作系统的两个最根本的特征,它们又互为存在条件。一方面,资源共享是以程序(进程)的并发执行为条件的,若系统不允许程序并发执行,自然不存在资源共享问题;另一方面,若系统不能对资源共享实施有效管理,则必将影响到程序的并发执行,甚至根本无法并发执行。

3. 不确定性

在单道程序环境下,程序总是按照编制好的指令序列顺序执行,只要给定相同的初始数据,无论何时运行,运行多少次,都必然得到相同的结果,这也是编程者希望得到的正确结果。从这个意义上看,操作系统应该是确定的。

然而,在多道程序环境下,允许多个进程并发执行,由于资源等因素的限制,进程的执行并非"一气呵成",而是以"走走停停"的方式运行。操作系统在处理随时可能发生的事件时,如从外部设备来的中断、输入/输出请求或程序运行时发生的故障等,其发生的时间是不可预知的。因此,某个进程跟其他哪些进程并发执行,内存中的每个进程在何时被调度执行、何时暂停、以怎样的速度向前推进,这些也都是不可预知的。由于程序运行环境存在众多不确定性,如果操作系统不加以处理或设计不当,就有可能破坏程序顺序执行时应有的确定的、正确的结果,导致结果的不确定性。

现代操作系统必须解决并发进程之间可能存在的两种关系:①互斥关系,是由并发进程共享某个资源而可能引起的竞争与冲突,即互斥使用资源;②同步关系,是并发进程之间可能存在的先后顺序关系,即一个进程的执行要以另一个进程的执行结果为条件。

4. 虚拟性

虚拟是指通过某种技术把一个物理实体变成若干个逻辑上的对应物体,物理实体是实际存在的,而后者是用户感觉的。在操作系统中,虚拟主要是通过分时使用的办法来实现的。例如,在多用户分时系统中,虽然只有一个 CPU,但每个终端用户却都以为有一个 CPU 在专门为他服务,这就是利用分时技术把一个物理上的 CPU 按时间片进行划分,虚拟为多个逻辑上的 CPU(即虚处理器)。类似地,也可以把一台物理 I/O 设备虚拟为多台逻辑上的 I/O 设备;还可以把一条物理信道虚拟为多条逻辑信道(虚信道)。

1.3 用户接口和作业管理

人们花大力气去研究和设计操作系统,其目的之一就是为了方便用户,使用户无须进行太多干预就能顺利运行。用户通过操作系统使用和控制计算机,不再与裸机发生直接的关系,所以操作系统便成了用户和计算机之间的接口。

1.3.1 操作系统的用户接口

用户使用计算机解决问题的方式有两种:①编写计算机程序;②使用计算机上已有的软件。这两种方式都需要操作系统的支持,所以操作系统为用户提供了相应的两类接口:①应用于程序一级,称为程序接口;②应用于用户作业控制一级,称为命令接口。

1. 命令接口

命令接口又称为作业级用户接口,通过在用户和操作系统之间提供高级通信来控制程序运行。例如,用户通过输入设备(终端、键盘、鼠标、触摸屏等)发出一系列命令告诉操作系统执行所需功能。根据作业控制方式的不同,命令接口又分为脱机命令接口和联机命令接口两种。

(1) 脱机命令接口。这是为批处理作业的用户提供的,由作业控制语言(JCL)组成,所以也称为批处理用户接口。这里的作业控制语言是操作系统提供给批处理作业用户，为实现所需功能委托系统代为控制的一种计算机语言。在批处理系统中，用户提交一个作业时，除程序和数据外，还要包括一份用作业控制语言编写的作业说明书，以描述该作业执行的控制意图。当系统调度到该作业时，作业一直在作业说明书的控制下运行，直至遇到作业结束语句，系统才停止该作业的运行。因此，批处理系统中没有交互性，即用户不能直接与自己的作业交互。用户只负责提交自己的作业（存放于外存），而系统内作业的建立、调度、终止并撤销的整个过程都是由作业调度程序完成的，这也就是批处理系统中作业管理的主要任务。

（2）联机命令接口。它主要用于交互式作业控制，所以也称为交互式命令接口。在交互式系统中，用户利用操作系统提供的控制命令直接控制作业执行，而系统按照命令的要求控制作业的执行并报告结果，然后用户决定下一步操作，即通过人机对话方式控制作业的执行。由于用户通过输入设备提交的命令是直接进入内存的，而不像批处理系统那样先存放于外存的后备队列等待作业调度，所以严格地说没有作业的概念，交互式命令接口实际上就是系统提供给用户的一种或多种人机对话的用户界面。

注意：作业的概念源自于批处理系统，因为批处理系统中没有交互性，用户只能将自己的作业提交到外存上的后备队列，由系统的作业管理程序对作业进行统一调度、控制直至完成。交互式系统中严格地说没有作业的概念，因为用户通过命令接口提交的命令是直接进入内存的，并以交互方式执行。因此，用户接口和作业管理是从不同角度来看待的两个名词。交互式系统更侧重用户联机对话，其命令接口实际上就是通常所说的用户界面；而批处理系统更强调系统对作业的统一调度。从操作系统角度都可以使用广义的作业概念，无论是批处理作业管理还是交互式作业管理都是一种宏观的高级管理，因为用户总是要让计算机系统为其做各种事情；而作业管理就要贯穿于从用户提交作业到完成作业运行的整个过程。

2. 用户界面的演变

随着计算机软、硬件技术的发展，用户界面也从最初单调的命令行字符界面，演变到现在广泛使用的图形用户界面，以及虚拟现实界面。

（1）字符界面（即命令行接口，CLI）。它由一组键盘操作命令及命令解释程序组成。当用户输入一条命令后，系统便立即转入命令解释程序，对该命令进行解释并执行，在完成指令功能后将结果显示给用户，并返回终端或控制台，等待用户输入下一条命令。DOS和 UNIX 就是采用字符界面的典型操作系统。不同操作系统提供的操作命令及其格式各不相同，用户需要记忆大量的命令以及敲击键盘进行操作。

（2）图形界面（即图形用户接口，GUI）。在 20 世纪 90 年代以来出现的许多操作系统都向用户提供了一种图形界面，用户可以使用鼠标的移动来定位屏幕上的图标、菜单和对话框，通过点击来完成各种操作。这使得用户无须记忆大量的命令名称与格式，从烦琐且单调的命令操作中解放出来。使用图形界面的典型代表就是 Microsoft Windows 操作系统，其界面由桌面、任务栏、菜单、窗口、图标等元素构成。

（3）虚拟现实（Virtual Reality，VR）界面。这是一种以浸染感、交互性和构想为基本特征的计算机高级人机界面。它综合利用了计算机图形学、仿真技术、多媒体技术、人工智能技术、计算机网络、并行处理技术和多传感器技术，模拟人的视觉、听觉、触觉等感官功能，使人能够沉浸于计算机生成的虚拟境界中，并能够通过语言、手势等自然的方式与之进行交互，创建了一种适人化（即以适合人的需要为目标）的多维信息空间。用户不仅能够通过虚拟现实系统感受到客观世界中所经历的身临其境的逼真性，而且能够突破空间、时间和其他客观限制，得到真实世界中无法亲身经历的体验。

3. 程序接口（系统调用）

程序接口是系统提供给程序员使用的接口，是为用户程序在执行中交互地访问系统资源而设置的，也是用户程序取得操作系统服务的唯一途径。它通常由一组系统调用组成，每一个系统调用都是一个能完成特定功能的子程序。

用户在编程时可以在自己的程序中直接或间接地使用这些系统调用。当用户采用低级语言编程时，可以直接使用这些系统调用。例如，在 DOS 环境下采用汇编语言编程时，可以在程序中直接使用 INT 21H，以中断方式调用 DOS 提供的系统调用。当用户采用高级语言编程时，则可以采用程序调用方式，通过解释或编译程序将其翻译成有关的系统调用，完成各种功能和服务。例如，在 Windows 环境下采用 Visual C++ 编程时，通过 API 函数库来调用 Windows 提供的系统调用。

用户在程序中可通过系统调用向操作系统提出启动外围设备进行数据交换、申请和归还资源（如内存、外设等）以及各种控制要求。操作系统则按用户的要求启动相应的外围设备、分配或回收资源、进行调度、显示信息、暂停执行、解除干预等控制工作。

1.3.2 批处理系统的作业管理

从广义上来说，作业分为终端型作业（即交互式作业）和批量型作业（即批处理作业）两大类。其中，批量型作业又分为脱机作业和联机作业两种。脱机作业利用作业说明书实现作业的自动控制；而联机作业利用控制台键盘操作命令直接控制作业的运行。在一个兼顾分时操作和批处理的实际操作系统中，常把批量型作业称为后台作业，而把终端型作业置于前台运行。下面主要针对脱机作业，详细介绍批处理系统中作业管理的基本功能、作业的状态与描述、作业的组织与控制以及常用的作业调度算法。

1. 作业管理的基本功能

从图 1-4 可以看出，操作系统的作业管理是一种宏观的高级管理，完成对用户作业的调度和控制，主要包括：作业执行前的各项准备、作业结束后的清理工作以及调度作业以确保作业运行。具体地说，作业管理的基本功能如下。

（1）作业输入。作业输入是计算机系统处理用户作业的前期阶段，由专门的作业录入程序来完成。当用户向计算机系统提交一个作业时，系统调用作业录入程序把作业送到外存的后备队列（"输入井"）中，然后等待调度。

（2）作业运行准备。作业运行准备工作主要是为作业申请所需的资源（如内存和外存空间、所需的 I/O 设备等），以及对程序语言的解释或编译。

（3）作业调度。作业调度的功能是按某种策略（算法）从后备队列中选择一部分作业，把它们装入内存，交给操作系统的进程管理模块，使它们投入运行。

（4）作业输出。把作业需要输出的数据先保存在外存中的"输出井"，等作业运行结束后，在指定的输出设备上将数据输出。

（5）作业的后处理。作业经过一段时间运行后，可能正常结束，也可能出现异常而中断。出现这两种情况都将由作业管理模块来进行处理，把作业占有的资源回收并交还给系统，然后按作业说明书将文件从系统中消除或转存。

2. 作业的状态与描述

一个作业从进入系统到输出结果、运行结束，整个生命期内将经历提交、后备、执行、停止（即完成）四个阶段，即四种状态，如图 1-4 所示。

（1）提交状态。这是当用户正在通过输入设备向系统提交作业时的作业状态，处于提交状态的作业存在于输入设备和外存储器中，此时完整的作业信息尚未产生。

（2）后备状态。用户完成作业提交后，作业存在于外存储器中，此时的作业处于后备状态，已具有完整的作业描述信息，可以由作业调度程序选择进入主存储器。

（3）执行状态。作业被调度进入主存储器，并以进程形式存在，其状态就是执行状态。处于执行状态的作业可以有多个，其数量取决于主存储器中能容纳的作业数量。

（4）停止状态。当作业完成其指定的功能，与之相关的进程、资源以及其他描述信息撤销后，作业便进入停止状态。

从系统的角度来看，作业是由程序、数据和作业说明书组成的。其中，作业说明书是利用作业控制语言（JCL）来编写的表示用户控制意图的作业控制程序，它包括作业基本描述、作业控制描述和资源要求描述等信息。

3. 作业的控制与调度

作业的建立过程包括两个步骤：①为作业申请并建立一个作业控制块；②输入作业内容。其中，作业控制块（Job Control Block，JCB）是描述一个作业的数据结构，用于唯一标识作业并记录所有与作业相关的信息。当一个作业完成后，操作系统还要负责将该作业的 JCB 从系统中删除，并收回其占用的资源，即完成作业的撤销。

在对作业从建立到撤销整个生存期的控制中，作业调度的任务就是要从后备队列中采用某种策略（算法）选择一个作业投入运行。在批处理系统的作业管理中，采用何种调度算法十分重要，它将直接影响系统的一些性能参数。

设计作业调度算法总的原则主要是四个方面：①尽可能高效地利用资源以及均衡使用资源；②尽可能提高系统吞吐量（单位时间内平均完成的作业数量）；③尽可能缩短响应时间；④尽可能体现公平性，即每个作业应有公平的被调度机会。但这些原则中有些是相互冲突的，比如要提高系统的资源利用率就无法保证缩短响应时间；要提高系统的吞吐量就难以完全保证公平。因此，通常使用以下 4 个参数来量化所设计的调度算法对系统性能的影响，以符合操作系统的设计目的。

（1）周转时间——作业从提交到进入停止状态的时间，即：运行时间＋等待时间。

（2）平均周转时间——系统中所有作业周转时间的平均值。

（3）带权周转时间——周转时间与实际运行时间的比值，即：周转时间÷运行时间。

（4）平均带权周转时间——系统中所有作业的带权周转时间的平均值。

一般来说，平均带权周转时间值越小，系统中作业的等待时间越短，同时系统的吞吐量就越大，系统资源的利用率也就越高。常用的作业调度算法有以下 3 种。

（1）先来先服务（First Come First Serve，FCFS）算法。该算法是将 JCB 链表按作业提交的先后次序排成队列，每次调度时都从队列中选择提交时间最早的作业投入运行。FCFS 算法操作简单，表面上看也最公平，在没有特殊理由需要优先调度某类作业时较为适合。但是，FCFS 方法没有考虑作业运行时间的长短，可能会导致短作业的等待时间较长，使短作业的带权周转时间延长，而长作业的带权周转时间较短。

（2）最短作业优先（Shortest Job First，SJF）算法。该算法是将 JCB 链表按作业的估计运行时间从小到大的顺序排成队列，每次调度时都从队列中选择估计运行时间最短的作业投入运行。采用这种算法可以使系统达到最大的吞吐量，但它未考虑在响应时间上的公平性，短作业的响应时间较短，而长作业则往往需要较长时间等待，甚至很难有被调度运行的机会。

（3）最高响应比优先（Highest Response Ratio Next，HRRN）算法。该算法是对FCFS 算法和 SJF 算法的一种折中处理，它是将 JCB 链表按作业的响应比从高到低的顺序排成队列，每次调度时都从队列中选择响应比最高的作业投入运行。响应比（R）的计算公式如下。

$$R=1+W/T$$

其中，W 指作业已等待的时间；T 指作业所需的运行时间。

很显然，HRRN 算法既考虑到了短作业优先，尽可能地提高系统的吞吐量，又避免了SJF 算法中长作业可能很长时间得不到调度的情况，实际上也就兼顾了作业的响应时间以及公平调度原则。但由于每次调度前都要重新计算响应比，因而增加了系统开销。

第 2 章　Linux 的安装与用户界面

学习目的与要求

从用户的角度来说,操作系统是用户和计算机之间的友好接口。Linux 系统提供了方便用户使用的命令接口和供程序员调用的程序接口;而命令接口又有命令行界面(CLI)、图形用户界面(GUI)和文本用户界面(TUI)3 种。本章主要让读者了解 Linux 操作系统的发展、特点、版本,解决初学者在安装 Linux 过程中遇到的几个难点,同时学会 Linux 引导过程的设置以及用户界面的基本操作使用。

2.1　Linux 操作系统简介

2.1.1　Linux 的起源

在 20 世纪 70 年代,UNIX 操作系统的源程序大多是可以任意传播的。Internet 的基础协议 TCP/IP 就产生于那个年代。在那个时期,人们在创作各自的程序中享受着从事科学探索、创新活动所特有的那种激情和成就感。那时的程序员,并不依靠软件的知识产权向用户收取版权费。

1979 年,AT&T 宣布了 UNIX 的商业化计划,随之出现了各种二进制的商业 UNIX 版本。于是就兴起了基于二进制机读代码的"版权产业"(Copyright Industry),使软件业成为一种版权专有式的产业,围绕程序开发的那种创新活动被局限在某些骨干企业的小圈子里,源码程序被视为核心"商业机密"。一方面,这种做法产生了大批商业软件,极大地推动了软件业的发展,诞生了一批"软件巨人";另一方面,由于封闭式的开发模式,也阻碍了软件业的进一步深化和提高。由此,人们为商业软件的 Bug 付出了巨大的代价。

1984 年,理查德·马修·斯托曼(Richard Matthew Stallman)面对程序开发的封闭模式,发起了一项关于国际性源代码开放的"牛羚(GNU)计划"(gnu 是产自南非的像牛一样的大羚羊,故称牛羚),力图重返 20 世纪 70 年代基于源代码开放来从事创作的美好时光。为了保护源代码开放的程序库不会再度受到商业性的封闭式利用,他创立了自由软件基金会(Free Software Foundation),制定了一项 GPL 条款,称为 Copyleft 版权模式。GNU 是 Gnu's Not UNIX 的递归缩写,类似于 UNIX 且是自由软件的完整操作系统,即 GNU 系统,后来将各种使用 Linux 为核心的 GNU 操作系统都称为 GNU Linux。斯托曼最大的影响是为自由软件运动竖立道德、政治及法律框架,后来被誉为美国自由软件运动的精神领袖。

1987 年 6 月,斯托曼完成了 11 万行源代码开放的"编译器"(GNU gcc),获得了一项重大突破,为国际性源代码开放做出了极大的贡献。

1989 年 11 月,M Tiemann 以 6000 美元开始创业,创造了专注于经营 Cygnus Support(天鹅座支持公司)源代码的开放计划(注意,Cygnus 中隐含着 GNU 的 3 个字母)。Cygnus 是一家专营源代码程序的商业公司。Cygnus"编译器"的客户有许多是一流的 IT 企业。

1991 年 11 月,芬兰赫尔辛基大学一位名叫林纳斯·本纳第克特·托瓦兹(Linus Benedict Torvalds)的学生写了一个小程序,取名为 Linux,放在 Internet 上。他最初是希望开发一个运行在基于 Intel x86 系列 CPU 的计算机上、能代替 Minix 的操作系统"内核"。但出乎意料的是,Linux 刚一出现在 Internet,便受到广大"牛羚计划"追随者们的喜欢,他们很快将 Linux 加工成一个功能完备的操作系统,叫作 GNU Linux。可以说,Linux 内核的横空出世与 GNU 项目成为天作之合,而现在,人们习惯把这个完全免费和开源的 GNU Linux 操作系统简称为 Linux。

从此,在斯托曼、托瓦兹等一批前辈们的精神感召下,无数人接受了开源(Open Source,开放源代码)的思想和理念,兴起了开源文化运动。1994 年 3 月,Linux 1.0 内核发布,也可以说是一种正式的"独立宣言",Linux 转向 GPL 版权协议;此后,Linux 的第一个商业发行版 Slackware 也于同年问世。

1995 年 1 月,Bob Young 创办了 Red Hat(红帽)公司,它以 GNU Linux 为核心,集成了 400 多个源代码开放的程序模块,开发出一种冠以品牌的 Linux,即 Red Hat Linux,称为 Linux 发行版,在市场上出售。这在经营模式上是一个创举。Bob Young 称:"我们从不想拥有自己的'版权专有'技术,我们卖的是'方便'(给用户提供支持和服务),而不是自己的'专有技术'。"源代码开放程序促使各种品牌发行版出现,极大地推动了 Linux 的普及和应用。

1996 年,美国国家标准技术局的计算机系统实验室确认由 Open Linux 公司打包的 Linux 1.2.13 版本符合 POSIX 标准。1998 年 2 月,以 Eric Raymond 为首的一批年轻的"老牛羚骨干分子"终于认识到 GNU Linux 体系产业化道路的本质并非是自由哲学,而是市场竞争的驱动,因此创办了 Open Source Initiative(开放源代码促进会),树起了"复兴"的大旗,在 Internet 世界里展开了一场历史性的 Linux 产业化运动。以 IBM 和 Intel 为首的一大批国际性重量级 IT 企业对 Linux 产品及其经营模式的投资及全球性技术的支持,进一步促进了基于源代码开放模式的 Linux 产业的兴起。

因此,Linux 是一个诞生于网络、成长于网络并且成熟于网络的操作系统,没有互联网就没有 Linux,它不是一个人在开发,而是由世界各地成千上万的程序员协同设计和实现的。Linux 之所以受到广大计算机爱好者的喜爱,最主要的原因有两个:①Linux 是一套自由软件,用户可以无偿得到它与它的源代码,以及大量的应用程序,而且可以对它们进行任意修改和补充,这对用户学习、了解 UNIX 操作系统的内核非常有益;②它具有 UNIX 的全部功能,任何使用 UNIX 操作系统或想要学习 UNIX 操作系统的人都可以从 Linux 中获益。

2.1.2　Linux 的特点

目前,Linux 已经成为主流的操作系统之一。Linux 操作系统之所以在短短几年之内就得到了迅猛发展和不断完善,这与 Linux 的良好特性是分不开的。Linux 可以支持多用户、多任务环境,具有较好的实时性和广泛的协议支持。同时,Linux 操作系统在服务器、嵌入式等方面获得了长足的发展,在系统兼容性和可移植性方面也有上佳的表现,并在个人操作系统方面有着大范围的应用,这主要得益于其开放性。Linux 可以广泛应用于 x86、Sun Sparc、Digital、Alpha、MIPS、PowerPC 等平台。

相对于 Windows 和其他操作系统,Linux 操作系统以其系统简明、功能强大、性能稳定以及扩展性和安全性高而著称,其主要特性可以归纳为以下几个方面。

(1) 开放性。开放性是指系统遵循世界标准规范,特别是遵循开放互连(OSI)国际标准。凡遵循国际标准所开发的硬件和软件,都能彼此兼容,可方便地实现互连。

(2) 多用户。多用户是指系统资源可以被不同用户各自拥有,即每个用户对自己的资源如文件、设备等都有特定的权限,互不影响。

(3) 多任务。多任务是现代操作系统最主要的特点之一。它是指计算机同时执行多个程序,且各个程序的运行互相独立。Linux 系统调度每一个进程平等地使用 CPU。由于 CPU 的处理速度非常快,从 CPU 中断一个应用程序的执行到 Linux 调度 CPU 再次运行这个程序之间只有很短的时间延迟,以至于用户感觉不到,所以从宏观上看好像是多个应用程序在并行运行,而从微观上看 CPU 是由多个应用程序轮流使用的。

(4) 良好的用户界面。Linux 向用户提供了两种界面:用户界面和系统调用。其中用户界面又有字符界面和图形界面两种。Linux 的传统用户界面是字符界面 Shell。它具有很强的程序设计能力,用户可方便地将多条 Shell 命令逻辑地组织在一起,编写成可以独立运行的 Shell 程序。Linux 还为用户提供了图形用户界面。它利用鼠标、菜单、窗口、滚动条等设施,给用户呈现了一个直观的、易操作的、交互性强、友好的图形化界面。系统调用是提供给用户在编程时可直接调用的命令,为用户程序提供了低级、高效率的服务。

(5) 设备独立性。设备独立性也称为设备无关性,是指操作系统把所有的外部设备统一当成文件来看待,只要安装这些外部设备的驱动程序,任何用户都可以像使用文件一样,操纵和使用这些设备,而不必知道它们具体的存在形式。Linux 是一种具有设备独立性的操作系统,它的内核具有高度的适应能力,而且用户还可以修改内核源代码,以适应新增的各种外部设备。

(6) 丰富的网络功能。完善的内置网络和通信功能是 Linux 的一大特点。Linux 提供完善、强大的网络功能主要体现在 3 个方面:①支持 Internet,Linux 为用户免费提供了大量支持 Internet 的软件,使用户可以轻松地实现网上浏览、文件传输和远程登录等网络工作,还可以作为服务器提供 WWW、FTP 和 E-mail 等 Internet 服务,其实 Internet 就是在 UNIX 基础上建立并繁荣起来的;②文件传送,用户能通过一些 Linux 命令完成内部信息或文件的传送;③远程访问,Linux 不仅允许进行文件和程序的传送,也能为系统管理员和技术人员提供访问其他系统的窗口,使得技术人员能够有效地为多个系统服务,即使那些系统位于相距很远的地方。

(7) 可靠的系统安全。Linux 采取了许多安全技术措施,包括对读、写操作进行权限控制,带保护的子系统,审计跟踪和核心授权等,这为网络多用户环境中的用户提供了必要的安全保障。

(8) 良好的可移植性。可移植性是指操作系统从一个平台转移到另一个平台后仍然能按其自身方式运行的能力。Linux 能够在微型计算机到大型计算机的多种硬件平台,如具有 x86、Sparc 和 Alpha 等处理器的平台上运行。良好的可移植性为运行 Linux 的不同计算机之间提供了准确而有效的通信手段,而无须增加特殊或昂贵的通信接口。此外,Linux 还是一种嵌入式操作系统,可以运行在掌上电脑、机顶盒或游戏机上。Linux 2.4 内核就已完全支持 Intel 64 位芯片架构,并支持多处理器技术,使系统性能大大提高。

2.1.3　Linux 的版本

Linux 的版本有内核版本和发行版本两种。

1. Linux 的内核版本

严格来说,Linux 本身实际上只定义了一个操作系统内核,其主要作用包括进程调度、内存管理、配置管理虚拟文件系统、提供网络接口以及支持进程间通信。Linux 的内核版本指的是在托瓦兹领导下的开发小组开发的系统内核的版本号。和所有软件一样,托瓦兹和他的小组也在不断地开发和推出新内核,其版本也在不断升级。

Linux 的内核版本使用 3 种不同的编号方式。第一种方式用于 1.0 版本之前,包括最初第一个版本 0.01 至 0.99 以及之后的 1.0。第二种方式用于 1.0 之后到 2.6,由 A.B.C 三个数字组成,其中,A 代表主版本号,它只有在内核发生很大变化时才改变(历史上只发生过两次,1994 年的 1.0,1996 年的 2.0);B 代表次主版本号,通常它为偶数时表示是稳定的版本,如 2.2.5,若为奇数则表示有一些新的东西加入,是不稳定的测试版本,如 2.3.1;C 代表较小的末版本号,代表一些 Bug 修复、安全更新、添加新特性和驱动的次数。

2003 年 12 月,Linux 的内核发布了 2.6.0 版本,它在性能、安全性和驱动程序等方面都做了关键性的改进,还支持多处理器配置、64 位计算以及实现高效率线程处理的本机 POSIX 线程库(NPTL)。同时,内核版本的编号使用了第三种方式,即 time-based 方式。这种编号方式在 3.0 版本之前是 A.B.C.D 格式,前两个数字 A.B 即 2.6 在七年多时间里一直保持不变,C 随着新版本的发布而增加,D 代表一些 Bug 修复、安全更新、添加新特性和驱动的次数;而在 2011 年 7 月发布的 3.0 版本之后是 A.B.C 格式,虽然看上去类似于第二种编号方式,但其中的数字 B 只是随着新版本的发布而增加,不再像第二种编号方式那样用偶数表示稳定版本、用奇数表示测试版本,例如,版本 3.7.0 代表的不是测试版,而是稳定版。

2. Linux 的发行版本

有一些组织或商业厂家将 Linux 的内核与外围应用软件及文档打包,并提供一些系统安装界面和系统设置与管理工具,这样就构成了一个发行版本(Distribution)。Linux 的发行版本众多,但都建立在同一个内核的基础之上。表 2-1 列出了几款较常用的 Linux 发行版本及其主要特点。

表 2-1　常用的 Linux 发行版本及特点

版本名称	网　　址	特　　点	软件包管理器
Debian Linux	www.debian.org	开放的开发模式,易于进行软件包升级	apt
Fedora Core	www.redhat.com	拥有数量庞大的用户、优秀的社区技术支持,并且有许多创新	up2date(rpm) yum(rpm)
CentOS	www.centos.org	将商业的 Linux 操作系统 RHEL (Red Hat Enterprise Linux)进行源代码编译后分发,并在 RHEL 基础上修正了不少已知的 Bug	rpm
SUSE Linux	www.suse.com	专业的操作系统,易用的 YaST 软件包管理,系统开放	YaST(rpm),第三方 apt(rpm)软件库(repository)
Mandriva	www.mandriva.com	操作界面友好,使用图形配置工具,有庞大的社区进行技术支持,支持 NTFS 分区	rpm
KNOPPIX	www.knoppix.com	可以直接在 CD 上运行,具有优秀的硬件检测和适配能力,可作为系统的急救盘使用	apt
Gentoo Linux	www.gentoo.org	高度的可定制性,使用手册完整	portage
Ubuntu	www.ubuntu.com	优秀易用的桌面环境,基于 Debian 的不稳定版本构建	apt

值得一提的是,在众多的 Linux 发行版本中,Red Hat 公司的系列产品比较成熟,也是目前广泛流行的 Linux 发行版。Red Hat 家族有 Red Hat Linux(如 Red Hat 9)和针对企业发行的版本 RHEL(Red Hat Enterprise Linux),它们都能够通过网络 FTP 免费获得并使用,但 RHEL 的用户如果要在线升级(包括补丁)或者咨询服务,就必须付费。到 2003 年,Red Hat Linux 停止了发布,它由 Fedora Project 这个项目所取代,并以 Fedora Core(简称 FC)这个名字发行,继续提供给普通用户免费使用。FC Linux 发行版更新很快,大约半年左右就有新的版本发布,其试验意味比较浓厚,每次发行都有新的功能加入,这些功能在 FC Linux 中试验成功后就加入到 RHEL 的发行版中。然而,被频繁改进和更新的不稳定产品对于企业来说并不是最好的选择,所以大多数企业还是会选择有偿的 RHEL 产品。

构成 RHEL 的软件包都是基于 GPL 协议发布的,也就是人们常说的开源软件。正因为如此,Red Hat 公司也遵循这个协议,将构成 RHEL 的软件包通过二进制和源代码两种发行方式进行发布。这样,只要是遵循 GPL 协议,任何人都可以在原有 RHEL 的源代码基础上再开发和发布。其中,CentOS(Community Enterprise Operating System,社区企业操作系统)就是这样将 RHEL 发行的源代码重新编译一次,形成一个可使用的二进制版本,或者说是由 RHEL 克隆的一个 Linux 发行版本。这种克隆是合法的,但 Red Hat 是商标,所以必须在新的发行版里将 Red Hat 的商标去掉。Red Hat 对这种发行版的态度是:"我们其实并不反对这种发行版,真正向我们付费的用户,他们重视的并不是系统本身,而是我们所提供的商业服务。"因此,CentOS 可以得到 RHEL 的所有功能,甚至是更好的软件。但 CentOS 并不向用户提供商业支持,当然也不需要负任何商业责任。其实,RHEL 的克隆版本不止 CentOS 一个,还有 White Box Enterprise Linux、TAO Linux 和 Scientific Linux 等。

3. Linux 发行版本的选用

正是由于 Linux 发行版本众多,许多人会为选用哪个 Linux 发行版本而犯愁,这里给出几点建议,仅供读者参考。

(1) Linux 服务器系统的选用。如果你不希望为 RHEL 的升级而付费,而且有足够的 Linux 使用经验,RHEL 的商业技术支持对你来说也并不重要,那么你可以选用 CentOS 系统。CentOS 安装后只要经过简单的配置就能提供非常稳定的服务,现在有不少企业选用了 CentOS,比如著名会议管理系统 MUNPANEL 等。但如果是单纯的业务型企业,还是建议选购 RHEL 并购买相应的服务,这样可以节省企业的 IT 管理费用,并可得到专业的服务。因此,选用 CentOS 还是 RHEL,取决于你的公司是否拥有相应的技术力量。当然,如果你需要的是一个坚如磐石、非常稳定的服务器系统,那么建议你选择 FreeBSD;如果你需要一个稳定的服务器系统,而且还想深入探索一下 Linux 各个方面的知识,想自己定制许多内容,那么推荐你选用 Gentoo。

(2) Linux 桌面系统的选用。如果你只是需要一个桌面系统,而且既不想使用盗版,又不想花钱购买商业软件,也不想自己定制任何东西,在系统上浪费太多的时间,那么你可以根据自己的爱好在 Ubuntu、KUbuntu 和 XUbuntu 中选择一款,这三者之间的区别仅仅是桌面程序不同。如果你想非常灵活地定制自己的 Linux 系统,让自己的计算机运行得更加流畅,而不介意在 Linux 系统安装方面多浪费点时间,那么你可以选用 Gentoo。当然,如果你是初学 Linux 服务配置,希望经过简单配置就能提供非常稳定的服务,也可以选用 CentOS。

除上述选用建议外,实际上还应考虑选用较新的 Linux 内核版本,目前较新的 Linux 发行版本都已采用 3.x 甚至 4.x 的内核版本。另外,一个典型的 Linux 发行版还包括一些 GNU 程序库和工具、命令行 Shell、图形界面的 X Window 系统和相应的桌面环境(如 KDE、GNOME 等),并包含数千种办公套件、编译器、文本编辑器、科学工具等应用软件,所以在实际选用时还要考虑你需要的系统开发和应用环境等多种因素。

2.2　Linux 系统的安装

由于现在的 Linux 发行版大多都采用了类似于 Windows 的图形化安装向导，使安装过程变得非常简单，而且读者通过百度等搜索引擎可以搜索到几乎任何一个 Linux 版本的详细安装教程。因此，这里不再赘述每一步骤呈现的界面及选项，仅以 CentOS 6.5 为例，介绍 Linux 安装前的准备工作以及关键安装步骤所涉及的相关概念与知识，并对其他 Linux 版本的某些不同之处做简单的说明。

2.2.1　安装前的准备工作

Linux 一般都提供了从硬盘、CD-ROM、U 盘和网络驱动器等多种安装方式。其中，将 U 盘制作成 Linux 安装盘，然后设置计算机从 U 盘启动来安装 Linux 是目前使用较多也较为方便、快速的一种安装方式。因此，在安装之前首先应准备好 CentOS 6.5 的系统安装盘，然后根据需求确定将 Linux 安装到计算机上的方式，并收集有关系统信息。

任务 1：根据需求确定将 Linux 安装到计算机上的方式

根据用户的不同需求，通常可以选择以下 3 种方式将 Linux 系统安装到计算机上。

（1）安装成 Linux 虚拟机。对于 Linux 初学者来说，如果你的计算机上已经安装了 Windows 系统，安装 Linux 系统只是为了学习，又不想从现有硬盘分区中划分出专门的空间来供 Linux 使用，而且你的计算机配备（主要是运算速度和内存容量）比较高，那么可以将 Linux 安装为虚拟机。这种方式安装 Linux 的过程较为简单，也无须担心对现有系统有什么影响，但要在 Windows 系统中首先安装好虚拟机软件（如 VMware、Virtual PC 等），然后打开虚拟机软件创建好一个新的虚拟机。

（2）安装成 Linux 和 Windows 的双系统。如果你的计算机已安装了 Windows 系统，而空闲的硬盘空间足够大，也不怕做一些比较复杂的硬盘分区工作，又不想删除正在使用的 Windows 系统，则可以让 Linux 与现有的 Windows 系统共存，即安装成双系统。如果采用这种方式，通常的做法是：①将硬盘上最后一个逻辑盘的数据进行备份；②通过"计算机"→"管理"打开"计算机管理"窗口，选择"磁盘管理"选项，将刚才已备份的逻辑盘删除。一般来说该逻辑盘是扩展分区中划分出的逻辑盘之一，所以最后还必须使用分区工具如 PQmagic 等将该逻辑盘的空间从扩展分区中释放出来，成为未分区的空间，这样才能在重启计算机并安装 Linux 时划分为 Linux 的分区来使用。

（3）安装成 Linux 单系统。不管你的计算机上是否已安装过操作系统，如果你只想把计算机安装成 Linux 单个系统来使用（通常在服务器上都只安装单系统），那就简单得多，你只要让计算机从 Linux 安装盘启动，在安装 Linux 的过程中对整个硬盘进行 Linux 分区即可。

任务2：收集和准备计算机系统信息

在 Linux 安装过程中，系统将试图检测硬件，若是无法准确识别硬件设备，则必须手动输入相应的信息。因此，在安装 Linux 系统之前，还应该收集和准备好以下信息。

（1）硬盘的数量和大小。

（2）内存的大小。内存的大小将直接影响系统的性能。

（3）光驱的型号与接口类型。目前市面上的光驱一般分为 SCSI 和 IDE 两种。

（4）鼠标的类型（PS/2、USB 或 COM）、品牌、型号。

（5）显卡的型号。最好能够知道显卡所使用的显示芯片名称和显卡内存的大小。

（6）显示器的型号、规格。

（7）所使用的网卡是否被支持。如果不支持则应准备好驱动程序。

（8）网络配置信息，包括 IP 地址、子网掩码、默认网关和 DNS 服务器地址。

2.2.2 安装过程中的难点释疑

任务3：从 Linux 系统安装盘启动计算机

在完成上述安装前的准备工作之后，将计算机设置成从系统安装盘启动，然后重启计算机。无论采用哪种方式将 CentOS 6.5 安装到计算机上，从 CentOS 6.5 安装盘成功引导后就会出现以下5个菜单项的画面。

（1）Install or upgrade an existing system　　（安装或升级现有的系统）

（2）Install system with basic video driver　　（安装过程中采用基本的显卡驱动）

（3）Rescue installed system　　（进入系统修复模式）

（4）Boot from local drive　　（退出安装从硬盘启动）

（5）Memory test　　（内存检测）

通常只需选择默认的第一个菜单项，就可以进入图形化安装向导。在经过确认是否测试安装介质（一般不需要而直接单击 skip）、选择安装过程使用的语言、计算机命名（默认为 localhost.localdomain）、时区设置、根账号（即 root 用户）密码设置等步骤后，即进入设置安装类型的步骤，也就是对分区进行布局，这是很多初学者安装 Linux 系统时遇到的第一个难题。

任务4：根据需求来布局 Linux 分区

安装类型设置的向导界面如图 2-1 所示。

一般来说，如果直接将计算机安装成 Linux 单系统或者在 VMware 等虚拟机上安装 Linux，可以直接选择"使用所有空间"选项；如果计算机上已安装了 Windows 系统，并且硬盘上已腾出未分区的空间，则可以选择"使用剩余空间"选项来安装成双系统；如果原来已安装过其他版本的 Linux 系统，则可以选择"替换现有 Linux 系统"选项。选择上述选项后，CentOS 会自动按默认的分区方案进行分区，所以对不熟悉 Linux 分区的初学者来

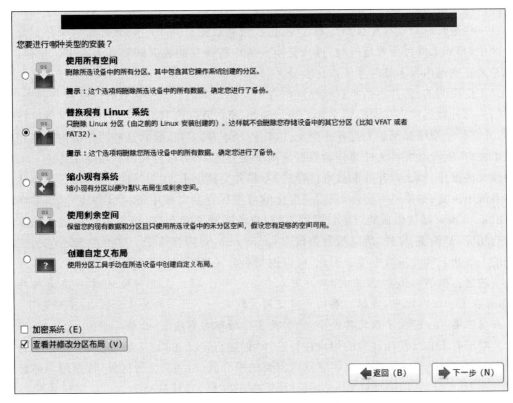

图 2-1　CentOS 6.5 安装向导的"安装类型设置"

说往往会使用这些选项来安装 Linux 系统。

默认情况下，CentOS 会在未分区的磁盘空间中划分出两个最基本的分区：①挂载标志为"/"的根分区，这是 Linux 固有文件系统所处的位置（类似于安装 Windows 系统所用的"C:"），其文件系统类型为 ext4；②挂载标志为"swap"的交换分区，用于实现虚拟存储器的交换空间，其文件系统类型为 swap。

注意：对普通用户来说，Linux 的文件系统与 Windows 有很大差别，这也是习惯使用 Windows 的用户转向 Linux 时较难理解之处。严格地说，在 Linux 系统中没有"盘"的概念，整个存储系统只有一个根（"/"），即用于安装 Linux 系统文件的根分区，而所有其他硬盘分区、光盘、U 盘等都作为一个独立的文件系统挂载在这个根目录下的某级子目录（即挂载点）。

交换分区的原理是一个较复杂的问题，它涉及现代操作系统都普遍实现的"虚拟内存"技术。由于交换分区的调整对 Linux 服务器特别是 Web 服务器的性能至关重要，有时甚至可以克服系统性能的瓶颈，从而节省系统的升级费用，所以这里针对 Linux 系统中的交换分区先做一个较深入的介绍。

"虚拟内存"的实现不但在功能上突破了物理内存的限制，使程序可以操纵大于实际物理内存的空间。更重要的是，"虚拟内存"是隔离每个进程的安全屏障，使每个进程都不受其他程序的干扰。交换分区的作用可以简单描述为：当系统的物理内存不够用时，将

27

物理内存中的一部分空间释放出来,以供当前运行的程序使用。那些被释放的空间可能来自一些很长时间没有什么操作的程序,这些被释放的空间中的数据被临时保存到交换分区中,等到那些程序要运行时,再从交换分区中将保存的数据恢复到内存中。这样,系统总是在物理内存不够时才使用交换分区。

需要说明的是,并不是所有从物理内存中交换出来的数据都会被放到交换分区中,有相当一部分数据被直接交换到文件系统。例如,有的程序会打开一些文件,对文件进行读写(其实每个程序都至少要打开一个文件,即程序本身),当需要将这些程序的内存空间交换出去时,就没必要将文件部分的数据放到交换分区中,可以直接将其放到文件里。如果是读文件操作,那么内存数据被直接释放,不需要交换出来,因为下次需要时,可直接从文件系统中恢复;如果是写文件,只需将变化的数据保存到文件中,以便恢复。但是那些用malloc 和 new 函数生成的对象数据则不同,它们需要交换分区,因为它们在文件系统中没有相应的"储备"文件,所以被称为匿名(anonymous)内存数据。这类数据还包括堆栈中的一些状态和变量数据等。因此,可以说交换分区是"匿名"数据的交换空间。

注意:在 Windows 系统中,用户可以在任何一个磁盘上开辟空间作为虚拟内存使用;而在 Linux 系统中,虚拟内存的交换空间是给定一个独立的特殊分区,即交换分区,因此在安装 Linux 时需要设定其大小,通常是实际物理内存的 1~2 倍。

对于有 Linux 使用经验的用户往往选择"创建自定义布局"选项,进入手动分区的界面来定制自己的分区方案。除创建默认需要的根分区(/)和交换分区外,许多用户还会创建一个 boot 分区,用来存放 Linux 引导所需的文件,其挂载点为/boot,文件系统类型为 ext4,磁盘空间大小一般为 200MB。另外,用户还可以根据需要创建多个用户分区,其空间大小、挂载点可根据用户的需要和喜好来设置,就像安装 Windows 时往往会创建诸如 D、E 盘等多个用于存放用户数据的逻辑盘。这样做的好处是,用户的文件一般都存放在用户分区的挂载目录下(与系统文件目录分开存放),当系统遇到问题需要修复时,可以保留原来的分区方案进行修复,就不会破坏用户分区存放的文件。

任务 5:选择安装类型及需要安装的软件

选择安装类型及需要安装的软件的向导步骤如图 2-2 所示。

首先选择安装系统的 8 种类型(默认为最小安装,即 Minimal)。

(1) Desktop。基本的桌面系统,包括常用的桌面软件,如文档查看工具。

(2) Minimal Desktop。基本的桌面系统,包含的软件更少。

(3) Minimal。基本的系统,不包含任何可选的软件包。

(4) Basic Server。安装的基本系统的平台支持,不包含桌面。

(5) Database Server。基本系统平台,加上 MySQL 和 PostgreSQL 数据库的客户端,不包含桌面。

(6) Web Server。基本系统平台,加上 PHP、Web Server,还有 MySQL 和PostgreSQL 数据库的客户端,不包含桌面。

(7) Virtual Host。基本系统加虚拟主机平台。

(8) Software Development Workstation。包含的软件安装包较多,主要有基本系统、

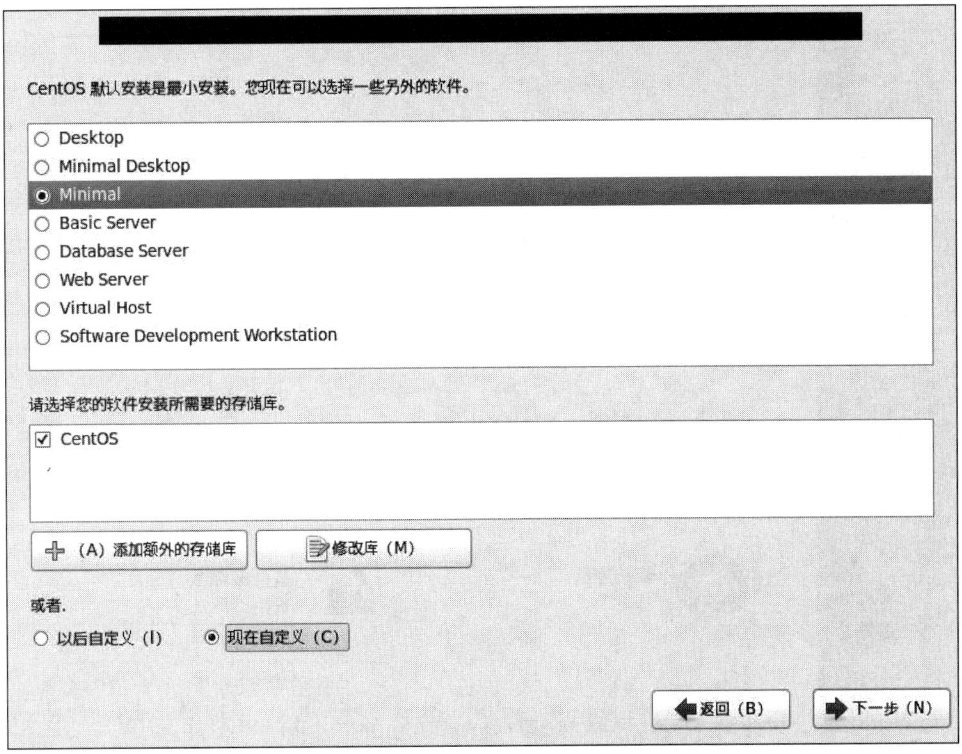

图 2-2　选择安装类型及需要安装的软件

虚拟主机平台桌面环境、开发工具等。

　　然后选中"现在自定义"单选按钮,单击"下一步"按钮,用户可根据自己的需要,进一步定制需要安装的软件。

　　注意:多数流行的 Linux 版本在安装过程中涉及的难点主要是 Linux 分区和软件类型的选择,而且安装步骤也与 CentOS 6.5 基本类似(如 Fedora Core、Red Hat 等)。但 CentOS 7 及以后的版本在安装时把用户可以配置的所有项目都集中在如图 2-3 所示的"安装信息摘要"对话框中,包括日期和时间、键盘、语言支持、安装源、软件选择、安装位置、网络和主机名等,用户可以单击相应的选项分别进行配置,而不再采用向导每完成一项配置后单击"下一步"按钮来进行逐项配置。

　　当用户完成各安装配置项的配置后,单击"开始安装"按钮即可。安装完成后重启计算机,即可进入 CentOS 6.5 的字符登录界面,如图 2-4 所示。

　　注意:如果在安装过程中用户选择了桌面系统(Desktop)的安装,则启动后会直接进入图形桌面的登录界面。在图 2-4 所示的登录界面中,localhost 是默认的计算机名;在"login:"后输入要登录的用户名(root,Linux 默认的超级用户);输入用户名后按 Enter 键即提示"Password:",要求输入密码,Linux 系统中输入密码时是没有任何显示的,不像 Windows 系统中那样会显示" * "号。登录后就会显示登录的时间和终端,tty1 表示第一个字符终端。

图 2-3　CentOS 7 安装向导的"安装信息摘要"对话框

```
CentOS release 6.5 (Final)
Kernel 2.6.32-431.el6.i686 on an i686

localhost login: root
Password:
Last login: Thu Aug 23 00:36:21 on tty1
[root@localhost ~]# _
```

图 2-4　CentOS 6.5 的字符登录界面

2.3　Linux 的引导过程与工具

打开计算机并加载操作系统的过程称为引导。Linux 系统有一个被称为 GRUB (Grand Unified Boot Loader)的引导工具,它在 Linux 安装时取代引导扇区中的引导程序。因此,在计算机启动时,GRUB 将接管 BIOS 交给的控制权,从而引导安装在指定分区上的操作系统。本节介绍 Linux 的引导过程和引导工具 GRUB 的配置等内容。

2.3.1　Linux 的引导过程

当一台 x86 计算机接通电源后,BIOS(基本输入/输出系统)首先进行自检(Power

On Self Test，POST)，如内存的大小、日期和时间、磁盘设备以及它们被用于引导时的顺序等。一般来说，BIOS 都是被配置成首先检查光盘或 U 盘等可移动设备，然后再尝试从硬盘引导。因此，接下来 BIOS 就会读取它找到的可引导介质的第一个扇区(引导扇区)，它包含了一小段被称为 Bootstrap Loader 的引导程序，用于加载和启动位于其他位置的操作系统。

任务 6：认识安装于硬盘的 Linux 系统引导过程

正常情况下，启动计算机最终都是引导安装在硬盘上的操作系统来完成的。其实把硬盘的第一个扇区称作引导扇区并不确切，因为硬盘可以包含多个分区，而每个分区都有自己的引导扇区。为此我们换个名称，把硬盘的第一个扇区(第 0 柱、第 0 面、第 0 扇区)称为主引导记录(Master Boot Record，MBR)，它不仅包含了一段引导程序，还包含一个硬盘分区表。安装于硬盘的 Linux 系统的具体引导步骤如下。

(1) 从 BIOS 到 Kernel。如果 BIOS 在其他可移动设备中没有找到可引导的介质，那么 BIOS 就会将控制权交给 MBR，而运行 MBR 中的引导程序又会把控制权传递给可引导分区上的操作系统，以完成启动过程。有许多引导程序可以使用，例如，Windows NT系统的引导程序 NTLDR，它就是把分区表中标记为 Active 的分区的第一个扇区(一般存放着操作系统的引导代码)读入内存，并跳转到那里开始执行。而 Linux 系统常用的引导程序有 LILO(Linux Loader)、GRUB 等，现在一般都使用 GRUB，它也是 Linux 默认的引导程序。但 GRUB 的安装位置有以下两种不同的选择，所以从 BIOS 到 Linux 内核引导的过程也略有不同。

① 把 GRUB 安装在 MBR。这时就由 BIOS 直接把 GRUB 代码调入内存，然后执行GRUB 代码，即引导过程为：BIOS→GRUB→Kernel。

② 把 GRUB 安装在 Linux 分区并把 Linux 分区设为 Active。这时，BIOS 调入的是Windows 下的 MBR 代码，然后由这段代码来调入 GRUB 的代码(位于活动分区的第0 个扇区)。即引导过程为：BIOS→MBR→GRUB→Kernel。

注意：主引导记录(MBR)虽然只有 512B，但其中包含了十分重要的操作系统引导程序和磁盘分区表，MBR 的损坏将会造成无法引导操作系统的严重后果。对于 Linux 来说，无论使用哪种方式启动，都要保证 Kernel 放在 1024 柱面之前，因为在读入及执行MBR 时，只能用 BIOS 提供的 INT 13 来进行磁盘操作，只有在 Kernel 引导到内存之后才有读/写 1024 柱面以后数据的能力。

(2) 从 Kernel 到 init。首先进行内核初始化，即由 GRUB 引导内核中没有被压缩的部分，以此来引导并解压缩内核的其他部分，并开始初始化硬件和设备驱动程序；然后内核开始执行/sbin/init 程序，生成系统的第一个进程——init，它按照引导配置文件/etc/inittab 执行相应的脚本来进行系统初始化，如设置键盘、装载模块和设置网络等。

(3) 运行/etc/rc.d/rc.sysinit 及/etc/rc.d/rc 脚本。在根据/etc/inittab 中指定的默认运行级别(如 id:3:initdefault:)运行 init 程序后，将运行/etc/rc.d/rc.sysinit 脚本，执行激活交换分区、检查并挂载文件系统、装载部分模块等基本的系统初始化命令。例如，系统启动进入运行模式 3 后，/etc/rc.d/rc3.d 目录下所有以 S 开头的文件将被依次执行；系统关闭时，离开运行模式 3 之前所有以 K 开头的文件将被依次执行。

注意：/etc/rc.d/rc3.d 目录中存储的是指向/etc/rc.d/init.d 目录中的脚本的符号链接，而/etc/rc.d/init.d 目录中存储了所有运行级别的脚本。

（4）运行/etc/rc.d/rc.local 及/etc/rc.d/rc.serial 脚本。init 在/etc/rc.d/rc 脚本执行完毕时将运行以下两个文件。

① rc.local 脚本。只在运行级别 2、3 和 5 之后运行一次，用户可以把需要在引导时运行一次的程序加到该脚本文件中。

② rc.serial 脚本。只在运行级别 1 和 3 之后运行一次，以初始化串行端口。

（5）用户登录。最后在虚拟终端上运行/sbin/mingetty，等待用户登录。至此，Linux 启动结束。引导后系统处于控制台，用户可以使用以下 3 种方法来查看引导信息。

① 使用右 Shift+PgUp 组合键翻页查看。

② 任何时候运行 dmesg 程序来查看。

③ 浏览/var/log/messages 文件。

2.3.2　引导工具 GRUB 及其配置

GRUB 是比 LILO 更新、功能更强大的引导程序，也可以说是一个多重启动管理器，专门处理 Linux 与其他操作系统共存的问题。它可以引导的操作系统有 Linux、OS/2、Windows、Solaris、FreeBSD 和 NetBSD 等，其优势在于能够支持大硬盘、开机画面和菜单式选择，并且在分区位置改变后不必重新配置，使用非常方便。较新的各 Linux 发行版本大多采用 GRUB 作为默认的引导程序。

GRUB 支持 3 种引导方法，即直接引导操作系统内核、通过 chainload 间接引导和通过网络引导。对于 GRUB 能够支持的 Linux、FreeBSD、OpenBSD 和 GUN Mach 可以通过直接引导完成，不需要其他的引导扇区；但对于 GRUB 不能直接支持的操作系统，需要用 chainload 来完成。

下面首先介绍 GRUB 中的设备命名方法，然后完成 GRUB 的一项简单配置。如果要深入了解 GRUB 的各项配置和命令，读者可参考本书附录 A 或查阅相关资料。

任务 7：认识 GRUB 中的设备命名

使用 GRUB 时，设备命名的格式是：（设备号，分区号）。其中：

（1）设备号首先用字母指明设备类别，如 hd 表示 IDE 硬盘、sd 表示 SCSI 硬盘、fd 表示软盘等，IDE 和 SCSI 光驱与磁盘的命名方式相同；紧跟其后再用一位数字表示由 BIOS 确定的同类设备的编号（从 0 开始），如 hd0 表示第 1 个 IDE 硬盘、sd1 表示第 2 个 SCSI 硬盘。

（2）分区号表示相应设备上第几个分区，从 0 开始编号。例如，(hd0,0)表示第 1 个 IDE 硬盘上的第 1 个分区；(sd1,2)表示第 2 个 SCSI 硬盘上的第 3 个分区。

注意：在 Linux 内核文件系统中，由于每个设备都被映射到一个系统设备文件，这些设备文件都存放在/dev 目录下，所以对设备的命名方式与 GRUB 中有所不同。①命名格式上不使用括号,也不用逗号间隔,而是直接将设备号和分区号连在一起;②紧跟在设备类别后的一位数字改为 a、b、c、d 以表示同类设备的编号;③分区号不是从 0 开始,而是从 1 开始编号,因为一个物理硬盘最多可分为 4 个主分区或扩展分区,所以 1~4 为主分区或扩展分区的编号,从 5 开始以后的编号为逻辑分区(或者说是扩展分区中划分出的逻辑盘)。例如,/dev/hda1 表示第 1 个 IDE 硬盘的第 1 个分区;/dev/sdb7 表示第 2 个 SCSI 硬盘的第 3 个逻辑分区。

任务 8:设置默认引导的操作系统和延迟时间

从 Linux 的引导过程可知,如果把 GRUB 安装在 MBR,则计算机启动后就会直接进入 GRUB 的引导菜单。若用户安装的是 Linux 和 Windows 的双系统,那么 GRUB 的菜单中就会显示两个菜单项供用户选择,分别用于启动这两个操作系统。当屏幕上显示 GRUB 的菜单后,如果用户在设定的延迟时间内没有做任何选择,就会按默认的选项启动对应的操作系统。

这里以安装 Windows 7 和 CentOS 6.5 的双系统为例,通过修改 GRUB 的配置文件来修改菜单项名称、默认引导的操作系统和延迟时间。用 vi/vim 文本编辑器打开 GRUB 配置文件/boot/grub/grub.conf,或者编辑该文件的符号链接/etc/grub.conf 文件。

```
[root@localhost ~]#vim /boot/grub/grub.conf        //文件内容中以#号开头的为注释行
#grub.conf generated by anaconda
#
#Note that you do not have to rerun grub after making changes to this file
#NOTICE:  You have a /boot partition.  This means that
#          all kernel and initrd paths are relative to /boot/, eg.
#          root (hd0,0)
#          kernel /vmlinuz-version ro root=/dev/mapper/VolGroup-lv_root
#          initrd /initrd-[generic-]version.img
#boot=/dev/sda
default=0                                    //指定默认引导的操作系统项
timeout=5                                    //设置超时时长为 5s
splashimage=(hd0,0)/grub/splash.xpm.gz       //开机画面文件所在路径和名称
hiddenmenu                                   //隐藏 GRUB 菜单
title CentOS 6.5 (2.6.32-431.el6.i686)       //菜单项上显示的选项
    root (hd0,6)                             //第 1 个硬盘的第 7 个分区
    kernel /vmlinuz-2.6.32-431.el6.i686 ro root=UUID=1747f9fa-9c72-41b9-
888f-fc0a3f96cc9b rd_NO_LUKS KEYBOARDTYPE=pc  KEYTABLE=us rd_NO_MD
crashkernel=auto LANG=zh_CN.UTF-8 rd_NO_LVM rd_NO_DM rhgb quiet
                                             //以只读方式载入内核
    initrd /initramfs-2.6.32-431.el6.i686.img  //初始化映像文件并设置相应参数
title Windows 7
    rootnoverify (hd0,0)                     //第 1 个硬盘的第 1 个分区
    chainloader +1                           //装入 1 个扇区数据并把引导权交给它
[root@localhost ~]#
```

两个 title 行分别定义了在 GRUB 菜单上显示的菜单项名称,按先后顺序编号为 0 和

1。如果在安装 Linux 时没有修改过 GRUB 的菜单项名称,则启动 Windows 的菜单项(即后一个编号为 1 的 title 项)名称通常是 Other,为了使显示的菜单项名称更直观、明确,这里可以将 Other 改为 Windows 7。

"default＝"后面的数字表示默认引导的菜单项编号;"timeout＝"后面的数字表示启动菜单出现后,在用户不做任何操作的情况下,延迟多少时间(以秒为单位)自动引导默认操作系统。因此,用户要修改默认引导的操作系统和延迟时间,可以分别修改 default 和 timeout 的值。修改完毕保存文件,重新启动计算机即可。

注意:①这里首次用到了 Linux 中著名的文本编辑器 vi/vim,其具体的使用方法可参见附录 A。②用户安装 CentOS 6.5 完成并重启计算机后可能并未出现 GRUB 菜单而直接进入 CentOS 系统,这是因为 grub.conf 文件中的 hiddenmenu 配置项默认是有效的,即隐藏了 GRUB 菜单,用户可以将该配置行加井号注释使其无效。③CentOS 6.5 以及 Red Hat、FC 8 等版本的 Linux 系统中使用的是 GRUB-1.x 版本,而 CentOS 7 及以后(包括较新的 RHEL)都采用了 GRUB-2.x 版本,它比 GRUB-1.x 增强了许多功能,其配置文件改为/boot/grub2/grub.cfg,脚本中的配置项格式也略有不同。

2.4 Linux 的用户界面

操作系统为用户提供了两种接口:一种是命令接口,用户利用这些命令来组织和控制作业的执行或对计算机系统进行管理;另一种是程序接口,编程人员调用它们来请求操作系统服务。命令接口通常又有 3 种形式:命令行界面(CLI)、图形用户界面(GUI)和文本用户界面(TUI)。本节主要介绍 Linux 系统 CLI 的使用。GUI 的使用较为简单,仅做简单介绍,而 TUI 在后续用到时会有提及。

2.4.1 Shell 及其使用基础

Linux 为用户提供了功能强大的命令行界面,称为 Shell。它是用户和 Linux 内核之间的接口,提供了输入命令和参数并可得到执行结果的使用环境。Shell 是一个命令解释器,具有内置的 Shell 命令集,Shell 命令也能被系统中其他有效的 Linux 实用程序和应用程序所调用。用户在提示符下输入的命令都是由 Shell 先解释,然后传给 Linux 内核的。因此,Shell 是使用 Linux 的主要环境,也是学习 Linux 不可或缺的重要部分。

1. Shell 简介

Linux 的 Shell 命令中,有些命令的解释程序是包含在 Shell 内部的,比如显示当前工作目录的命令(pwd)等;而有些命令的解释程序是作为独立的程序存在于文件系统的某个目录下的,比如复制命令(cp)、移动命令(mv)等。这些单独存放在某个目录下的程序其实也可以看作应用程序,可以是 Linux 本身自带的实用程序,也可以是购买的商业程序。Shell 在执行一个命令时,会首先检查该命令是否为内部命令,若不是,则 Shell 会试着在搜索路径(能找到可执行程序的目录列表)里查找该命令的解释程序,如果找到,则 Shell 的内部命令或应用程序将被分解为系统调用并传递给 Linux 内核;如果找不到,则 Shell 会显示一条错误信息。因此,对用户来说,并不需要知道一个命令是否为内部命令。

Shell 交互式地解释和执行用户的命令,即遵循一定的语法,将输入的命令加以解释并传递给系统内核。Shell 定义了各种变量和参数,并提供了许多在高级语言中才具有的控制结构,如循环和分支。Shell 虽然不是 Linux 内核的一部分,但它调用了系统内核的大部分功能来执行程序,创建文档,并且以并行的方式协调各个程序的运行。

Linux 将 Shell 独立于内核之外,使得它如同一般的应用程序,可以在不影响操作系统本身的情况下进行修改、更新版本或添加新的功能。用户登录 Linux 系统时,如果系统默认状态被设置为 3,即进入命令行界面,则显示一个等待用户输入命令的 Shell 提示符;如果系统默认状态被设置为 5,即自动启动图形用户界面,那么可以依次选择"主菜单"→"系统工具"→"终端"命令运行终端仿真程序,在终端窗口的命令提示符下同样可以输入任何 Shell 命令及参数。

Linux 开发商设计了很多种不同的 Shell,下面三种 Shell 在大部分 Linux 发行版中被广泛支持。它们在交互模式下的表现类似,但在语法和执行效率上却有所不同。

(1) Bourne Shell(AT&T Shell,在 Linux 下是 BASH)。它是标准的 UNIX Shell,也是 RHEL、CentOS 等多数 Linux 默认使用的 Shell,以简洁、快速而著称,大多系统管理命令(如 rc start、stop、shutdown)都包含在其中,且在单一用户模式下以 root 登录时它常被系统管理员使用。在 BASH 中超级用户 root 的提示符是♯,其他普通用户的提示符是 $。

(2) C Shell(Berkeley Shell,在 Linux 下是 TCSH)。这种 Shell 加入了一些新特性,如别名、内置算术以及命令和文件名自动补齐等,对于常在交互模式下执行 Shell 的用户会比较喜欢,其默认提示符是%。

(3) Korn Shell。这是 Bourne Shell 的超集,由 AT&T 的 David Korn 所开发,默认提示符是 $,它和 Bourne Shell 一样完全向下兼容。除了执行效率稍差以外,Korn Shell 在许多方面都比 Bourne Shell 表现得好。与 C Shell 相比,Korn Shell 增加了比 C Shell 更加突出的性能,效率和易用性上也优于 C Shell。

2．Shell 的命令行格式

Linux 系统中常用的命令行格式如下。

命令名［选项］［参数 1］［参数 2］…

命令行的各部分之间必须由一个或多个空格或制表符<Tab>隔开。其中,选项采用连字符"-"开头紧跟一个字母的形式,使命令具有某个特殊的功能。有时候一条命令可能需要多个选项,则可用一个"-"后跟多个字母连起来输入。例如,命令 ls -l -a 可直接写成 ls -la,它们是等价的。

3. Shell 命令的操作技巧

在 Linux 中输入命令时可使用 Shell 提供的许多实用功能,用户掌握这些技巧就可以大大提高命令输入的速度和效率。下面列举几个常用的技巧(前两个使用尤为频繁)。

(1) 调出先前已执行过的命令。有时需要重复执行先前已执行过的命令,或者对其进行少量修改后再执行,这种情况下就可以用 ↑、↓ 键来调出先前执行过的命令,或输入少量命令字符后按 Ctrl+R 组合键来"快速查找"先前执行过的命令(重复按 Ctrl+R 组合键可在整个匹配的命令列表中循环)。

(2) 命令名和文件名的自动补全。用户有时候会记不清命令名或文件名的全部,或因名称较长,逐个字母全名输入的话既麻烦又耗时,还容易出错,这种情况下可使用命令名和文件名的自动补全功能,以提高命令输入的效率。具体来说,就是在输入命令名或命令中某个目录和文件名时,只需输入前几个字符后按 Tab 键,系统就会自动匹配以已输入字符开头的命令名称,或者在指定路径下搜索以已输入字符开头的目录或文件名,若匹配到一个则自动补全,若匹配到多个则显示列表供用户选择一个。下面通过几个实例来说明。

```
[root@localhost ~]#cd /u<Tab>              //会自动扩展成 cd /usr/
[root@localhost ~]#cd /usr/sr<Tab>         //又扩展成 cd /usr/src/
[root@localhost ~]#cd /usr/src/ker<Tab>    //又扩展成 cd /usr/src/kernels/
[root@localhost ~]#cd /usr/src/kernels/<Enter>    //执行后改变了当前目录
[root@localhost kernels]#cd
[root@localhost ~]mkd<Tab>                 //此时会列出所有以 mkd 开头的命令
mkdict    mkdir    mkdirhier    mkdosfs       mkdumprd
[root@localhost ~]#mkdir                    //从列表中选择一个
[root@localhost ~]#rpm -ivh thisis<Tab>    //自动匹配到以 thisis 开头的 RPM 软件包
[root@localhost ~]#rpm -ivh thisisaexample-5.6.7-i686.rpm
```

(3) 常用的命令行编辑快捷键。主要有:光标移至命令行首(Ctrl+A)、光标移至命令行尾(Ctrl+E)、删除光标位置至行首的所有字符(Ctrl+U)、删除光标位置至行尾的所有字符(Ctrl+K)、粘贴最后被删除的内容(Ctrl+Y)等。

(4) 使用命令别名。如果需要频繁地使用参数相同的某条命令,可以为这条完整的命令创建一个别名,此后就可以用别名来输入这条命令了。例如:

```
[root@localhost ~]#alias ls='ls -l'    //此后输入 ls 会自动以 ls -l 代替
[root@localhost ~]#alias  -p            //-p 选项用于列出系统当前已定义的命令别名
alias cp='cp -i'
alias l.='ls -d .* --color=auto'
alias ll='ls -l --color=auto'
alias ls='ls -l'                        //此项正是前面用 alias 命令定义的命令别名
alias mc='. /usr/libexec/mc/mc-wrapper.sh'
alias mv='mv -i'
alias rm='rm -i'
```

2.4.2　Linux 的图形用户界面

1. X Window 简介

X Window 系统是开放源码桌面环境的基础,它提供了一个通用的工具包,包含像素、明暗、直线、多边形和文本等。X Window 于 1984 年由麻省理工学院(MIT)计算机科学研究室开始开发,当时 Bob Scheifler 正在开发分布式系统,同一时间 DEC 公司的 Jim Gettys 正在麻省理工学院做 Athena 计划的一部分。两个计划都需要一个相同的东西,就是一套在 UNIX 机器上运行优良的视窗系统,于是他们开始合作。他们从斯坦福大学得到了一套叫作 W 的试验性的视窗系统。因为是以 W 视窗系统为基础开始发展的,所以当发展到足以和原先系统有明显区别时,他们把这个新系统叫作 X。严格地说,X Window 系统并不是一个软件,而是一个协议,它定义了一个系统所必须具备的功能,任何系统只要满足此协议及符合 X 协议的其他规范,便可称为 X。

X Window 是 Linux 下的 GUI,虽然它可以方便和简化系统与网络管理工作,但大部分系统管理员和网络管理员仍喜欢在命令行界面下工作。GUI 是由图标、菜单、对话框、任务条、视窗和其他一些具有可视特征的组件组成。CentOS 等 Linux 中基于 X Window 的图形界面管理系统主要有 KDE 和 GNOME,这些功能强大的图形化桌面环境可以让用户方便地访问应用程序、文件和系统资源。

2. KDE 与 GNOME

KDE 是在 1996 年 10 月发起的项目,目的是在 X Window 上建立一个完整易用的桌面系统,是 TrollTech 公司开发的 Qt 程序库。Qt 本身作为一种基于 C++ 的跨平台开发工具非常优秀,但它不是自由软件。TrollTech 公司允许任何人使用 Qt 编写免费软件给其他用户使用,但是如果想利用 Qt 编写非免费软件,则需要购买许可证。

1997 年 8 月,为了克服 KDE 所遇到的 Qt 许可协议和单一 C++ 依赖的困难,以墨西哥的 Miguel de Icaza 为首的 250 个程序员启动了 GNOME 项目,经过 14 个月的共同努力完成了 GNOME 项目的开发。现在 GNOME 已经成为 Red Hat 系列 Linux 默认的图形用户界面,拥有大量的应用软件,包括文字处理、电子表格和图形图像处理等。

KDE 和 GNOME 都集成了桌面环境,用户看到的窗口界面几乎是一致的,并且都可以用客户程序编辑文档、网上冲浪等。对于习惯使用 Windows 的用户来说,使用 KDE 和 GNOME 这样的桌面系统并不困难。因此,这里仅介绍 KDE 和 GNOME 的启动,以及它们和字符终端之间的切换等。

(1) 字符界面下启动 KDE 和 GNOME 桌面的命令如下。

```
[root@localhost ~]#kdm                          //启动 KDE 图形界面
[root@localhost ~]#startx                        //启动 GNOME 图形界面
```

注意:CentOS 默认的桌面是 GNOME,如果用 startx 命令启动的 GNOME 是英文的图形界面。可以使用命令 startx /etc/X11/prefdm 加载 prefdm 文件来启动中文的图形界面。

（2）设置 GNOME 或者 KDE 为默认的启动桌面环境，可以修改/etc/sysconfig/desktop 文件。若 desktop 文件不存在，则创建该文件并输入以下内容。

```
[root@localhost ~]#vim /etc/sysconfig/desktop          //输入以下两行内容
DESKTOP="GNOME"                      //若设置 KDE 为默认桌面,将此两行中的 GNOME 改为 KDE
DISPLAYMANAGER="GNOME"
[root@localhost ~]#                                    //保存退出
```

（3）控制台的切换。Linux 是一个真正的多用户操作系统，和 UNIX 一样提供了虚拟控制台（终端）的访问方式，它允许同时打开 6 个字符终端和 1 个图形终端以允许多个不同用户登录，也允许同一个用户在不同终端上进行多次登录。如果用户已登录到某个字符终端，要切换到另一个字符终端，可以按 Alt＋F1～F6 组合键；要切换到图形终端，可以按 Alt＋F7 组合键；要从图形终端切换到某个字符终端，可按 Ctrl＋Alt＋F1～F6 组合键。

2.4.3 设置 Linux 启动运行级别

Linux 把系统关闭、重启、完全多用户模式的字符命令界面、图形用户界面等看成系统处于不同的状态，或者说被赋予了不同的运行级别（runlevel），这是 Linux 系统的一个重要概念。Linux 的 init 程序分为两种：UNIX System Ⅴ 和 BSD init。Red Hat 系列Linux（包括 CentOS）使用运行级别的 UNIX System Ⅴ，其运行级别为 0～6，各运行级别及其含义如表 2-2 所示。

表 2-2 运行级别及其含义

运行级别	含　　义
0	halt,即完全关闭系统
1	单用户模式,系统为最小配置,只允许超级用户访问整个多用户文件系统
2	多用户模式,但不支持 NFS,若不连接网络则与运行级别 3 相同
3	完全多用户模式,允许网络上的其他系统进行远程文件共享
4	未使用
5	图形模式,即启动 X Window 系统和 xdm 程序
6	reboot,即重新引导系统

任务 9：认识/etc/inittab 文件的默认配置并设置启动运行级别

从 Linux 系统的引导过程中可以看出，init 程序根据/etc/inittab 文件中指定的默认运行级别初始化系统。也就是说，Linux 启动后进入字符界面还是图形界面是由/etc/inittab 文件指定的。以下是 CentOS 6.5 中/etc/inittab 文件的内容。

```
[root@localhost ~]#vim /etc/inittab
```

```
#inittab is only used by upstart for the default runlevel.
#ADDING OTHER CONFIGURATION HERE WILL HAVE NO EFFECT ON YOUR SYSTEM.
#System initialization is started by /etc/init/rcS.conf
#Individual runlevels are started by /etc/init/rc.conf
#Ctrl-Alt-Delete is handled by /etc/init/control-alt-delete.conf
#Terminal gettys are handled by /etc/init/tty.conf and /etc/init/serial.conf,
#with configuration in /etc/sysconfig/init.
#For information on how to write upstart event handlers, or how
#upstart works, see init(5), init(8), and initctl(8).
#Default runlevel. The runlevels used are:
#    0 -halt (Do NOT set initdefault to this)
#    1 -Single user mode
#    2 -Multiuser, without NFS (The same as 3, if you do not have networking)
#    3 -Full multiuser mode
#    4 -unused
#    5 -X11
#    6 -reboot (Do NOT set initdefault to this)
id:3:initdefault:
```

/etc/inittab 文件中的配置行通常包括 4 个域,格式为 id：runlevels：action：command,各个域之间以冒号(：)间隔,其功能说明如下。

(1) id：配置行标识。用 1 个或 2 个字符序列作为本行的标识,它在此文件中是唯一的,某些记录必须使用特定的 code 才能正常工作。

(2) runlevels：运行级别。指定该记录行针对哪个运行级别(或系统状态)配置。

(3) action：动作。即在某一特定运行级别下执行 command 命令可能的动作或方式,有 initdefault、respawn、wait、once、boot、bootwait、sysinit、powerwait、powerfail、powerokwait、ctrlaltdel、kbrequest 共 12 种。

(4) command：给出相应记录行要执行的命令。

可以看出,CentOS 6.5 的/etc/inittab 中只有"id：3：initdefault："行是有效配置行,它表示 Linux 启动系统的运行级别为 3,即进入多用户字符模式。显然,如果希望启动 Linux 时直接进入图形模式,只需将该行中的 3 改为 5 即可。

注意：①因为"id：3：initdefault："配置行指定的动作是 Linux 系统的初始化运行级别 (initdefault),所以不需要第 4 个 command 域给出命令,但最后一个间隔符(：)不可省略。 ②不要把 initdefault 设置为 0 或 6。③/etc/rc.d/init.d 目录下存放了进入 0～6 各个运行级别需要执行的所有脚本,而每个运行级别各自需要执行的脚本是以符号链接文件的形式,分别存放在/etc/rc.d/rc0.d～/etc/rc.d/rc6.d 目录下,这些符号链接文件均指向 /etc/rc.d/init.d 目录下对应的脚本。④在 CentOS 7 及以上版本中,设置 Linux 启动时的默认运行级别已不是通过修改/etc/inittab 文件中的"id：3：initdefault："配置行来实现, 而是使用以下命令来实现。

```
#systemctl get-default                          //查看默认运行级别
#systemctl set-default multi-user.target        //设置默认运行级别为 3
```

```
#systemctl set-default graphical.target              //设置默认运行级别为 5
    //也可使用先删除/etc/systemd/system/default.target 文件再重建链接的方法
    //如下：
    //设置默认运行级别 3
#rm -f /etc/systemd/system/default.target
#ln -sf /lib/systemd/system/multi-user.target /etc/systemd/system
/default.target                                      //或使用以下命令
#ln -sf /lib/systemd/system/runlevel3.target /etc/systemd/system
/default.target
    //设置默认运行级别 5
#ln -sf /lib/systemd/system/graphical.target /etc/systemd/system
/default.target                                      //或使用以下命令
#ln -sf /lib/systemd/system/runlevel5.target /etc/systemd/system
/default.target
```

第 3 章 文件系统及 Linux 文件管理

学习目的与要求

外部存储器简称外存,是一种特殊的外部设备,磁盘是 PC 上必配的一类大容量高速外存设备。用户希望能"按名存取"文件,而无须知道文件是如何组织起来并存放在磁盘上的,于是就把磁盘空间的管理、文件目录的组织、文件的物理存放形式、文件的共享与安全等一系列问题交给了文件系统来实施。通过本章的学习,不仅要了解操作系统中的文件系统基本概念和处理上述问题的一般方法,以及 Linux 采用的 Ext 文件系统相关知识,还要求能熟练地使用 Linux 中的磁盘、目录和文件管理命令。

3.1 磁盘与文件系统

计算机中的程序和数据通常以文件的形式存放在外存中,需要时再将它们调入内存运行或处理。用户并不想关心文件在磁盘上是如何进行存取的,而是希望直接通过文件名就能使用它,也就是实现透明存取。因此,对文件的组织、存取、保护、共享、操作等各种管理工作就交给了操作系统的文件系统。

3.1.1 文件与文件系统概述

1. 文件的概念与分类

简单地说,文件是具有名字的一组相关信息的集合,也是用户在外存储器中存储信息的基本单位。每个文件都必须赋予一个名字,称为文件名。有了文件名就能区分不同的文件,还可以通过文件名来对文件进行管理。

不同操作系统中文件的命名规则略有不同。例如,Windows 系统支持最多 255 个字符的长文件名规则,文件全名遵循"文件名[.扩展名]"的格式。虽然扩展名不是必需的,但通常会用它来区分不同的文件类型。Linux 系统也支持长文件名规则,但与 Windows 不同的是,即使文件名的最后添加"后缀",也只是用户的习惯用法,系统并不根据后缀来识别不同类型的文件,而且文件名中的英文字母是区分大小写的。

从用户看待文件组织方式的角度来说,文件可分为由字符流构成的流式文件和由若干个记录构成的记录式文件两大类。除此之外,文件的分类方法还有很多,譬如,按性质和用途不同可分为系统文件、库文件和用户文件三类;按文件的保护级别不同可分为执行文件、只读文件、读写文件和不保护文件四类。

2. 文件系统及其主要功能

简单地说,文件系统是指管理文件的有关软件和数据的集合,主要包括以下功能。

(1) 实现"按名存取"以方便用户使用文件。这是文件系统最重要的任务,当用户要使用某个文件时,只要给出文件名即可,由文件系统根据文件名到文件存放的存储器中去存取,用户无须关心文件的物理存放位置、文件如何传输等物理细节。

(2) 能提供对文件的各种操作。如创建文件、读文件、写文件、删除文件以及设置文件的访问权限等,完成文件信息的查找。

(3) 可以实现文件共享。多个用户如果要使用同一个文件,没必要为每个用户都备份该文件,这就需要提供共享文件机制以及文件的保护措施。

(4) 对外存空间的管理。大容量的外存中存放着大量的文件,文件系统必须能有效、合理地对存储空间进行统一管理,包括创建文件时为其分配空间,删除或修改文件时进行回收、调整存储区等。

(5) 提供各种安全措施。既要防止文件之间的相互破坏,又要防止非法用户对文件的访问,文件系统必须提供层层安全保护措施,以保障文件的安全。

3.1.2　文件的逻辑结构和物理结构

在文件的定义中,"一组相关信息的集合"包含两种情况:一种是相关联字符流的集合,即构成文件的基本单位是字符;另一种是相关联记录的集合,即构成文件的基本单位是包含多个数据项的记录。这就是用户观点上的两种不同的文件组织方式,即文件的逻辑结构。但是,当用户以文件名请求对文件进行操作时,文件系统要按用户的逻辑请求,找到文件在存储介质上的物理位置并进行存取,这就与文件的物理结构有关。

1. 文件的逻辑结构

文件的逻辑结构有流式无结构文件和记录式结构文件两种。

(1) 流式无结构文件。这是由相关联的字符流组成的文件。文件的长度为所含字符数,字符为基本管理单位,适合于进行字符流的正文处理。由于不用对格式进行额外说明,空间利用上比较节省。Windows 和 Linux 等实用系统中的普通文件都是流式文件。

(2) 记录式结构文件。这是由若干相关联记录构成的有结构的文件。按记录 0、记录 1、…、记录 n 的顺序编号,该编号就是记录在文件中的逻辑地址,称为逻辑记录。它是一个具有特定意义的信息单位,由一组相关联的字段组成。根据记录长度是否相等又分为两种:一种是定长记录,文件中所有记录长度相等,记录数量也就表示了文件长度,其处理方便、开销小,目前应用较为广泛;另一种是变长记录,由于记录的长度可以不相等,所以在每个记录前都要记载该记录的长度。

2. 硬盘的结构及物理块的组织

要知道文件是如何存放在外存上,首先应该了解外存 I/O 的有关特性。外存的种类有很多,如硬盘、光盘和 U 盘等。其中,硬盘是 PC 中必配的大容量、高速存储设备,主要采用的是温彻斯特磁盘机(Winchester Disk Driver),简称温盘机。从结构上看,硬盘是由若干张盘片固定在同一个中心轴而组成的一个盘组,如图 3-1 所示。

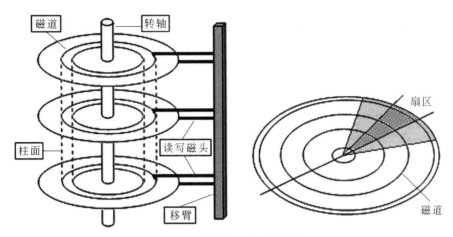

图 3-1　硬盘的盘组结构与划分

硬盘的每个盘片都有两个面,并对应一个磁头。每个盘面被划分成若干个同心圆,称为磁道(Track),由外向内从 0 开始编号。由于多个盘片上的同一个磁道看似圆柱形,所以硬盘上的磁道又称为柱面(Cylinder)。每个磁道划分成若干个扇区(Sector),从 1 开始编号。硬盘驱动器通过移动臂的移动来定位柱面,通过转轴的高速旋转来定位扇区,并通过读写磁头的切换来选择所存取的盘面。因此,要存取硬盘上某个物理扇区的数据,需要面号(磁头号)、柱面号和扇区号 3 个参数。

扇区是硬盘的最小存储单位,通常为 512B。操作系统为了管理整个硬盘空间,把硬盘上所有扇区按照面号(磁头号)、柱面号、扇区号有规律地进行统一编号,这个编号称为物理扇区号,也是硬盘上存取信息的地址。在早些时候,由于访问硬盘的地址位数(即用于硬盘空间管理的表格项数量)受到限制,而硬盘的容量在不断增加,于是操作系统把若干个连续的物理扇区归为一个存储单位,称为物理块,以加大可管理的硬盘空间。例如,DOS 操作系统中把物理块称为簇(Cluster),每个簇的扇区数量取决于磁盘的类型和容量。事实上在操作系统中,不管是一个还是多个连续扇区作为管理单位,都统称为物理块。

注意:一个物理块的扇区数并不是越多越好。物理块越大,虽然可以减少用于空间管理的表格项数量,或加大可管理的存储空间,但同时也会降低磁盘空间的利用率,尤其是在占空间很小的小文件很多的情况下。

在硬盘上完成一次 I/O 操作所需要的时间可分为定位时间和传输时间(读取或写入数据所用的时间)两部分,而定位时间又由寻道时间(即定位到指定柱面)和旋转延迟时间

(即定位到指定扇区)两部分组成。由于现在普通硬盘的转速已达 7200r/min 甚至更高，所以完成一次 I/O 操作的过程中，传输时间和旋转延迟时间所占比例都很小，寻道时间所占比例最大。

由此可见，在磁盘本身各项参数确定的情况下，要提高磁盘 I/O 效率，一方面要让存放于磁盘上的文件尽可能占用连续扇区，这样可以减少存取操作时磁盘定位的次数；另一方面在多用户或多任务环境下，多个进程共享磁盘设备，应采用合理的磁盘调度，以减少平均定位时间。磁盘调度最重要的是磁盘的移臂调度算法，常用的有先来先服务(FCFS)算法、最短寻道时间优先(SSTF)算法和扫描(SCAN)算法(也称为电梯调度算法)。

3. 文件的存取方法和物理结构

文件的存取有顺序存取和随机存取两种方法。顺序存取是指按文件逻辑地址进行存取。在记录式结构文件中反映为按记录的逻辑次序存取每个记录；在流式无结构文件中反映为当前读写指针的变化，即存取完一段信息后，读写指针自动加上或减去信息段长度，便可指向下次存取的位置。随机存取是指可以由用户指定记录的编号来直接存取文件中的某个记录，所以又称为直接存取。

文件在外存上的存放形式称为文件的物理结构。常用的文件物理结构有连续文件、链接文件、文件映射和索引文件 4 种。在文件系统中，采用哪一种文件的物理结构，首先要有利于用户对文件操作时能尽快地找到文件存放的物理位置，并尽量减少对已存储信息的变动；其次要尽可能使文件信息占据最小的存储空间，以提高外存空间的利用率。

(1) 连续文件。连续文件是把逻辑上连续的文件信息依次存放到连续的物理块中，如图 3-2 所示。这种方法根据文件在磁盘上的起始块号和长度就能快速实现存取，既可以顺序存取，也可以随机存取。但连续文件存在两个缺点：①随着空间的不断分配与释放，磁盘中会留下大量难以分配利用的零散空闲块，降低了磁盘空间的利用率；②由于文件后面的物理块可能已被分配给其他文件使用，所以文件不能动态增长，不适于存放那些常被修改的文件。

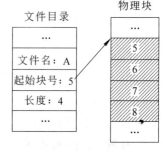

图 3-2 连续文件

(2) 链接文件。链接文件是把逻辑上连续的文件信息分散存放到不连续的物理块中，每个物理块最后一个字作为链接字指向下一个物理块地址，最后一个物理块的链接字存放结束标记"∧"，如图 3-3

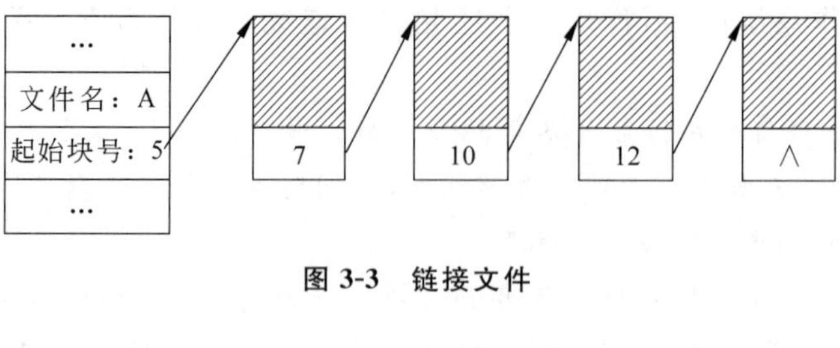

图 3-3 链接文件

所示。链接文件的优点是实现了文件的非连续存储,消除了外部碎片,从而提高了存储空间的利用率;文件长度可以动态变化,增减内容时只需文件链中插入或删除块并调整链接指针即可。链接文件的缺点是:只能顺序存取,不适合随机存取,若要访问文件中某个信息块就必须从文件头开始逐块访问搜索,需要磁头大幅度移动从而花去较长时间。

（3）文件映射。这种方法是在系统中建立一张存放所有盘块指针的文件映射表,这样指向下一个信息块的指针不是存放在物理信息块中,而是单独存放在文件映射表中,如图 3-4 所示。在要求随机存取一个信息块时,只需从文件的起始块号开始,沿着文件映射表中的链接指针找到指定信息块的物理块号即可,而无须像链接文件那样要逐个读入信息块才能知道下一个信息块的物理块号,这种方法提高了搜索效率。因此,文件映射方法既具有链接文件实现了非连续存放的优点,又克服了链接文件不适合随机存取的缺点。但这种方法增加了文件映射表的存储开销,尤其是大容量的磁盘中文件映射表会很大,它一般被作为文件保存在磁盘中,需要时要将其全部或部分调入内存。FAT16 或 FAT32 其实就是一张文件映射表,通过它来实现文件的映射和存取。

（4）索引文件。索引文件的思想类似于内存管理中采用的页式管理方法,把文件划分为大小相同的若干连续逻辑块,每个逻辑块可存放在磁盘上任意一个物理块中。系统为每个文件建立一张索引表,用来描述逻辑块号和分配给它的物理块号的对应关系,如图 3-5 所示。当用户请求访问某个文件时,文件系统通过文件目录表中该文件的索引表指针,找到相应的索引表地址,得到该文件每个逻辑块的物理块号。因此,索引文件既适用于顺序存取,也适用于随机存取,并且对文件进行增加或删除时只需修改索引表即可。但因为每个文件都有一个索引表,若把所有文件的索引表全部调入内存,必然会占据过多的内存空间,所以索引表通常都存放在外存,需要时才调入内存。

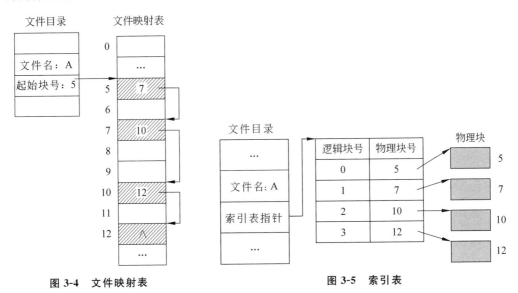

图 3-4　文件映射表　　　　　　　图 3-5　索引表

对于中小型文件,存放索引表文件可能只需一个物理块;但对于大型文件,可能就需要多个物理块来存放,通过链接指针把这几个物理块链接起来,这必然会降低索引表的访问效率。这时可采用二级甚至三级索引的方法,为存放索引表的物理块(也称为索引块)

再建立索引。索引文件是实际操作系统中普遍采用的结构,比如在 Linux 系统中,中小型文件采用一级索引结构,大型文件采用二级索引结构,巨型文件采用三级索引结构。

3.1.3 磁盘空间和文件目录管理

文件系统要随时掌握存储空间的使用情况,合理地分配空闲空间,及时回收不用的存储空间,才能有效地管理外存空间;有效地组织文件目录是文件系统实现"按名存取"的基础,而且有利于加快文件的查找速度以及提供对文件的共享。

1. 磁盘空间管理

由于文件系统把磁盘划分为许多个大小相等的物理块,并以块为单位进行空间分配和信息存取,因此磁盘空间管理的实质就是对磁盘上所有空闲块的组织和管理。文件系统常用的存储空间管理方法有位示图、空闲文件目录表和空闲链表法 3 种。

(1)位示图。用一位二进制 0 和 1 代表一个物理块是空闲还是已被分配使用,这样把磁盘上所有物理块的使用情况组织成一个位示图。例如,要为文件 file1 分配 3 个物理块,系统首先在位示图中依次查找空闲块,找到 2、3、5 块分配给 file1 后将位示图中对应的位置 1 即可,如图 3-6 所示。这种方法较为简单直观,而且位示图所占空间较小,通常放在内存中,所以系统对空闲块分配与回收的速度很快。

(a) file1 分配块之前的位示图　　　　(b) file1 分配块之后的位示图

图 3-6　位示图

(2)空闲文件目录表。把磁盘上一个或多个连续的空闲块看作一个空闲区,系统设置一张用于描述所有空闲区有关信息的表格,称为空闲文件目录表,如图 3-7 所示。在为一个新文件分配磁盘空间时,系统采用某种算法扫描空闲文件目录表,找到一个最合适的空闲区分配给该文件后,调整表中相关的表目;在删除文件后释放空间时也要调整相关表目,有时候还需要合并空闲块表目。显然,空闲文件目录表适合于连续文件结构。

序号	第一个空闲块号	连续空闲块个数	空闲块号
1	2	2	2,3
2	5	3	5,6,7
3	16	5	16,17,18,19,20
...	...	...	...

图 3-7　空闲文件目录表

(3)空闲链表法。把所有的空闲块链接在一起,形成一个空闲块链表,如图 3-8 所示。文件系统借助于空闲块链表来管理磁盘空间,其链接顺序取决于系统所采用的分配策略,如依据空闲区大小、空闲块号等。当需要为一个文件分配空闲块时,分配程序从链头开始提取所需的空闲块,然后调整链首指针;当需要释放物理块时,只需把回收块的空闲块逐个插入链表即可。由此可见,空闲链表法实现了文件的非连续存放,提高了磁盘空间的利用率,而且空闲块的指针信息也不占用额外的存储空间。但正因为链接指针存放在每个空闲块中,所以每当增加或删除空闲块时需要很多 I/O 操作,这将为系统带来较大的时间开销,尤其对于大型文件系统时间开销更大。

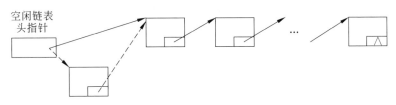

图 3-8　空闲链表法

注意:文件分配表(FAT)非常巧妙地将文件物理结构与磁盘空间管理结合在一起,既存放了文件信息块(簇)的链接关系,实现了文件的映射和存取;同时又用特殊值标记出了空闲簇和坏簇,实现了磁盘空间的管理。

2. 文件目录管理

要实现文件的“按名存取”,关键就是要使文件名与文件的实际存放位置建立联系。于是,文件系统为每个文件建立一个称为文件控制块(File Control Block,FCB)的数据结构,用来存放文件的基本信息。不同操作系统中,FCB 包含的文件信息会有所不同,但通常都包含文件名以及文件的物理位置、逻辑结构、物理结构、存取权限、使用信息(如创建和修改的日期时间)等信息。把系统中所有文件的文件控制块(也称为文件目录项)有序地存放到一起,就构成了一张二维表,这张表称为文件目录表。

组织文件目录表的总体原则是要尽可能提高文件的查找速度,并有利于文件共享的实现。文件目录表的组织方式已从早期的一级目录结构、二级目录结构发展为现在普遍采用的树状目录结构。树状目录结构就是将所有目录和文件组合在一起,构成了称为目录树的树状层次结构,如图 3-9 所示。

树的顶部是一个单独的目录,称为根目录,DOS 和 Windows 中用“\”表示,而 Linux 中用“/”表示。所有的子目录和文件都存放在根目录下,子目录又可包含更下一级的子目录,这样层层嵌套,最底层的文件可看成是树叶,而子目录如同树枝。

在目录树中,可以通过路径名来引用一个文件,路径名由文件名和包含该文件的目录名组成。路径名可以用以下两种方式来描述。

(1)绝对路径名。绝对路径名是指由根目录开始的路径名,如/usr/local/bin/f。使用绝对路径名,必须从一个文件的根目录开始往下搜索,对于级数较深的文件查找的绝对路径较长。

(2)相对路径名。相对路径名是指从当前工作目录开始的路径名。例如,用户正在/usr/local 下工作,若要访问文件 g,则只需使用 bin/g;若要访问文件 i,则可描述为:../

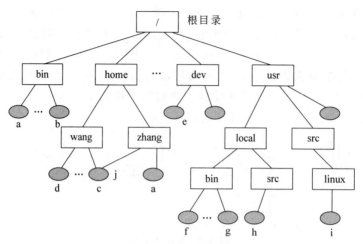

图 3-9　树状目录结构

src/linux/i,这里的"．．"表示当前工作目录的父目录。

　　树状目录结构具有文件搜索速度快、允许不同目录下的文件重名、便于实现文件的共享等优点。但是,树状目录结构中的每个目录存放了文件控制块的所有信息,造成目录内容太多。因此,在某些系统中引入了基本文件目录和符号文件目录的组织方式。这种目录组织方式给每个文件赋予一个唯一的标识符(ID),也称为文件号,再把文件目录的内容分为两部分:符号文件目录包含文件名以及相应的文件号;基本文件目录包含除文件名之外的文件控制块的全部信息。Linux 系统采用文件名和文件描述信息分开的组织方式,将文件目录项中除文件名之外的信息都放到一个数据结构中,该数据结构称为索引节点(Index Node),简称为 i 节点。这样,在文件目录项中,只需要存放文件名及其相应的 i节点号即可,从而大大减少了文件目录的规模,节省了系统开销。

3.1.4　文件的操作与安全

　　一个好的文件系统应该能够提供种类丰富、功能强大的文件操作命令,以满足用户对文件的多种操作要求。文件共享是一把双刃剑,它在节省大量系统时间和空间开销的同时,也带来了十分重要的安全问题。文件系统必须提供层层安全保护措施,以防止非法用户或其他进程对文件的破坏,保障文件的安全。

1. 文件操作命令

　　不同的操作系统都会提供丰富的文件操作命令,虽然数量和功能有所不同,但通常都会提供建立文件、打开文件、读文件、写文件、关闭文件和删除文件 6 个命令。在实际使用这些系统调用命令时还要注意,在对任何一个文件进行读/写操作之前,必须首先打开该文件;而在完成文件的读/写操作之后,必须关闭该文件。

　　文件系统通过文件目录表和文件控制块 FCB 对文件进行管理。当要使用某个文件时,文件系统通过文件名在文件目录表中查找对应文件的 FCB,并获得该文件的相关信息。如果文件目录表常驻内存,则可以提高搜索效率,但会占用极其可观的内存空间;如果存放在外存,虽然不占用内存空间,但需经常从磁盘上读取文件的相关信息,从而降低了系统效率。

通常的做法是把文件目录表作为文件存放在外存,在对文件进行任何操作之前,预先把该文件的 FCB 复制到内存,以后对文件的操作就可通过内存中的 FCB 获得所需文件的信息,避免了频繁访问磁盘,提高了存取速度。复制到内存的 FCB 称为活动文件目录,所有活动文件目录构成一个活动文件目录表。

把文件的 FCB 预先复制到内存的操作就是打开文件。所以,对一个已建立好的文件进行读/写等任何操作之前,必须首先执行打开文件的操作。

内存中活动文件目录表的大小是有限的,当对文件执行完读/写操作后,暂时不使用该文件的话,就应将它在活动文件目录表中占用的表目撤销并归还系统,以供打开别的文件使用。关闭文件主要就是完成撤销表目的工作,因此文件使用后应将它关闭。

2. 文件共享

文件共享是指一个文件被若干个用户或进程同时使用,这样就可以避免系统因多次复制文件而增加时间和空间的额外开销。文件共享的常用方法包括绕道法、链接法、基本文件目录和符号文件目录法。

(1) 绕道法。绕道法实际上就是树状目录结构中的相对路径名描述方法。给每个用户指定一个当前目录,用户对所有文件的访问都可以相对于当前目录,通过往上走的方法给定共享文件的路径。在使用绕道法指定共享文件的路径时,经常会用到两个特殊的目录:用“.”表示当前用户目录;用“..”表示当前目录的父目录。

(2) 链接法。链接法是指在相应目录表之间进行链接,即把一个目录中的表目直接指向被共享文件所在的目录,则被链接的目录及其下级目录和文件都成为共享的对象。与绕道法相比,链接法因无须搜索多级目录而提高了搜索效率,但仍需用户指定被共享的文件和被链接的目录。在 Linux 系统中,可以用 ln 命令来创建文件或目录的链接。

(3) 基本文件目录和符号文件目录法。这种方法就是链接法的另一种形式。由于将文件的符号名和文件说明信息分开了,所以一个用户若要共享另一个用户的文件,只需在他的符号文件目录中增加一个表目,填入被共享文件的符号名和此文件的内部标识符即可。

3. 文件的安全控制

为了防止非法用户的访问,目前的操作系统大多提供了系统级、用户级、目录级和文件级四个级别的安全管理。文件级安全管理是用户访问共享文件的最后一级安全管理,只有当用户权限和文件的属性一致时,用户才能访问文件。例如,Linux 中的文件属性有读、写、执行,分别用 r、w、x 表示;而 Windows 系统中可以设置文件的属性为只读、存档、隐藏或系统。

实现安全管理通常有以下 4 种方法。

(1) 存取控制矩阵(用户权限表)。这是由所有的用户(行)和所有的文件(列)共同组成的一张二维表,对应的矩阵元素(即表的内容)则是用户对文件的存取控制权限,如图 3-10 所示。当用户向文件系统提出文件存取要求时,系统可在存取控制矩阵中查找并验证用户对所访问文件的存取控制权限,如果不匹配,则系统将拒绝该用户访问。存取控制矩阵的优点是概念直观且实现简单。但当文件和用户较多时,存取控制矩阵将变得非常庞大,不仅占用内存空间大,而且为使用文件而对矩阵进行扫描的时间也会增加。

存取权限 用户 文件名	Wang	Li	Zhang	...
ac	rwe	e	rwe	...
bc	rw	r	we	...
dc	r	w	rwe	...
...	...	...	...	...

图 3-10　存取控制矩阵

（2）存取控制表。存取控制表是以文件为单位,把用户按某种关系划分为若干组,并规定每个用户组对文件的存取控制权限。这样,由所有用户组对文件权限的集合而形成一张表,称为存取控制表,如图 3-11 所示。每个文件都有一张存取控制表,在实现时该表存放在文件 FCB 中相应的文件说明信息表中。由于文件被打开时其存取控制表也相应地被复制到内存活动文件中,因此其验证效率较高。但是,当文件数很多时,由于每个文件都有一张存取控制表,所以占用的存储空间会相当可观。

文件名：F1	
文件主	rwe
同组成员	rw
其他用户	r

图 3-11　存取控制表

（3）访问密码方式。每个用户在创建文件时,可以为文件设置访问密码,并将其置于 FCB 的文件说明中。所有用户想使用该文件时,都必须提供访问密码才能对文件进行存取。显然,访问密码只有设置者自己知道,若允许其他用户访问自己的文件,则可将访问密码告诉其他用户。与前两种方法相比,访问密码方式既实现了文件共享,又实现了文件保密,并且访问密码所占内存空间和验证访问密码所用时间都非常少。但是,由于访问密码存放在 FCB 中,容易被窃取,而且访问密码一旦被别人掌握,就可以获得与文件主同样的存取权限。

（4）加密方式。用户在创建源文件并将其写入存储设备时对文件进行编码加密,在读出文件时就必须对文件进行译码解密,从而起到文件保密的作用。文件的加密和解密都需要用户提供一个密钥(Key),加密程序根据密钥对用户文件进行编码后写入存储设备;读取文件时,只有当用户给定的密钥与加密时的密钥一致的情况下,解密程序才能对密文进行解密而还原为源文件,如图 3-12 所示。

只有知道密钥的用户才能正确地访问文件,而密钥不存放在系统中,所以比访问密码方式具有更强的保密性。但编码和解码工作要耗费一定的处理时间,降低了文件的访问速度。

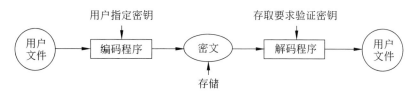

图 3-12　文件的加密和解密过程

3.2　Linux 文件系统与磁盘管理

本节将介绍 Linux 采用的 Ext 文件系统的相关知识,以及磁盘管理有关命令的使用。

3.2.1　Linux 文件与文件系统

1. Linux 文件系统概述

Linux 最初使用的文件系统是 Minux,但它主要用于教学演示,功能很不完善。目前的 Linux 发行版本使用功能强大的 Ext3 或 Ext4 文件系统,它支持达 4TB 的分区容量,且支持 255 个字符的长文件名。从用户使用的角度来说,Ext 文件系统与 Windows 系统使用的 FAT、FAT32 和 NTFS 文件系统有较大的区别,甚至有些概念完全不同。正因为如此,很多习惯于使用 Windows 的用户在初学 Linux 时都会感觉困难,一旦认识到这些概念和使用上的差别,就能很快学会并适应 Linux 系统管理的各项操作。

Windows 将磁盘的每一个逻辑分区看成是一个独立的磁盘,标识为 C:、D: 等这样的盘符,每个盘都有独立的树状目录结构,即每个盘都有一个根目录。但在 Linux 中并不把分区看作一个独立的磁盘,也没有盘符的概念,而是把整个存储空间看作一棵"树",即只有一个根目录。在 Linux 系统启动时,把 Linux 的主分区挂载成根目录"/",其他任何一个逻辑分区或存储设备(如光盘、U 盘、网络盘)都挂载到这棵树的某个目录下,如图 3-13 所示。例如,把光盘挂载到/mnt/cdrom 目录下之后,该目录下的文件列表就是光盘中的文件列表了。

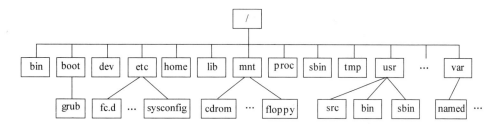

图 3-13　Linux 系统的目录结构

2. Linux 系统目录

Linux 安装完成后,在根目录下已经建立了许多默认的系统目录。这些目录按照不同的用途保存特定的文件,常用的系统目录如下。

(1) /bin——操作系统使用的各种命令程序和不同的 Shell。

(2) /boot——系统启动时必须读取的文件,包括系统核心文件。

(3) /dev——保存外设代号的文件,实际是指向外设的指针。

(4) /etc——保存与系统设置和管理相关的文件,如 GRUB 配置文件 grub. conf、保存用户账号的 passwd 文件等。它包含许多子目录,如/etc/rc. d 下包含了启动或关机时所执行的脚本文件;/etc/X11 下包含了 X Window System 配置文件。

(5) /home——保存用户的专属目录,在创建用户时,默认会自动在该目录下创建一个与用户名同名的目录,作为该用户的专属目录。

(6) /lib——保存一些共享的函数库。其中/lib/modules 目录下保存了系统核心模块。

(7) /lost＋found——扫描文件系统时若找到错误片段,则以文件形式存于此处等待处理。

(8) /misc——供管理员存放公共文件的空目录,仅管理员具有写权限。

(9) /mnt——默认用于挂载的目录,如/mnt/cdrom 常用于挂载光驱。

(10) /proc——保存内核与进程信息的虚拟文件,如通过 ps 查看的消息即从此读取。

(11) /root——系统管理员专用的目录,也就是 root 账号的主目录。

(12) /sbin——存放启动系统时需执行的程序,如 fsck、init、lilo 等。

(13) /tmp——供用户或某些应用程序存放临时文件,默认所有用户都可读/写/执行。

(14) /usr——用来存放系统命令、程序等信息。它包含有许多子目录,如/usr/bin 存放用户可执行的命令程序(如 find、gcc 等);/usr/include 存放供 C 程序语言加载的头文件。

3. Linux 系统中的文件

在 Linux 中,任何一个文件都包括两部分:索引节点(包含文件名、权限、文件主、大小、存放位置、建立时间等信息的 i 节点)和数据。文件名最长 255 个字符,可包含除斜杠(/)和空字符(NUL)以外的任何 ASCII 字符。

注意:在 Linux 系统中,文件名以及命令中的英文字母都是区分大小写的,而且文件名中可包含多个".",甚至用"."开头表示该文件是隐含文件。这与 DOS 和 Windows 系统中不同,Linux 中没有用不同扩展名来表示不同文件类型的概念,通常在文件名后加上后缀只是用户的习惯用法。

在 Linux 中,文件分为普通文件、目录文件和设备文件 3 种类型。

(1) 普通文件。普通文件属于无结构文件,只是把文件作为有序的字节流序列提交给应用程序,由应用程序组织和解释并把它们归并为 3 种类型:文本文件、数据文件和可执行二进制程序。可以用 file ＜filename＞命令来查看文件类型。

(2) 目录文件。目录文件是一类特殊的文件,它构成文件系统的分层树状结构。每个目录中都有两个固有的、特殊的隐含目录,即当前目录本身(.)和当前目录的父目录(..)。

（3）设备文件。Linux 把所有设备都视为特殊的文件,也就是面向用户的虚拟设备,实现了设备无关性。设备文件都存放在/dev 目录下,分为字符设备和块设备两大类,用于标识各个设备驱动程序。例如,IDE 接口的硬盘分区设备名为 hda1、hda2 等,其中 hd 表示 IDE 接口的硬盘,字母 a 表示第一个物理硬盘(相应可以有 b、c、d),数字 1 表示第 1 个分区,以此类推。又如,sda1 表示第一个 SCSI 接口硬盘的第 1 个分区,或者是 USB 接口上的 U 盘。再如,eth0 表示第 1 个以太网卡接口。

文件的存取权限总是针对用户而言的,Linux 中描述一个文件的存取权限是针对文件主、同组用户和其他用户这三类不同用户分别表达的;而每一类用户又规定了读(r)、写(w)和执行(x)3 种权限。其中,执行权限对于目录来说,是指可以打开目录并在目录中查找的权限。这里使用 ls -l 或 ll 命令以长格式(详细格式)列出文件目录,来说明文件或目录详细信息的描述格式和含义,如图 3-14 所示。

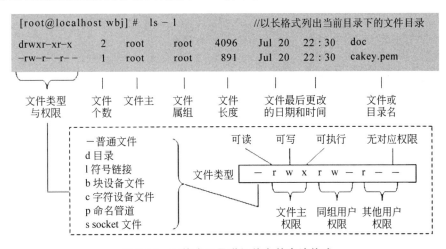

图 3-14　文件或目录详细信息的表达格式

需要说明的是,第 2 列所表示的文件个数,若此项为目录,则表示该目录下包含的文件或目录的个数;若此项为文件,则文件个数就是 1。另外,如果用 ls 命令以简略格式只列出文件或目录名称,则会用不同颜色来表示不同的文件类型,如白色为普通文件、蓝色为目录、绿色为可执行文件、红色为压缩文件、浅蓝色为链接文件、黄色为设备文件等。

3.2.2　文件系统的挂载与卸载

启动 Linux 系统时,只有安装 Linux 时创建的 Linux 分区才会自动被挂载到指定的目录,机器上的其他硬盘分区、外部连接的光盘和 U 盘等存储设备都不会自动挂载。当用户要使用这些存储设备上的文件时,必须对它们进行手动挂载。

任务 1：认识挂载命令的一般格式与用法

挂载文件系统命令 mount 的一般格式如下。

```
mount ［选项］［设备名称］［挂载点］
```

其中,设备名称是指明在/dev下相应的设备文件名;挂载点用于指定挂载到文件系统的哪个目录;常用的选项有以下两个。

- -t ＜文件系统类型＞。指定设备的文件系统类型,常用的有 ext3(Ext3)、msdos(FAT16)、vfat(FAT32)、ntfs(NTFS)、iso9660(光盘标准文件系统)、cifs(Internet 文件系统)、auto(自动检测文件系统)等,如挂载 FAT16/32 文件系统可缺省该选项。
- -o ＜选项＞。指定挂载文件系统时的选项,常用的有 ro(只读方式挂载)、rw(可写方式挂载)、user(允许一般用户挂载)、nouser(不允许一般用户挂载)、codepage＝×××(代码页,简体中文为 936)、iocharset＝×××(字符集,简体中文为 cp936或 gb2312)。

注意:挂载点必须是一个已存在的空目录,它可以在整个目录树的任意位置,但系统管理员习惯上会在/mnt 下创建一个新的目录作为挂载点。

任务 2:挂载光驱和 U 盘

以下是用于挂载光驱和 U 盘的命令示例。

```
[root@localhost ~]#mount -t iso9660 /dev/cdrom /mnt/cdrom          //挂载光驱
[root@localhost ~]#mkdir /mnt/udisk                 //创建用于挂载 U 盘的 udisk 目录
[root@localhost ~]#mount /dev/sdb1 /mnt/udisk                      //挂载 U 盘
```

注意:如果用户的计算机上有内置光驱,则 Linux 安装后就会在/mnt 目录下自动创建一个名为 cdrom 的空目录,这就是用于挂载光驱的默认目录;如果用户使用的是外接光驱,则 cdrom 目录可能并不存在,所以就必须像挂载 U 盘之前创建 udisk 目录那样手动创建 cdrom 目录。

任务 3:卸载光驱和 U 盘

凡是使用 mount 命令手动挂载的文件系统,在使用完毕或关机前都必须将其卸载,以免数据丢失。卸载文件系统的命令是 umount,其命令格式如下。

```
umount ［挂载点］
```

以下是用于卸载光驱和 U 盘的命令示例。

```
[root@localhost ~]#umount /mnt/cdrom                              //卸载光驱
[root@localhost ~]#umount /mnt/udisk                              //卸载 U 盘
```

任务 4:将内置光驱设置为系统启动时自动挂载

如果希望硬盘的其他分区或其他存储设备能在 Linux 启动时就自动挂载好,可以在/

etc/fstab 文件中添加要自动挂载的文件系统。该文件中的每一行包含 6 个字段,用空格或 Tab 分隔,其格式如下。

```
<file system> <dir> <type> <options> <dump> <pass>
```

其中,<file system>为要挂载的文件系统(分区或存储设备);<dir>为文件系统的挂载目录;<type>为要挂载的文件系统类型;<options>为挂载时使用的选项,如 ro(只读方式挂载)、rw(读写方式挂载)、user(允许任意用户挂载)、nouser(不允许普通用户即只允许 root 挂载)、defaults(使用文件系统的默认挂载参数)等,多个选项间用逗号(,)间隔;<dump>用 0 和 1 两个数字来决定是否对该文件系统进行备份,0 表示忽略,1 表示进行备份;<pass>用 0、1、2 三个数字来表示当 fsck 检查文件系统时的检查顺序,通常根目录应当获得最高的优先权 1,其他设备通常设置为 2,而 0 表示不检查文件系统。

以下是在/etc/fstab 中添加一行内容,使系统启动时自动挂载光驱的示例。

```
[root@localhost ~]#vim /etc/fstab          //在文件最后添加如下一行内容
/dev/cdrom  /mnt/cdrom  iso9660  noauto,codepage=936,iocharset=gb2312 0 0
```

注意:系统启动时自动挂载的文件系统在关机前不需要手动卸载。另外,如果用户要在 VMware 虚拟机上的 Linux 系统中挂载 U 盘,首先需要安装 VMware Tools,接着在插入 U 盘后选择"虚拟机"→"可移动设备"→用户的 U 盘设备→"连接(断开与主机的连接)"命令(见图 3-15),使 U 盘断开与实体机的连接而连接到虚拟机上,然后才能进行挂载操作。

图 3-15　VMware 虚拟机中连接 U 盘设备

3.2.3　磁盘管理

在 Linux 系统中,如何高效地对磁盘空间进行使用和管理是一项非常重要的技术。下面通过几个具体任务的操作,来了解 fdisk、df、du 等常用磁盘管理命令的使用。

任务 5:使用 fdisk 命令查看磁盘分区情况

fdisk 命令可用来查看磁盘的分区情况或对硬盘进行分区,其一般格式如下。

```
fdisk ［选项］［设备］
```

该命令最常用的选项是-l,表示以长格式(详细格式)列出给定设备的分区表,如果没有指定设备,则列出/proc/partitions 中设备的分区表。fdisk 命令最常见的两种用法的具体操作与解释如下。

```
[root@localhost ~]# fdisk -l                        //以长格式列出所有磁盘设备的分区情况
Disk /dev/sda:320.1 GB, 320072933376 bytes
255 heads, 63 sectors/track, 38913 cylinders
Units =cylinders of 16065 * 512 =8225280 bytes
Sector size (logical/physical): 512 bytes / 512 bytes
I/O size (minimum/optimal): 512 bytes /512 bytes
Disk identifier: 0x9e7935cc

   Device  Boot      Start        End      Blocks   Id  System
  /dev/sda1   *          1         13      102408    7  HPFS/NTFS
  /dev/sda2             13       7846    62914560    7  HPFS/NTFS
  /dev/sda3           7846      38914   249551872    f  W95 Ext'd (LBA)
  /dev/sda5           7846      16984    73400320    7  HPFS/NTFS
  /dev/sda6          16984      26122    73400320    7  HPFS/NTFS
  /dev/sda7          26122      26148      204800   83  Linux
  /dev/sda8          26148      28759    20971520   83  Linux
  /dev/sda9          28759      29275     4145152   82  Linux swap
  /dev/sda10         29275      38914    77423616   83  Linux
Note: sector size is 2048 (not 512)

Disk /dev/sdb:2099 MB, 2099310592 bytes
206 heads, 44 sectors/track, 113 cylinders
Units =cylinders of 9064 * 2048 =18563072 bytes
Sector size (logical/physical): 2048 bytes / 2048 bytes
I/O size (minimum/optimal): 2048 bytes / 2048 bytes
Disk identifier: 0x005b7d14

   Device  Boot    Start     End    Blocks   Id  System
  /dev/sdb1            1     114   2049982    b  W95 FAT32
Partition 1 has different physical/logical beginnings (non-Linux?):
    phys= (0, 1, 1) logical= (0, 1, 20)
Partition 1 has fifferent physical/logical endings:
    phys= (62, 205, 44) logical= (113, 18, 30)

[root@localhost ~]# fdisk /dev/sda                   //指定硬盘设备操作
Command (m for help):m                               //输入 m 获取帮助
Command action
   a    toggle a bootable flag                        //设定硬盘活动 (启动)分区
   b    edit bsd disklabel                            //设置卷标
   c    toggle the dos compatibility flag
   d    delete a partition                            //删除一个分区
   l    list known partition types                    //列出分区类型
```

```
   m    print this menu                          //显示所有命令列表(帮助)
   n    add a new partition                      //新建一个分区
   o    create a new empty DOS partition table
   p    print the partition table                //显示硬盘分区情况
   q    quit without saving changes              //不保存分区修改并退出
   s    create a new empty Sun disklabel
   t    change a partition's system id           //改变分区类型
   u    change display/entry units
   v    verify the partition table               //校验分区表
   w    write table to disk and exit             //保存分区修改并退出
   x    extra functionality (experts only)

Command (m for help):p                           //输入 p 显示详细的分区表
...         //此时显示的内容与 fdisk -l 命令显示的硬盘设备分区情况完全相同,此处略
Command (m for help):q                           //输入 q 不保存分区修改并退出
[root@localhost ~]#
```

注意：上述操作中,因为笔者在计算机上插了一个 U 盘,所以 fdisk -l 命令输出的内容有两部分,前一部分是硬盘(/dev/sda)的分区情况;后一部分是 U 盘的情况(注意带边框的一行),可以看到该 U 盘为/dev/sdb1。因此,有时候用户要挂载 U 盘时不知道应该挂载哪个设备名,就可以在计算机上插入 U 盘后,先用 fdisk -l 命令进行查看。

任务 6：使用 df 和 du 命令查看磁盘空间的使用情况

df 命令用于显示文件系统的磁盘空间占用情况;du 命令用于统计目录(或文件)所占磁盘空间的大小,并显示磁盘空间的使用情况。这两个命令的一般格式如下。

```
df [选项][设备或文件名]
du [选项][目录名]
```

其中,-a 是这两个命令都较为常用的选项,用在 df 命令中表示显示所有文件系统的磁盘空间的使用情况;用在 du 命令中表示逐级递归显示指定目录中各文件及子目录中各文件占用的数据块数。另外,du 命令若不指定目录,则对当前目录进行统计。

```
[root@localhost ~]#df                       //显示文件系统的磁盘空间的占用情况
Filesystem       1K-blocks      Used   Available   Use%  Mounted on
/dev/sda10       76208208    8712672    63624356    13%   /
tmfs              1417920          0     1417920     0%   /dev/shm
/dev/sda7        20642428     176064    19417788     1%   /wbj
[root@localhost ~]#du -a /wbj               //统计 wbj 及所有子目录空间的占用情况
4         /wbj/aaa.txt
16        /wbj/lost+found
268       /wbj/jc03.doc
292       /wbj                              //数字为占用磁盘块(1KB)的数量
[root@localhost ~]#
```

57

3.3 Linux 文件与目录管理

Linux 将分属不同分区和设备并且相互独立的文件系统按一定的方式组织成一个总的目录层次结构。大多数 Linux 命令都具有非常强大的功能，往往通过采用不同的选项使命令具有某种特定的功能，应用于不同的场合。

3.3.1 最常用的文件与目录管理命令

下面通过一些具体任务的操作，来熟悉 Linux 最常用的文件与目录管理命令以及命令中常用的选项。

任务 7：创建如图 3-16 所示的目录结构

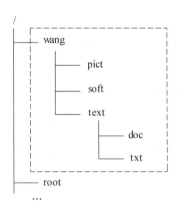

图 3-16 任务 7 创建的目录结构

该任务主要使用的是创建目录命令 mkdir，但具体实施时可以结合查看当前目录命令 pwd、改变当前目录命令 cd、列文件目录命令 ls、显示树状目录结构命令 tree 等共同完成。

```
[root@localhost ~]#pwd              //查看当前工作目录
/root                               //当前目录为 root 用户的主目录
[root@localhost ~]#cd /             //改变当前目录到根目录,或 cd ..
[root@localhost /]#mkdir wang       //在根目录下创建 wang 目录
[root@localhost /]#ls               //列出文件目录,查看新建的目录
bin  boot  cgroup  dev  etc   home  lib  lost+found  media  misc  mnt
net  opt  proc   root  sbin  selinux  srv  sys  tmp  usr  var  wang
[root@localhost /]#cd wang          //进入 wang 目录
[root@localhost wang]#ls            //由于是新建目录所以没有任何显示
[root@localhost wang]#mkdir pict soft text   //同时创建多个目录,以空格间隔
[root@localhost wang]#ls -a         //列出所有文件目录(包括隐藏的)
```

```
.     ..   pict   soft   text                     //显示有刚创建的三个目录
[root@localhost wang]#mkdir text/doc              //不改变当前目录时须指定目录路径
[root@localhost wang]#mkdir text/txt
[root@localhost wang]#ls -l text                  //以长格式列出 text 目录下的文件目录
total 8
drwxr-xr-x.    2    root   root   4096   Jul 20 03:50   doc
drwxr-xr-x.    2    root   root   4096   Jul 20 03:50   txt
[root@localhost wang]#tree                        //显示当前目录下文件目录的树状结构
.
├── pict
├── soft
└── text
    ├── doc
    └── txt
5 directories, 0 files
[root@localhost wang]#
```

注意：①每个用户都有自己的主目录，刚登录时系统当前工作目录必定在该用户的主目录下，如同在自己“家”一样，所以第一条 pwd 命令显示的当前目录为/root，这就是超级用户 root 的主目录；②用户的主目录可以用一个特殊的波浪线符号（～）表示，无论当前目录在哪个位置，只要输入 cd ～命令就会回到自己“家”；③用 ls 命令查看一个新建的目录时是没有文件目录显示出来的，但实际上每个新建的目录下都默认有两个特殊的隐藏目录，一个是当前目录(.)，另一个是父目录(..)，在 ls 命令中加-a 选项就可以查看到；④在 Linux 文件与目录管理命令中，要对指定的某个文件或目录进行操作，都必须使用“［路径］/［目录或文件名］”的格式来描述，除非该文件或目录就在当前目录下，路径可以用绝对路径或相对路径。

任务 8：创建文本文件与查看文件内容

通过本任务，不仅可以学会使用 vi/vim、cat、touch 等多种方法创建文件，使用 cat、more、less、grep 来查看文本内容，还能认识到 Linux 中“重定向”和“管道”这两个非常重要的概念及其实际运用。

计算机系统有两个标准设备（默认设备）：一个是标准输入设备——键盘；另一个是标准输出设备——显示器。默认情况下，计算机从键盘接收输入的命令，执行命令后将结果送到显示器上显示出来。重定向就是改变这种默认的标准输入和输出。重定向分为输入重定向（用“＜”表示）和输出重定向（用“＞”表示）两类。在实际命令中使用较多的是输出重定向，通常是将命令执行结果（即原本输出到显示器上显示的内容）转而输出到给定的某个文件中。如果给定的文件已存在，且用户要将命令执行结果追加到这个文件内容的后面而不是替换掉文件原有的内容，可以使用追加重定向（用“＞＞”表示）。

简单地说，管道（用“|”符号表示）是在两条或多条命令（进程）间建立一个通道，前一条命令执行的结果通过管道流入后一条命令进一步加以处理。例如，使用 ls 命令时如果列出的文件目录数量很多，超过了一个屏幕能显示的内容量，那么前面的内容就会一闪而过，用户只能看到最后一屏内容，这时候就需要用到分屏显示命令 more 或 less，即可以

运用管道采用 ls -l | more 或 ls -l | less 命令来列出文件目录。

为使读者对输出重定向、追加重定向和管道有更深刻的理解，并能在实际中准确而有效地应用，在以下任务实施中会刻意地使用它们。另外，在创建文件的多种方法中，使用文本编辑器来编辑文本是最常见的方法，vi(或其加强版 vim)是 Linux 字符终端下的全屏幕文本编辑器，其各项功能的详细使用在稍后予以介绍，这里暂时先简单了解如何用它来输入文字和保存文件。

```
[root@localhost ~]#cd /wang                    //进入/wang 目录
[root@localhost wang]#vim xh.txt               //编辑一个新文件
    //执行该命令后进入全屏幕界面，先按 I 键进入插入模式，然后输入学号，如 18510155
    //输入完毕按 Esc 键返回命令模式，再按:键进入末行模式，输入 wq 后按 Enter 键即保存退出
"xh.txt" [New] 1L, 9C written                  //显示新文件 xh.txt，共 1 行，9 个字符被写入
[root@localhost wang]#ls                        //列出当前目录下的文件目录
pict  soft  text  xh.txt                        //多了一个 xh.txt 文件
[root@localhost wang]#cat xh.txt               //查看文本文件 xh.txt 的内容
18510155
[root@localhost wang]#cat >xm.txt              //这是 cat 命令的第二种用法
    //利用输出重定向将键盘输入的内容重定向到文本文件中，按 Enter 键后光标在最左侧
wangbaojun                                      //输入文件内容，可输入多行
    //输入完毕必须按 Enter 键使光标处于新行
    //按 Ctrl+C 组合键表示输入结束，即保存并返回
^C
[root@localhost wang]#ls                        //列出当前目录下的文件目录
pict  soft  text  xh.txt  xm.txt                //可见又增加了一个 xm.txt 文件
[root@localhost wang]#cat xh.txt xm.txt >xhxm.txt      //这是 cat 的第三种用法
    //输出两个文件的内容，重定向到 xhxm.txt 中，即合并文件内容生成新文件
[root@localhost wang]#cat xhxm.txt
18510125
wangbaojun
[root@localhost wang]#touch test2.txt          //又一种创建文件的方法，用于创建空文件
[root@localhost wang]#ls -l >>test2.txt        //此后 5 条命令将输出内容追加到
[root@localhost wang]#tree >>test2.txt         ///test2.txt 中
[root@localhost wang]#cal 2018 >>test2.txt     //cal 命令输出 2018 年的年历
[root@localhost wang]#cat xhxm.txt >>test2.txt
[root@localhost wang]#date >>test2.txt         //date 命令输出当前日期和时间
[root@localhost wang]#cat test2.txt |more      //利用管道将查看的内容分屏
...    //内容略
[root@localhost wang]#cat test2.txt |less      //另一种用于分屏显示的命令
...    //内容略，读者可见输出内容与上述操作是否相符，并注意 more 和 less 的区别
[root@localhost wang]#cat test2.txt |grep test //筛选包含 test 的行显示
-rw-r--r--.   1  root  root  0  Jul 20 22:04  test2.txt
    ├── test2.txt

    //为何 test2.txt 的文件大小是 0
    //因为将文件目录列表追加到 test2.txt 中的是用 touch 命令新建的空文件。此时列出
    //就不会是 0 了
[root@localhost wang]#ls -l test2.txt          //列出指定文件的详细信息
-rw-r--r--.   1  root  root  2636  Jul 20 22:13  test2.txt
```

```
[root@localhost wang]#tree                    //显示当前目录下的树状目录结构
.
├── pict
├── soft
├── test2.txt
├── text
│   ├── doc
│   └── txt
├── xh.txt
├── xhxm.txt
└── xm.txt

5 directories, 4 files
[root@localhost wang]#
```

注意：①在建立文件的 3 种方法中，touch 命令常用于直接建立空文件；利用 cat 命令建立文件在输入文本内容时只能进行"行编辑"，即在换行后就不能回到前面的行上进行修改，所以常用于建立内容很少的文件；使用 vi/vim 编辑器建立文件是最通用的一种方法，它具有强大的全屏幕编辑功能。②cat 命令除了用于建立内容简单的文件外，其最基本的用法是查看文件的内容，由于该命令可同时查看多个文件内容，所以利用输出重定向技术就变成合并多个文件内容生成一个新文件。③more、less 和 grep 命令都是单独可执行的 Linux 命令，只是在实际使用中更多地用于管道符的后面，对前一个命令的执行结果进行分屏和筛选处理后再输出，实际上与它们用法相似的还有一个用来排序的 sort 命令，不妨试着用一用。④在分屏显示的两个命令中，使用 more 命令通常只能用空格键逐屏往后浏览，而 less 命令的功能则更强大些，它可产生如同在文本编辑器中浏览文本一样的效果，既可用 PgUp 键和 PgDn 键来前、后翻页浏览，也可用↑键和↓键来上、下逐行滚动浏览，但无论用哪个命令，都可以随时按 q 键退出浏览。

任务 9：复制、移动和删除文件或目录

任务 8 的最后列出了/wang 目录的树状目录结构，本任务就在此基础上继续实施文件或目录的复制、移动和删除操作，学会 cp、mv、rm、rmdir 等命令的使用。这里首先需要说明以下几点。

（1）复制命令 cp 和移动命令 mv 都必须指定两个参数，即源文件或目录以及目标文件或目录。命令的一般格式如下。

```
cp  [选项] 源文件或目录    目标文件或目录
mv  [选项] 源文件或目录    目标文件或目录
```

（2）rm 命令可以删除文件与非空目录（即包含文件和子目录）；而 rmdir 命令只能用于删除空目录。

（3）cp、mv 和 rm 这 3 个命令最常用的选项都是以下 3 个。

①-f（强制，force）。用在 cp 或 mv 命令时表示覆盖已存在的同名文件或目录而不提示用户；用在 rm 命令时表示强行删除而不提示用户。反之，如果不加此选项，在覆盖（替

换)或删除之前会逐项给出提示,并要求用户输入 y/n 来确认。

②－i(交互,interactive)。该选项正好与-f 相反,表示在覆盖(替换)或删除之前会逐项给出提示,并要求用户输入 y/n 来确认,所以-f 和-i 不能同时使用。

③－r(递归,recursive)。若要复制或用 rm 命令删除一个非空目录,那么加上该选项就表示将递归复制或删除指定目录及其包含的文件和所有子目录。

下面通过一些实际操作来熟悉上述命令和选项的使用。

```
[root@localhost ~]#cd /wang                          //进入/wang 目录
    //任务 1:把当前目录下的 test2.txt 文件复制到 txt 目录下
[root@localhost wang]#cp test2.txt text/txt          //同名复制
    //任务 2:把/etc/inittab 文件复制到当前目录下
[root@localhost wang]#cp /etc/inittab .              //注意目标位置描述
    //任务 3:把当前目录下的 xm.txt 文件复制到 doc 目录下,且把文件名改成 name.txt
[root@localhost wang]#cp xm.txt text/doc/name.txt    //改名复制
    //任务 4:把当前目录下 xh 开头的所有文件移动到 doc 目录下
[root@localhost wang]#mv xh* text/doc                //注意通配符的用法
    //任务 5:把整个 text 目录复制到 soft 目录下
[root@localhost wang]#cp -r text soft               //复制整个目录
    //任务 6:把 soft/text/doc 目录下的 xh.txt 文件改名为 stuid.txt
[root@localhost wang]#mv soft/text/doc/xh.txt soft/text/doc/stuid.txt
    //Linux 中没有单独的改名命令,但可以通过同目录下的文件移动来实现文件改名
    //任务 7:删除 pict 目录
[root@localhost wang]#rmdir pict                     //删除空目录
    //任务 8:删除当前目录下的 xm.txt 文件
[root@localhost wang]#rm xm.txt                      //删除单个文件
rm: remove regular file 'xm.txt'?y                   //提示后输入 y 确认
    //任务 9:直接删除当前目录下的整个 text 目录
[root@localhost wang]#rm -rf text                    //强行删除非空目录
[root@localhost wang]#tree                           //可核对是否与下面显示的结构相同
.
├── inittab
├── soft
│   └── text
│       ├── doc
│       │   ├── name.txt
│       │   ├── stuid.txt
│       │   └── xhxm.txt
│       └── txt
│           └── text2.txt
└── test2.txt
4 directories, 6 files
[root@localhost wang]#
```

注意:①在包括 CentOS 在内的许多 Linux 版本中,系统已经为 cp -i 定义了别名 cp;为 mv -i 定义了别名 mv;为 rm -i 定义了别名 rm。这在第 2 章中用 alias -p 列出的系统已定义的别名中已看到,因此,在使用不带选项的 cp、mv 和 rm 命令时,实际执行的是 cp -i、mv -i 和 rm -i 命令,相当于系统默认使用了-i 选项。②rmdir 命令只能删除不包含文件及

下级目录的空目录,如果要删除一个非空目录应使用 rm 命令,且必须使用-r 选项;复制整个目录结构时也必须使用-r 选项,但移动整个目录结构时不需要加-r 选项。③Linux 中没有专用的文件改名命令,但可以将文件移动为同目录下的另一个文件,实际上也就实现了文件的改名。④在对文件的操作中,可使用文件名通配符来指定一批文件,常用的有:星号(*)表示该位置及后面可以是任意字符;问号(?)表示该位置上的字符可以是任意字符;方括号([以逗号间隔的字符列表])表示该位置可以是列表中的任意一个,若字符列表以"!"开头,则表示匹配列表之外的任意字符。

3.3.2　其他文件管理命令

除上述最常用的文件管理命令外,较常用的文件管理命令还有以下几个。

(1) 用于查找文件的 find、locate、whereis 和 grep 命令。

(2) 用于文件比较的 diff 和 cmp 命令。

(3) 用于显示文件头的 head 命令、显示文件尾的 tail 命令以及统计字符数的 wc 命令。

另外,还有用于文件压缩和解压缩的 gzip、gunzip 命令以及文件打包和解包的 tar 命令。

任务 10:使用 find、locate、whereis 和 grep 命令查找文件

这 4 个命令的一般格式分别如下。

```
find    [起始目录][查找条件][操作]
locate  [选项][文件名]
whereis [选项][文件名]
grep    [选项][字符串][文件名 1,文件名 2,…]
```

find 命令在文件系统的指定目录结构中以递归方式搜索文件,并可对找到的文件采取指定的操作。使用该命令时可以使用很多查找条件,而且可以是用逻辑运算符 and (用-a 表示,默认)、or(用-o 表示)和 not(用! 表示)连接组成的复合条件。最常用的查找条件和操作如下。

(1) -name filename:查找指定名称的文件。

(2) -user username:查找指定用户名的文件。

(3) -exec command:若找到指定文件则执行 command 命令,command 后用大括号 ({})来包含匹配的文件名,且必须以反斜杠(\)和分号(;)结尾。

(4) -ok command:与-exec 行为一样,不同的只是在执行 command 命令前会给出提示信息,要求用户确认是否要执行 command 命令。

locate 用于查找文件系统内是否有指定的文件,其查找速度比 find 要快得多,因为它不是深入到物理磁盘的目录结构中查找,而是在一个包含系统内所有文件名称及路径的数据库(由每天的例行工作程序 crontab 自动建立和更新)中查找。locate 命令也有很多

可用选项,但在实际中却很少使用。

whereis 命令只能用于查找二进制文件(-b 选项)、源代码文件(-s 选项)和说明文件(-m 选项),缺省选项时返回所有找到的这三类文件信息。

grep 命令常用于在指定的一个或多个文件中逐行搜索指定字符串,并输出匹配到该字符串的所有文本行,多用于管道符的后面,在前一个命令的执行结果中搜索指定字符串,只将匹配到字符串的行输出,起到筛选文本内容的作用。

在完成上一任务实施的基础上,通过下面几个简单的操作实例,读者即可领会这 4 个查找文件命令的常见用法以及它们间的区别。

```
[root@localhost ~]#cd /wang
[root@localhost wang]#find . -name stu *          //设置当前目录为查找起始目录
./soft/text/doc/stuid.txt
[root@localhost wang]#find . -name stu * -exec cat {} \;
18510155
[root@localhost wang]#locate test2.txt
/wang/test2.txt
/wang/soft/text/txt/test2.txt
[root@localhost wang]#whereis -b find
find: /bin/find          /usr/bin/find
[root@localhost wang]#whereis -s find
find:                                             //未找到
[root@localhost wang]#grep wang soft/text/doc/ * .txt
soft/text/doc/name.txt:wangbaojun              //找到 2 个文件中包含 wang 的行
soft/text/doc/xhxm.txt:wangbaojun
[root@localhost wang]#ls -l /etc |grep init
drwxr-xr-x.    2  root   root   4096  Jul 18 21:52  init
lrwxrwxrwx.    1  root   root     11  Jul 18 21:00  init.d ->rc.d/init.d
-rw-r--r--.    1  root   root    884  Jul 18 22:11  inittab
lrwxrwxrwx.    1  root   root     15  Jul 18 21:20  rc.sysinit ->rc.d/rc.sysinit
//有时候不记得一个文件的全名,只记得一部分,而文件数又有很多,此时用 grep 来筛选非常方便
[root@localhost wang]#
```

任务 11:使用 diff 和 cmp 命令比较文件

这两个命令的一般格式分别如下。

```
diff [选项] [文件或目录 1] [文件或目录 2]
cmp [选项] [文件名 1] [文件名 2]
```

diff 命令以逐行的方式比较两个文本文件的异同,若指定的是目录,则会比较目录中相同文件名的文件,但不会比较其子目录。比较出不同之处的输出格式有以下 3 种表达方式。

(1)n1 a n3,n4:文件 1 第 n1 行,添加,文件 2 第 n3 至第 n4 行。

(2)n1,n2 d n3:文件 1 第 n1 至第 n2 行,删除,文件 2 第 n3 行。

（3）n1,n2 c n3,n4：文件 1 第 n1 至第 n2 行，修改，文件 2 第 n3 至第 n4 行。

在指出两个文件中不同处的行号及其相应的添加（a）、删除（d）、修改（c）操作后，紧接着会输出这些有差异的行，以"＜"开头的行属于文件 1，以"＞"开头的行属于文件 2。

cmp 命令也用于比较两个文件是否有差异，但输出比较结果与 diff 命令不同。如果发现两个文件有差异，只会输出第一个不同之处的字符和列数编号；如果发现两个文件完全相同，则不会输出任何信息。cmp 命令较常用的选项主要有以下两个。

（1）-l：给出两个文件不同的字节数。

（2）-s：不显示两个文件的不同之处，只给出比较结果。

下面完成几个简单命令的操作，便可领会到这两个命令的常见用法和区别。

```
[root@localhost ~]#cd /wang/soft/text/doc
[root@localhost doc]#diff name.txt xhxm.txt
0a1                              //name.txt 第 0 行，添加，xhxm.txt 第 1 行
>18510155                        //两个文件的差异行，xhxm.txt 的第 1 行内容
[root@localhost doc]#diff xhxm.txt name.txt
1d0                              //xhxm.txt 第 1 行，删除，name.txt 第 0 行
<18510155                        //两个文件的差异行，xhxm.txt 第 1 行内容
[root@localhost doc]#diff stuid.txt xhxm.txt
1a2                              //stuid.txt 第 1 行，添加，xhxm.txt 第 2 行
>wangbaojun                      //两个文件的差异行，xhxm.txt 第 2 行内容
[root@localhost doc]#cmp name.txt xhxm.txt
name.txt xhxm.txt differ: byte 1, line 1//两个文件的差异，第 1 行第 1 个字符
[root@localhost doc]#cmp stuid.txt xhxm.txt
cmp: EOF on stuid.txt            //表示至 stuid.txt 文件尾都相同
[root@localhost doc]#cd /wang
[root@localhost wang]#cmp test2.txt soft/text/txt/test2.txt
[root@localhost wang]#              //无显示，表示两个文件完全相同
```

任务 12：使用 head、tail 和 wc 命令显示文件头、文件尾和统计字符数

这 3 个命令都针对指定的文本文件进行操作，head 显示文件头部，tail 显示文件尾部，而 wc 显示文件行数、字数和字符数的统计数据，所以命令格式完全一致。

```
head/tail/wc [选项] [文件名]
```

head 和 tail 命令较常用的选项是-i，用在两个命令中分别表示只显示文件开始和最后的 i 行（默认为 10 行）。wc 命令可使用不同选项来指明只统计文件中的行数（-l 选项）、字数（-w 选项）和字符数（-c 选项），而缺省选项则会统计 3 个数据。

```
[root@localhost ~]#cd /wang
[root@localhost wang]#head -2 inittab
#inittab is only used by upstart for the default runlevel.
#
[root@localhost wang]#tail test2.txt
```

```
wangbaojun
Fri Jul 20 22:05:47 CST 2018
[root@localhost wang]#wc test2.txt
  58   560  2636  test2.txt
[root@localhost wang]#wc -w test2.txt
560  test2.txt
[root@localhost wang]#
```

3.3.3 使用 vi/vim 文本编辑器

vi(Visual Interface)是 Linux 和 UNIX 系统字符终端下使用的标准全屏幕编辑器，vim(vi Improved)是 vi 的增强版。与 DOS 下的 Edit 编辑器使用菜单方式不同，vi/vim 采用不同工作模式切换的方法来完成各种编辑和命令操作，这正是不少初学者抱怨它不如 Edit 好用的主要原因，而一旦熟练使用之后，就会体验到 vi/vim 强大、便捷的编辑功能。

1. vi/vim 的启动与工作模式切换

```
[root@localhost wang]#vim abc.txt          //启动 vim 编辑当前目录下的 abc.txt 文件
```

vi/vim 编辑器有 3 种不同的工作模式：命令模式、输入模式和末行模式。刚进入编辑界面时处于命令模式下。3 种模式之间相互切换操作如图 3-17 所示。

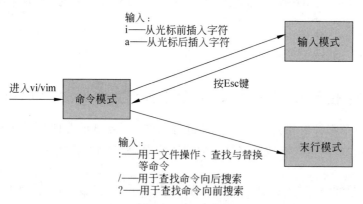

图 3-17　vi/vim 编辑器 3 种工作模式及其相互切换

2. 基本编辑操作

进入 vi/vim 编辑器打开文本后，按 i 键即切换到输入模式下，就可以输入或修改文本的内容。此时的输入模式实际上是插入模式，即输入的字符总是插入在当前光标位置的前面，可以用 Insert 键来切换插入或改写模式。

注意：vi/vim 的按键区分大小写且默认处于小写状态，按非小写字母键时要结合 Shift 键。

下面介绍命令模式下常用于复制、删除、粘贴一块内容的操作方法。

（1）光标移动。除了使用方向键移动光标外，最常用的几个特殊操作是：按 PgDn 键可向后移动一页；按 PgUp 键可向前移动一页；按 0 键移至行首；按 $（即 Shift＋4）键移至行尾；按 H 键移至屏幕第一行；按 M 键移至屏幕中间行；按 L 键移至屏幕最后一行。

（2）选中要操作的一块内容。将光标移至块首字符，按 v 键后用方向键将光标移至块尾，此时选中的文本内容会反白显示。

（3）复制、删除与粘贴命令。选中文本后，可使用以下按键执行所需的操作。

- d：删除文本。
- y：复制文本。
- p：粘贴文本。
- u：恢复删除。

注意：这里的"删除"操作相当于 Windows 系统中的"剪切"，因此，删除与复制都会将选定的文本内容放到暂存区内，将光标移至目标位置后用于粘贴。

（4）针对一整行或连续多行的特殊操作命令如下。

- dd：删除一整行。
- d2d：删除连续的两行。
- d3d：删除连续的三行。
- dnd：删除连续的 n 行。
- yy：复制一整行。
- y2y：复制连续的两行。
- y3y：复制连续的三行。
- yny：复制连续的 n 行。

3. 末行模式下的操作命令

在命令模式下，按：、/或？键都将进入末行模式，此时在屏幕末行的行首会显示相应的字符，然后就可以进行以下操作。

（1）文件操作。在命令模式下按：键进入末行模式，然后输入如表 3-1 所示的命令即可完成相应的文件操作。

表 3-1 末行模式下的文件操作命令

输入命令	功 能 说 明
q	退出 vi/vim 编辑器，用于文件内容未被修改过的情况
q!	强制退出 vi/vim 编辑器，不保存修改过的内容
wq	保存文件并退出 vi/vim 编辑器
e	添加文件，可赋值文件名称
n	加载赋值的文件

（2）查找文本。在命令模式下按/键或？键进入末行模式（前者用于向后查找，后者

用于向前查找),然后在/或? 后输入要查找的字符串并按 Enter 键,就会在文本中找到相应的字符串并将光标停留在第一个字符串的位置,此时按 n 键(向后)或 N 键(向前)就可以将光标定位到下一个找到的字符串位置。

(3) 替换文本。在命令模式下按:键进入末行模式,输入如下格式的替换命令。

[范围]s/要替换的字串/替换为字串/[c,e,g,i]

其中,范围是指文本中需要查找并替换的范围,其表达有几种不同的方式:用"n,m"表示从第 n 行至第 m 行;用 1,$ 表示第 1 行至最后一行,也可用%代表目前编辑的整个文档,注意范围后要跟一个小写字母 s。可选的[c,e,g,i]4 个选项含义分别是:c 表示每次替换前会询问;e 表示不显示 error;g 表示不询问就全部替换;i 表示不区分大小写。

注意:在执行查找或替换操作后,被找到或被替换的字符串会呈高亮显示。如果要去掉这些字符串的高亮显示,可以在命令模式下按:(冒号)键进入末行模式,然后输入 noh 命令并按 Enter 键。

第 4 章　操作系统的硬件资源管理

学习目的与要求

操作系统的主要任务是控制和管理计算机系统中的硬件和软件资源,而硬件资源又包括 CPU、内存储器和外部设备三大部件。操作系统除了前面已介绍的用于管理软件的文件系统以及方便用户使用而提供的用户接口外,还包括针对 CPU、内存储器和外部设备这三大硬件资源的管理功能。由于现代多任务操作系统中,CPU 管理的主要任务是以进程为单位对 CPU 资源实施分配和有效管理,因而对 CPU 的管理可归结为对进程的管理。通过本章的学习,要求了解操作系统中进程管理、存储管理和设备管理的主要功能与实现机制。

4.1　CPU 管理(进程管理)

CPU 是计算机最珍贵的核心资源,现代多任务操作系统(如 Linux 等)都必须解决 CPU 资源的分配问题,而进程是分配 CPU 及其他所有资源的基本单位。因此,对 CPU 的管理实际上就是对进程的管理。

4.1.1　进程的概念与描述

大家对"程序"都非常熟悉,它是为实现某种目的而事先编制好的指令序列。在单道程序环境下,任何时刻都只有一个用户程序驻留在系统中,它占用了包括 CPU 在内的所有资源。因此,程序总是能按指令的逻辑顺序"一气呵成"地运行完毕,只要给定相同的初始数据,程序无论何时运行、运行多少次,都必然得到相同的、确定的结果。那么,在操作系统中为什么还要引入"进程"的概念呢?

1. 进程的引入及其定义

进程概念的引入主要是由于多道程序运行环境的变化。在多道程序环境下,有多个程序同时驻留在系统中运行,而系统资源总是有限的,尤为明显的是单处理器系统中,仅有的一个 CPU 必然要被系统中的多个程序分时轮流使用。例如,有 A、B、C 三个程序同时在系统中运行,它们按顺序分时占用 CPU 的情形如图 4-1 所示。

从宏观上看,三个程序同时在系统中并行执行;从微观上看,每个程序都以"走走停停"的方式串行使用 CPU 而运行。而且操作系统还要处理随时可能发生的外部事件,用户执行的某个程序跟其他哪些程序并发、何时被调度占用 CPU、何时暂停、以怎样的速度向前推进,这些都是不确定的。正是由于多道程序环境有着并发性、随机性和资源共享性的特点,如果操作系统不加以处理或设计不当,就有可能破坏程序运行结果的正确性。

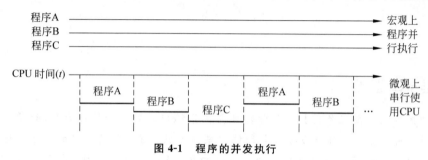

图 4-1 程序的并发执行

例如,有一个从堆栈 S 弹出数据(即取出 top 所指向的栈顶元素)的程序 getdata (top)和一个压入数据到堆栈 S 的程序 reldata(x)并存于系统中,假如系统正调度到 reldata(x)程序占用 CPU 运行,当移动了 top 指针但尚未把数据 x 压入堆栈 S 的时刻,由于分配给它的 CPU 时间到而迫使它暂停运行,在它下一次获得 CPU 时间之前,恰好调度了 getdata(top)程序来占用 CPU 运行,此时取出 top 所指向的单元数据显然不是程序所期待的栈顶元素。不难看出,导致这种错误结果的根本原因是入栈和出栈程序共享了一个堆栈 S,从而使它们必然受到执行速度的制约。那么,作为资源管理者的操作系统就必须采取措施来控制和协调资源的共享和竞争,以制约系统中并发程序的执行速度。

为了达到这个目的,必须有一个能够动态地描述各程序执行的过程,并能用作对资源进行分配的基本单位。由此引入了进程的概念:进程是指一个具有独立功能的程序在处理器上对某个数据集的一次执行过程,也是分配资源的基本单位。

2. 进程的描述

进程和程序是两个既有联系又有区别的概念。进程描述的是程序的执行过程,如同描述铁路运输系统中的一列列车,不仅要包含火车本身所具备的静态参数,还要包含它当前所处的位置、行驶速度、运载的人员或货物等动态变化的信息。操作系统要掌握系统中的每个进程,除了进程所包含的程序和数据外,还必须有一个特殊的数据结构来描述进程的存在及其活动的过程,这个数据结构就是进程控制块(Process Control Block,PCB)。

进程控制块(PCB)是进程动态特征的集中反映,系统根据 PCB 感知进程的存在,并通过 PCB 中所包含的各项参数的变化,掌握进程所处的状态以达到控制进程活动的目的。不同操作系统中的 PCB 所包含的内容有所不同,但通常都包含以下 4 种信息。

(1)描述信息,包括进程名或进程 ID、用户名或用户 ID 以及家族关系等。

(2)控制信息,包括进程当前状态、优先级、程序和数据区指针、计时和通信等。

(3)资源管理信息,包括使用内存和设备、程序共享、文件系统指针及标识等。

(4)现场信息,中止进程在处理器上执行时需要保护的 CPU 现场。

操作系统往往将系统中所有进程的 PCB 采用表或队列方式,集中组织成一个 PCB

表或 PCB 链,以便统一管理、控制和调度进程。

3. 进程的三种基本状态及其转换

在单 CPU 系统中,任何时刻最多只有一个进程处于占用 CPU 的运行状态。那么,系统中的其他进程处于什么状态呢? 有两种情况:一种是进程已经获得了运行所需的所有其他资源,或者说具备所有的运行条件,只是系统没有把 CPU 时间分配给它,进程的这种状态称为就绪状态;另一种是进程需要等待某个事件的发生,如等待 I/O 传输数据,由于 I/O 相对于 CPU 而言是非常慢速的操作,为提高 CPU 的利用率,在 I/O 操作结束之前,系统不允许该进程有获得 CPU 时间的机会,进程的这种状态称为等待状态。

由此可见,一个进程存在于系统的整个生命期内,可能处于运行状态、就绪状态或等待状态,它们的相互转换如图 4-2 所示。

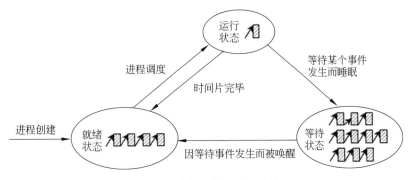

图 4-2　进程状态的相互转换

在一个进程刚被创建时,由于其他进程正占用 CPU 而只能处于就绪状态。处于运行状态的进程因系统分配给它的时间片用完或被其他进程抢占了 CPU,而进程并未运行结束,则该进程就从运行状态变为就绪状态,而被安排进入就绪进程的队列之中。此时,系统必须转向进程调度程序,该程序的任务是按某种算法从就绪进程的队列中选择一个进程,把它从就绪状态转换为运行状态,即让该进程获得 CPU 时间而运行。

如果处于运行状态的进程正在运行过程中,分配给它的时间片并未用完,但由于某种条件(如 I/O 传输要求、得不到某种资源等)不满足而无法继续运行,那么系统让该进程退出运行状态而转换为等待状态,进入某一个等待队列之中,这个过程称为进程阻塞或进程睡眠。处于等待队列中的某个进程,如果其等待的条件被满足,则由创造该条件的那个进程来把它从等待状态改变为就绪状态,安排进入就绪队列,这个过程称为进程唤醒。

当然,不同的操作系统划分进程状态的种类有所不同。例如,UNIX 系统中进程状态被细分为 9 种状态。其中,运行状态又进一步划分为用户态和系统态两种,其目的是把运行用户程序和系统程序区分开来,以利于程序的共享和保护;等待状态又进一步划分为内存等待和外存等待两种状态,如果一个进程在内存中等待时间过长,就将其清除出内存而回写到磁盘上等待,以便提高内存的利用率。

4.1.2　进程调度

操作系统自身用于完成各种系统核心功能的程序称为原语。这些程序不同于普通意义上的用户程序,它们是在系统态执行的,并在执行过程中是不可中断的。操作系统用来控制进程状态转换的程序也是原语,包括进程创建、进程撤销、进程阻塞、进程唤醒和进程调度等。

其中,进程调度原语就是按照某种算法从就绪队列中选择一个进程,使其获得 CPU 时间而进入运行状态。操作系统在设计进程调度算法时通常要考虑三个方面的原则:①要体现多个就绪进程之间的公平性和它们的优先程度;②要考虑用户对系统响应时间的要求;③要有利于系统资源的均衡和高效率使用,尽可能地提高系统的吞吐量。

下面介绍 3 种常用的进程调度算法。

1.　时间片轮转法

将所有的就绪进程按到达的先后顺序排队,并将 CPU 的时间分成固定大小的时间片,进程调度程序每次总是从就绪队列中选取第一个进程投入运行,这种算法称为时间片轮转法(Time Round Robin),如图 4-3 所示。当一个进程用完了分配给它的 CPU 时间片,但进程并未运行完成时,它将自行释放 CPU 而重新回到就绪队列的末尾,等待下一次调度。

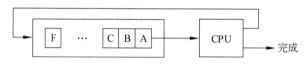

图 4-3　时间片轮转法进程调度

时间片轮转法的基本思路是让每个进程在就绪队列中的等待时间与享受服务的时间成比例,所以在进程响应时间上相对比较公平。其中,CPU 时间片长度的选取非常重要,它将直接影响系统开销和响应时间。一般来说,CPU 的一个时间片长度应至少能完成一次现场保护、现场恢复和执行一次进程调度原语所需的时间之和,而最长不应该超过系统响应时间,即用户响应时间与系统可容纳的用户数的比值。

由此可见,CPU 时间片在最小值和最大值之间仍有一个很大的取值范围。如果选取的 CPU 时间片过短,就会造成运行进程与就绪进程之间的频繁转换,从而增加系统的开销,降低系统的实际运行效率;如果选取的 CPU 时间片过长,又会使系统响应时间过长而达不到用户的要求,也不能体现公平性。那么,如何合理地选择 CPU 时间片长度呢?在实际的操作系统中,主要考虑以下两个因素。

(1) 系统的设计目标。用于工程运算的系统往往需要较长的 CPU 时间片,因为这类进程主要是占用 CPU 时间进行运算的,而只有少量的输入/输出工作,设置较长的 CPU 时间片可以降低进程之间频繁切换所导致的系统开销;用于 I/O 型工作的系统只需要较短的 CPU 时间片,因为这类进程一般只需要很短的 CPU 时间完成少量的 I/O 准备和善后工作;用于普通多用户联机操作的系统,其 CPU 时间片的长度则主要取决于用户响应时间。

（2）系统性能。计算机系统本身的性能也对 CPU 时间片长度的确定产生影响。CPU 时钟频率越快,单位时间内能够执行的指令数就越多,其 CPU 时间片也就可以较短;CPU 指令周期越长,程序的执行速度就越慢,其 CPU 时间片也就需要较长。但是,较长的 CPU 时间片又有可能影响用户响应时间,这就需要进行折中取值。

在运算型进程和 I/O 型进程较为均衡的系统中,要确定一个固定的 CPU 时间片长度就十分为难,因为不同的进程需要占用 CPU 资源的时间长度不同。为此,在很多实用系统中,采用了多值时间片轮转的方法,即根据进程的不同类型而分配给它一个不同时间长度的 CPU 时间片,当然这也增加了系统的复杂度。

2. 优先级法

多值时间片法虽然在时间片轮转法具有的公平性基础上,还有利于提高系统资源的利用率,但该方法仍然没有考虑到不同用户进程对优先程度和响应时间要求的差异,比如在实时系统和分时系统并存的系统中,不同任务在这些方面的差异会很大。

优先级法是在时间片轮转法的基础上,为进程设置不同的优先级,就绪队列按进程优先级的不同而排列,进程调度程序每次从就绪队列中选取优先级最高的进程来运行。显然,这种算法的核心是如何确定进程的优先级。

（1）静态优先级。静态优先级是指在创建进程时就设定其优先级,并在整个生存期内保持不变。通常,进程的静态优先级确定原则包括两个方面:①根据用户要求的紧急程度或系统管理员的分类而确定的作业本身的优先级来确定进程的优先级;②根据进程的性质或类型来决定优先级,I/O 型进程通常比运算型进程有更高的优先级。

（2）动态优先级。动态优先级是指在进程的生存期内,其优先级随着运行情况而不断地发生变化,这种变化往往取决于进程的等待时间、进程的运行时间、进程使用资源的类型等因素。一般来说,一个进程已占用 CPU 而运行的时间较长,则其优先级就会降低;一个进程未占用 CPU 而等待的时间较长,则其优先级就会提高。

与静态优先级法相比,动态优先级法既考虑了不同用户进程的优先程度,同时兼顾了进程间的公平性原则。但是,两种优先级法又缺乏多值时间片轮转法所具备的优点,即不同类型的进程分配不同的 CPU 时间片以提高资源利用率。于是,有人又设计出了一种把多值时间片轮转法和动态优先级法进行折中处理的多级反馈轮转法。

3. 多级反馈轮转法

多级反馈轮转法（Round Robin With Multiple Feedback）是一种综合的调度算法,在 CPU 时间片的选择上,采用了多值时间片策略;而在进程优先级的确定上,又采用了动态优先级的策略。也就是说,多级反馈轮转法综合考虑了进程到达的先后顺序、进程预期的运行时间、进程使用的资源种类等诸多因素。

多级反馈轮转法的核心是在组织就绪进程时采用了多级反馈队列,将就绪进程按不同的时间片长度（即进程的不同类型）和不同的优先级排成多个队列,如图 4-4(a)所示。

一个进程在其生存期内,将随着运行情况而不断地改变其优先级和能分配到的 CPU 时间片长度,即调整该进程所处的队列。

多级反馈轮转法每次总是选择优先级最高的队列,如果该队列为空,则指针移到下一个优先级队列,直到找到不为空的队列,再选择这个队列中的第一个进程运行,其运行的 CPU 时间片由该队列首部指定,如图 4-4(b)所示。那么,什么时候、采取什么样的策略来调整一个进程所处的队列及其位置呢? 其原则如下。

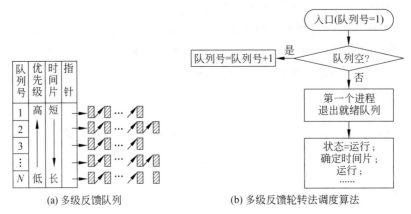

(a) 多级反馈队列　　　　　　　(b) 多级反馈轮转法调度算法

图 4-4　多级反馈轮转法进程调度

(1) 对于一个新创建的进程,直接进入最高优先级就绪队列的尾部。

(2) 如果正在运行的进程用完了给定的时间片而放弃 CPU,但进程还未完成,则将该进程比原先下降一个优先级后再进入相应优先级的就绪队列末尾。

(3) 如果进程在运行过程中由于所需条件不满足而被阻塞进入等待队列,则不改变该进程的优先级,该进程被唤醒时仍按原先的优先级插入相应优先级的就绪队列末尾。

不难看出,多级反馈轮转法具有以下几个方面的特点。

(1) 较快的响应速度和短作业优先。因为新创建的进程总是进入优先级最高的队列,所以能在较短的时间内被调度到而运行,而且对于短作业来说,往往在较高优先级队列中几次被调度运行即可完成。

(2) 输入/输出进程优先。由于输入/输出进程在运行时需要的 CPU 时间极短,往往是因 I/O 中断而进入等待队列,而当 I/O 结束被唤醒返回就绪队列时,其优先级不会降低。

(3) 运算型进程有较长的时间片。由于运算型进程需要较长的 CPU 运行时间,虽然每次运行后都会下降一个优先级,但一旦被调度到就拥有较长的时间片。

(4) 动态优先级和可变时间片。采用动态优先级,可使占用较多 CPU 资源的进程优先级不断降低;采用可变时间片,可以适应不同进程对时间的要求,使运算型进程能获得较长的时间片。

总之,多级反馈轮转法不仅体现了进程之间的公平性、进程的优先程度,又兼顾了用户对响应时间的要求,还考虑到了系统资源的均衡和高效率使用,提高了系统的吞吐能力。当然,这也是以增加系统的复杂度和系统开销为代价的。

4.1.3　进程通信

进程通信是指进程之间传送数据。一般来说,进程间的通信根据通信内容可以划分为控制信息的传送和大批量数据的传送两类。有时,也把前者称为低级通信,把后者称为高级通信。这里要讨论的主要是高级通信,这种通信需要有专门的通信机制来实现,常用的有电子邮件、对话、管道文件等。

1. 电子邮件

在 Internet 普及应用的今天,读者对电子邮件的使用并不陌生。从表面上来看,电子邮件的通信方式是:发送用户将邮件按照一定的格式准备好,通过发送命令将邮件发送到接收用户的信箱中;接收用户在收到有新邮件的通知之后,随时可以阅读或者对邮件进行回复、转发等其他处理。电子邮件的实现机制包括邮件格式、信箱和通信原语三部分。

(1) 邮件格式。电子邮件和传统的信件类似,邮件分为以下几个部分:邮件主题、收件人地址和姓名、发件人地址和姓名(默认为编写者)、邮件大小、邮件附件、指向附件地址的指针等。

(2) 信箱。如果用户在公共的电子邮局中被分配了一个信箱,表明已在电子邮局的目录下获得了一个称为信箱的文件。在每个用户信箱中存放的是用户收到的邮件,只有邮件接收者才有权对信箱的内容进行处理。信箱的大小决定了可以容纳的信件数,一个信箱通常由信箱说明和信箱体两部分组成,如图 4-5 所示。

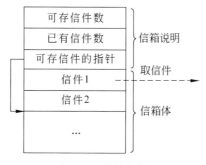

图 4-5　信箱结构

(3) 通信原语。用信箱实现进程间互通信息主要有两个通信原语,即发送原语 Send 和接收原语 Receive。为避免信件的丢失和错误索取,邮件通信时应遵循两个规则:① 发送信件时如果信箱已满,则发送信件的进程应被置成"等信箱"状态,直到信箱有空时才被释放;② 取信件时如果信箱中无信,则接收信件的进程应被置成"等信件"状态,直到有信件时才被释放。

一个进程要向另一个进程发送信件,必须先组织好信件,然后再调用 Send 原语,且调用时要给出参数:信件发送到哪个信箱、信件内容(或信件存放地址)。进程调用 Receive 原语接收信件时也要给出参数:从哪个信箱取信、取出的信件存放到哪里。

2. 对话

凡是使用过 QQ 聊天软件的读者都知道,QQ 中的"二人世界"就是一个与好友单独进行即时聊天的工具,也是对话通信方式的具体实现。用于对话聊天的窗口由两部分组成:上半个窗口用于接收对方传送过来的消息,它是只读的;下半个窗口用于输入发送给对方的消息,它是可编辑写入的。当然,在双方开始对话之前,需要向对方发送"交谈请示"信息,只有在得到对方"同意交谈"的信息之后才能进入对话。

对话通信是两个进程之间进行即时通信的一种形式,这两个进程使用共同的数据处理区来实现数据的读/写。对话通信的实现机制如下。

(1) 通话区。内存中开辟的一块特殊区域,通话双方可以对其进行读和写的操作。

(2) 通话连接。首先由请求对话的用户通过呼叫进程通知被叫用户并启动接听进程,然后接听进程回应呼叫进程,并激活对话进程。

(3) 通话进程。用户在进行对话时只需要在自己的终端上进行操作,其余的工作由通话进程来完成。通话进程使用两个对话区:呼叫用户区和接听用户区。用户对各自拥有的区域有读/写权限,并对对方拥有的区域有读的权限。通话进程将通话双方要交流的信息从通话终端传递到通话区,再将对方通话区中的信息传递到对话终端的屏幕上显示出来。

(4) 通话挂断。如果通话双方的任一用户提出挂断请求,则挂断进程立即撤销两个通话区域,并通知另一用户双方的通话已经挂断。

可以看出,对话通信的过程和人们日常生活中打电话的过程十分相似,在对话的运行过程中,各自的通话终端进程是并行工作的。

3. 管道文件

在两个进程的执行过程中,如果一个进程的输出是另一个进程的输入,就可以使用管道文件,如图 4-6 所示。

图 4-6 管道文件

在 DOS、Linux 系统中都使用"|"符号来表示已建立的管道文件,其实现机制如下。

(1) 管道文件。输入进程向该文件写入信息,而输出进程从该文件读出信息。

(2) 输入进程。从进程 A 的输出区读数据,并写入管道文件。

(3) 输出进程。将管道文件中的数据读出,并写入进程 B 的输入区。

由于输出进程和输入进程共用一个管道文件,而且各自的执行结果又互为对方的执行条件,所以这两个进程之间既有相互冲突又有相互协作的关系。下面具体介绍互斥与同步这两种发生在进程之间的特殊关系。

4.1.4　进程互斥与同步及其实现

多个进程的并发执行和系统资源的有限性必将导致资源的共享与竞争,从而使进程的执行速度受到某种制约。互斥与同步就是并发进程之间的两种不同的制约关系,操作系统必须采取某些策略对它们加以控制和协调,即实现进程的互斥与同步。

1. 互斥关系

在引入进程概念时,我们举过入栈 reldata(x) 和出栈 getdata(top) 两个并发进程对公共堆栈 S 进行操作,并有可能造成错误结果的例子。其实要解决这种可能出错的问题并不难,如果把 getdata(top) 和 reldata(x) 程序中对堆栈 S 进行操作的语句抽象为一个顺序的执行单位,保证任何一个进程一旦进入到该执行单位中的语句执行时就不允许被打断,那就能确保执行结果的正确性。

由此引入临界区和临界资源的概念:把不允许多个并发进程交叉执行的程序段称为临界区(或称临界段);把那些只允许有一个进程进入临界区使用的资源称为临界资源。当若干个共享临界资源的进程并发执行时,对临界区的管理有以下 3 个要求。

(1) 一次至多允许一个进程进入临界区。当有进程在临界区执行时,其他想进入临界区执行的进程必须等待。

(2) 不能让一个进程无限期地在临界区执行。也就是说任何一个进入临界区的进程必须在有限的时间内退出临界区。

(3) 不能强迫一个进程无限期地等待进入它的临界区,即当有进程退出临界区时应该让另一个等待进入临界区的进程进入它的临界区。

对临界区的管理,实际上就是对互斥关系的实现。所谓互斥,是指若干个共享某一资源的进程并发执行时,每次只允许一个进程进入临界区执行。或者说,互斥关系就是若干个并发进程在竞争进入临界区时相互之间所形成的排他性关系。

2. 同步关系

如果说互斥是对并发进程之间执行速度的间接制约关系,那么在并发进程之间还可能会出现另外一种需要相互协作完成的直接制约关系。例如,有两个进程 A 和 B 共享一个缓冲器 Buffer,进程 A 不断地读入数据并送到缓冲器 Buffer 中,而进程 B 不断地从缓冲器 Buffer 中取出数据进行加工处理,如图 4-7 所示。

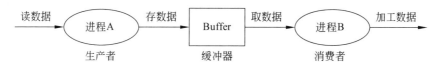

图 4-7　进程同步示例

这是一个典型的生产者—消费者问题,进程 A 就是生产者(Producer)进程,它不断地生产出物品并存入缓冲器;进程 B 就是消费者(Consumer)进程,它不断地从缓冲器中取走物品去消费。假定缓冲器中每次只能存放一件物品,那么生产者和消费者进程的执行必须遵循这样的规则:当生产者生产了一件物品存入缓冲器后,消费者进程才能从缓冲器中取用物品;反过来,也只有当消费者从缓冲器中取走了物品后,生产者才能再次将生产的物品存入缓冲器。因此,进程 A、B 之间是一种相互协作的关系,即进程 A、B 在并发执行时,各自的执行结果互为对方的执行条件。

要确保进程 A、B 运行结果的正确,就要求进程 A、B 必须同步。具体来说,当进程 A 把数据送入缓冲器后,应向进程 B 发送一个表示"缓冲器已准备好数据"的消息,并等待进程 B 取走数据;同样,当进程 B 将缓冲器中的数据取走后,应该向进程 A 发送一个表示"已从缓冲器取走数据"的消息,并等待进程 A 再次向缓冲器送入数据。

并发进程之间需要同步的例子还有很多,前面介绍的电子邮件、对话、管道文件等进程通信中都有进程的同步关系。一般地,把若干个直接制约的并发执行相互发送消息而互相合作、互相等待,使得各进程按一定的速度执行的过程称为进程的同步。

3. 信号量机制

前面分析了并发进程之间的互斥与同步关系以及相应的解决策略,但具体到操作系统软件的设计中又是如何实现的呢? 为此,人们研究出了多种实现进程互斥与同步的方法,其中最典型的方法是采用荷兰科学家 E W Dijkstra 提出来的信号量机制,即设置信号量并使用 P、V 原语对信号量进行操作。

(1) 信号量。信号量的概念源于交通管理中的信号灯,交通管理人员利用不同颜色的信号灯来实现交通管理。操作系统为公共的临界资源建立一个整数型变量,称为信号量 S(Semaphore)。当 $S \geqslant 0$ 时,表示可供并发进程使用的该类资源数;而当 $S < 0$ 时,表示正在等待使用该类资源的进程数。显然,信号量 S 的初值表示系统中拥有某种公共临界资源的数量,随着并发进程对这种资源的不断申请和释放,其对应的 S 值也发生着变化,但这种改变只能由 P、V 原语来操作实施。

(2) P、V 操作原语。P 操作和 V 操作的实质是对信号量实现计数功能,以便根据信号量值的不同来改变进程的状态。一次 P 操作其实就是申请一个临界资源的过程;而一次 V 操作就是释放一个临界资源的过程。P、V 操作原语的工作流程如图 4-8 所示。

4. 互斥的实现

还是以入栈和出栈两个并发进程对一个公共堆栈进行操作为例进行介绍。系统首先为这个堆栈资源建立一个信号量 S,并将其初值设置为 1;然后在入栈 reldata(x) 和出栈 getdata(top) 程序要进入堆栈操作的代码前面都插入一个 $P(S)$ 操作指令,而在离开堆栈操作的代码后面都插入一个 $V(S)$ 操作指令。这样,假如某一时刻系统调度到 reldata(x) 进程运行,在其进入堆栈操作的指令之前必定先运行 $P(S)$ 申请堆栈资源,即把 S 值减 1 变为 0,即使在它离开堆栈操作之前由于 CPU 时间到而回到就绪队列,系统又恰好调度到了 getdata(top) 进程运行也没有关系,因为它在进入堆栈操作的指令之前也要先运行 $P(S)$ 申请堆栈资源,此时会把 S 的值再次减 1 变为 −1,表示未申请到资源而被拉入等待队列,只有当再次调度到 reldata(x) 进程运行并通过 $V(S)$ 操作指令释放堆栈资源时,S

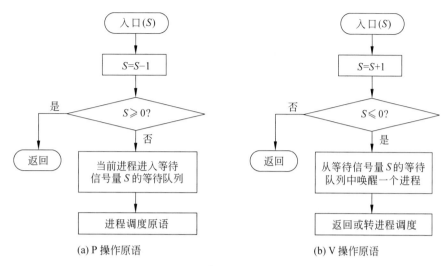

图 4-8　P、V 操作原语的工作进程

值被加 1 变回 0,才会从等待使用堆栈资源的队列中把 getdata(top)进程唤醒到就绪队列中。

　　事实上,入栈和出栈进程通过信号量机制处理后,无论系统如何调度,都不会因为对一个公用堆栈操作而造成错误的结果。一般地,当 n 个进程 P_1、P_2、$\cdots$、P_n 都要以独享方式使用某种资源而系统中共有 m 个这种资源(设 $n>m$)时,为保证资源的互斥使用,首先设置一个信号量 S,给定初值为 m,然后找出 n 个进程各自的临界区,对每个进程都用 S 关联的 P、V 操作来进入和退出临界区。那么,S 的值必定在($m-n$)~m 范围内变化。

　　(1) 当 $S=m$ 时,表示有 m 个可用资源尚未被申请使用。

　　(2) 当 $0<S<m$ 时,表示有 S 个可用资源,已有 $m-S$ 个进程正在使用这种资源。

　　(3) 当 $S=0$ 时,表示 m 个资源已被 m 个进程全部占用,现在无可用资源。

　　(4) 当 $m-n<S<0$ 时,表示 m 个资源已被 m 个进程全部占用,且有 $|S|$ 个进程进入等待使用此种资源的状态。

　　(5) 当 $S=m-n$ 时,表示 n 个进程全部申请使用资源,m 个资源已全部被 m 个进程占用,且有 $|m-n|$ 个进程进入等待使用此种资源的状态。

5. 同步的实现

　　信号量 S 用于互斥实现时表示可用临界资源数量,但如果将它与一个消息联系起来,当 S 值为 0 时表示期望的消息尚未产生,非 0 时表示期望的消息已经存在,那么借助于 $P(S)$ 和 $V(S)$ 操作就可以在进程间相互传递消息,也就可以实现进程的同步。

　　在用信号量机制实现具体的同步问题时,一个信号量与一个消息联系在一起,有多个消息时必定义多个信号量;测试不同的消息是否到达或发送不同的消息时,应对不同的信号量调用相应的 P、V 操作。就拿"生产者—消费者"的例子来说,生产者进程生产了一件物品并存入缓冲后,就必须发送消息给消费者进程,以表示可以消费物品了,而且在消费者进程从缓冲器中取走物品之前,生产者进程只能等待;反过来,消费者进程从缓冲器中取走了物品之后,就必须发送消息给生产者进程,以表示缓冲器中可以再次存放物品了,而且自己又只能等待生产者进程再次向缓冲器存入物品的消息。

由此可见,在生产者和消费者进程之间利用 P、V 操作来传递的消息有两个,也就需要定义以下两个信号量。

SP:表示是否可以把物品存入缓冲器,由于缓冲器中只能存放一件物品,所以 SP 的初值设定为 1,表示允许存放一件物品。

SG:表示缓冲器中是否存有物品,显然,SG 的初值应该为 0,表示开始时缓冲器中没有物品。

接下来,在生产者进程和消费者进程中访问共享缓冲器之前和之后,分别插入测试消息是否到达的 P 操作和发送消息的 V 操作。具体来说,在生产者进程访问共享缓冲器之前插入 $P(SP)$ 来测试可否存入物品,之后插入 $V(SG)$ 来通知消费者进程已存有物品;在消费者进程访问共享缓冲器之前插入 $P(SG)$ 来测试是否有物品可供消费,之后插入 $V(SP)$ 来通知生产者进程又可以存入物品了。

4.1.5 死锁的产生与对抗

让并发进程在执行过程中按各自的需要动态地申请、占有和释放有限的系统资源,正是操作系统为了尽可能地提高资源利用率而采取的管理和分配技术。然而,如果操作系统对资源的分配不当,系统可能会出现一种致命的死锁现象。

1. 死锁的形成及其定义

先来看如图 4-9 所示的一个例子。有两个并发进程 A 和 B 都要使用资源 R1 和 R2,系统在某一时刻已经把资源 R1 分配给了进程 A,把资源 R2 分配给了进程 B,但这两个进程在得到另一个资源之前都无法继续向前推进,又不把已占有的资源归还给系统。于是,进程 A 只能处于等待资源 R2 的状态,而进程 B 也只能处于等待资源 R1 的状态。

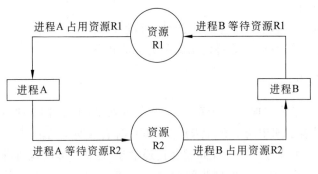

图 4-9　进程死锁的形成

显然,这种互相等待又互不相让的状态是无休止的,造成这两个进程都无法向前推进,此时就称这两个进程进入了死锁状态。一般地,若系统中存在一组并发进程,它们中的每一个进程都占用了某种资源而又都在等待该组进程中另一个进程所占用的资源,从而造成资源既相互保持又相互等待,使该组进程都停止往前推进而陷入永久的等待状态,这种情况就是系统出现了死锁,或者说该组进程处于死锁状态。

2. 产生死锁的原因与必要条件

产生死锁的根本原因是并发进程对有限资源的竞争。虽然信号量机制可以实现协作进程的同步和公用资源争用的互斥,但不能排除死锁。下面再通过一个经典的"5 位哲学家用餐"的例子,来进一步分析产生死锁的原因和必要条件。

如图 4-10 所示,有 5 位哲学家(P1～P5),他们围坐在一张圆桌旁,桌子中央摆放了一盘通心面,每人面前都有一只空盘子,另有 5 把叉子(F1～F5)分别放在两人之间。每位哲学家时而思考问题,时而吃通心面,思考问题时放下叉子,想吃通心面时必须先用左手拿一把叉子,再用右手拿一把叉子,吃完后又必须放下两把叉子以供别人使用。

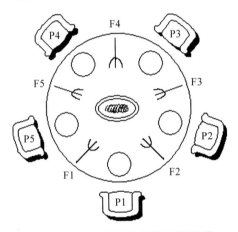

图 4-10 "5 位哲学家吃通心面"问题

当某位哲学家想吃通心面时,可以采用 P、V 操作来测试其是否能取得共享的叉子,这就需要定义 5 个信号量 $S_i(i=1\sim5)$ 来对应 5 把叉子,其初值均为 1,这样就能实现 5 把叉子的互斥使用。但是,系统调度还有可能会出现这样一种极端情形:P1 执行 $P(S_1)$ 获取了 F1 后被打断,CPU 又调度到了 P2 执行,P2 执行 $P(S_2)$ 获取了 F2 后又被打断,CPU 又调度到了 P3 执行……这样,每位哲学家都拿到了自己左边的一把叉子,但都因得不到第二把叉子而等待,出现了大家都无法吃通心面的尴尬局面,这就形成了永远等待而死锁。

出现死锁与操作系统所采取的资源分配策略以及并发进程的执行速度有关。为了防止死锁,应首先分析产生死锁的 4 个必要条件。

(1) 互斥使用资源。即每一个资源一次只能分配给一个进程使用。

(2) 部分分配资源。进程每次总是申请它所需要的一部分资源,在等待新资源的同时不释放已占有的资源。

(3) 非剥夺式分配。任何一个进程不能剥夺其他进程所占有的资源,即已被占用的资源只能由占用进程自己来释放。

(4) 循环等待资源。存在一组进程,其中每一个进程分别等待另一个进程所占用的资源而形成一个循环链。

注意：以上 4 个条件是产生死锁的必要条件而非充分条件。也就是说，只要产生了死锁，则这 4 个条件必定同时成立；反之，这 4 个条件同时成立并不是一定会产生死锁。对抗死锁一般可以从 3 个方面着手，即进程执行前加以预防、执行过程中加以避免、死锁发生后加以检测与恢复。

3. 死锁的预防

只要采用适当的资源分配策略来限制并发进程对资源的请求，打破产生死锁的 4 个必要条件中的任何一个或几个条件，就可以达到预防死锁的目的。

（1）静态分配资源。让进程在开始执行前就申请它所需要的全部资源，并且全部得到后方能执行。这样，进程就无须在执行过程中动态地申请资源，所以不可能出现占有了某些资源后又等待其他资源的情况，即打破了"部分分配资源"的条件。但是，采用静态分配资源策略会大大降低系统资源的利用率。

（2）按序分配资源。对系统中的每一个资源进行编号，规定当任何一个进程申请两个以上资源时，总是先申请编号小的资源，再申请编号大的资源，这样就破坏了"循环等待资源"的条件。在"5 位哲学家用餐"的例子中，若规定每位哲学家要吃通心面时总是先取编号小的叉子，再取编号大的叉子，即 P5 进程改为先申请 F1 再申请 F5，就不会形成循环等待。从资源利用率的角度来说，按序分配策略介于动态分配和静态分配之间，尤其是低序号资源的利用率仍较低，资源序号的排定也较困难。

（3）剥夺式分配资源。如果在一个进程申请资源得不到满足时，可以从另一个占有该类资源的进程那里去抢夺资源，这就打破了"非剥夺式分配"的条件。但剥夺式分配只适用于处理器和内存等资源，对那些本身属于独占类型的资源并不适用。

4. 死锁的避免

为了尽可能地提高资源利用率，操作系统可以不采取死锁预防措施，而是在进程执行过程中动态申请资源时，通过某种算法测试系统的状态是否安全，以决定是否把申请的资源分配给该进程，从而避免死锁的产生。如果操作系统能保证所有的进程在有限的时间内得到需要的全部资源，即系统处于安全状态，则可以把资源分配给申请者；否则就不把资源分配给申请者，因为不安全状态可能会引起死锁。

银行家算法是一种用于判断系统状态是否安全的经典算法，其基本思想是：当进程 P 向系统申请某种资源 R 时，测试所有并发进程对 R 的最大需求量，若把 R 分配给 P 后，只要剩余的 R 数量还能满足其中一个进程对 R 的最大需求量，则表明系统是安全的，即把 R 分配给 P，否则就推迟分配。这就保证了在使用某种资源的所有进程中，至少有一个进程可得到所需的全部资源而执行到结束，即在有限的时间内归还资源以供其他进程使用。

5. 死锁的检测与恢复

采用银行家算法可以避免死锁的产生，同时也提高了系统的资源利用率，但操作系统需要不断地记录各个进程占用和申请资源的情况,并频繁地测试系统是否安全,这必然会增加系统的时间和空间开销。因此,在一些不经常出现死锁的实际系统中,往往不采取任何死锁预防和避免的措施,而是采用定时运行一个"死锁检测"程序,当检测到有死锁产生时再设法将其排除,恢复系统的正常运行。

实现死锁检测的具体方法是:系统中设置两个表格用来记录进程使用和等待资源的情况;定时扫描这两个表格,查看进程之间是否存在对资源的循环等待链。如果存在循环等待链,则表明进程之间已产生死锁,否则就没有产生死锁。

当检测到死锁后,可以采用抢夺这些进程占用的资源,或强迫进程结束,或重新启动操作系统等方法来解除死锁。

4.2　存　储　管　理

主存储器(简称主存)是仅次于 CPU 的宝贵资源。存储管理的主要任务就是要解决如何以高利用率分配和回收内存空间、如何将用户程序的逻辑地址转换成实际内存的物理地址、如何保障各进程所占空间的安全使用又能实现共享、如何借用辅助存储器(简称辅存)空间来扩充有限的物理空间(即实现虚拟存储器)等问题。

4.2.1　存储管理的主要功能

为了解决存储器容量、速度和价格之间的矛盾,人们除了不断研究新器件来改进存储性能外,还把各种不同类型的存储器组织成多级层次结构,并通过管理软件和辅助硬件有机组合成统一的整体,从而构成了综合性价比极高的存储系统。

在微机系统中,目前普遍采用高速缓冲存储器(Cache)、主存储器和辅助存储器的三级层次结构,如图 4-11 所示。

(1) Cache—主存层次。在 CPU 和主存之间设置一个小容量、高速度的 Cache,计算机自动把部分要执行的代码和数据先调入 Cache,若 CPU 要读取的指令或访问的数据就在 Cache 中(称 Cache 命中)则可快速存取;否则 CPU 在访问主存中所需指令或数据的同时,又把相邻的信息块送到 Cache 中。这样可以大幅度提高 CPU 的访存速度,提高整个系统的性能,不仅缓解了 CPU 与主存速度上的差异,也很好地解决了速度和成本之间的矛盾。Cache 的全部功能由硬件实现,对程序员来说是"透明"的。

(2) 主存—辅存层次(虚拟存储器)。主存中的信息不便长期保存,其容量也受到 CPU 寻址能力的限制,现代微机系统中都配置了容量极大、价格便宜的辅助存储器,如硬盘和光盘等可移动存储设备,用来存放那些暂时不用的程序和数据。但辅存中的信息只有在需要时被调入主存才能由 CPU 访问和处理,而处理后的信息也要从主存调出到辅存上才得以长期保存。这种主存和辅存之间的调入、调出工作是通过附加的硬件和操作系统中的存储管理软件共同实现的,即实现了虚拟存储器(Virtual Memory)。虚拟存储器是实现在小容量主存中运行大规模程序的有效方法,它利用部分辅存空间(即交换区)

当作主存来使用,将主存和辅存看成一个整体而统一的庞大地址空间。因此,虚拟存储器解决了对存储器大容量和低成本要求之间的矛盾,面向程序员的是一个既有主存速度,又有比物理主存容量大得多的逻辑地址空间的存储器整体。

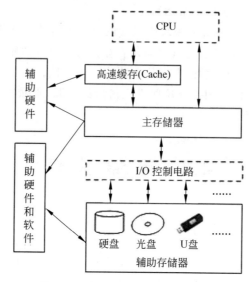

图 4-11 存储系统的多级层次结构

虚拟存储器的性能在很大程度上取决于 CPU 能直接在主存中访问到所需指令或数据的概率,这与 Cache 命中率非常相似。从这个意义上说,虚拟存储器与 Cache 都是基于"程序局部性原理"才更具有实现的价值。所谓程序局部性,是指一个程序的整个运行过程中,绝大部分时间都集中在局部的少量代码中执行,这是通过大量典型程序的运行分析而得出的结论。在实际系统中,通常 Cache 命中率可高达 $90\% \sim 98\%$,主存中访问到指令或数据的概率也非常高,所以使得系统的整体性能得到了极大的改善和提高。

操作系统的存储管理模块主要负责内存的分配与释放、地址映射(地址变换)、内存扩充(虚拟存储器)、内存保护与共享、存储区整理等。

1. 内存的分配与释放

(1) 内存分配。当用户提交的作业(任务)向系统申请存储空间时,内存分配程序就要在现有的空闲内存中选择一个大小相当的区域分配给作业,也就是将作业的逻辑地址空间映射成实际内存中的物理地址空间。随着内存的不断分配与释放,内存中通常会有许多尚未使用的区域(称为自由区或空闲区),到底选择哪个自由区分配给用户作业,取决于系统所采用的分配策略(算法)。

(2) 内存释放。作业运行完毕就要释放它所占的内存空间,并由系统回收。内存释放实际上是解除逻辑地址空间与物理地址空间的联系,内存释放程序把要回收的内存区域重新设定为自由区,并将其安排进入自由区队列,进入自由区队列的具体位置也取决于系统所采用的分配策略。

(3) 分配策略。为了有效、合理地利用内存,设计内存的分配和回收方法时必须考虑如何划分内存空间和作业空间、描述内存空间使用情况的数据结构、为作业分配空闲空间的分配算法和淘汰算法等多方面的因素。

2. 地址映射（地址变换）

存储器的每个单元都有其唯一的地址,称为物理地址或绝对地址。但是,用户在编制程序时无法预知程序要运行时将装入实际内存的哪个位置,也就无法在程序中直接使用物理地址,所以存放在磁盘上的程序总是从 0 地址开始,来编排每条指令及要访问数据的地址,这个地址称为逻辑地址或相对地址。

操作系统把要运行的程序装入内存时,需将程序中的逻辑地址映射为物理地址,这一过程称为地址映射或地址变换,也称为重定位。重定位的实现方法有以下两种。

（1）静态重定位。这种方法是在装入过程完成后,在程序执行前一次性将所有指令要访问的逻辑地址全部转换为物理地址,而在程序运行过程中不再修改,如图 4-12 所示。显然,静态重定位方法实现简单,但需要在程序执行之前一次性装入主存,所以无法实现虚拟存储器,也不利于提高主存的利用率和实现共享。

（2）动态重定位。这种方法是在程序运行过程中,当指令需要执行时对要访问的地址进行修改,如图 4-13 所示。动态重定位提供了实现虚拟存储器的基础,并实现了对内存的非连续分配,有利于程序段的共享,但需要一定的硬件支持,而且实现存储管理的软件算法与静态重定位方法相比要略微复杂一些。

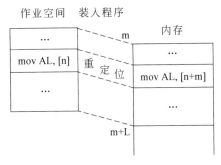

图 4-12　静态重定位

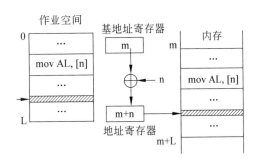

图 4-13　动态重定位

3. 内存扩充（虚拟存储器）

前面已经介绍了虚拟存储器在现代计算机存储系统的层次架构中所起的作用,以及它实现内存扩充的大致工作原理,这里对实现虚拟存储器所必须具备的条件再做如下归纳。

（1）实际内存空间。物理内存是构成虚拟空间的基础,其空间越大,所构成的虚拟空间的运行速度越快,一次能够并行的用户数目也越多,其性能也就越好。

（2）辅存上的交换区。为了扩充内存空间,可借用辅存上的一部分用于换进、换出的交换区来实现。一般来说,交换区的大小不应低于内存大小,而最大只受虚拟地址空间的限制,如 Linux 系统中,交换分区建议大小为实际物理内存容量的 1～2 倍。

（3）换进、换出机制。它表现为中断请求机构和淘汰算法。中断请求机构用于对外存作业空间的换进，淘汰算法用于对内存页面的换出。

用户使用的虚拟空间远大于内存，操作系统将用户程序的部分装入内存，而其余部分装入辅存的交换区中，在程序的运行过程中按需要在内存和交换区之间不断地进行换进、换出，使用户程序最终得以全部运行。在不同的计算机系统中，虽然实现虚拟存储器的基本条件都相似，但在数据的换进、换出策略上会有所不同。

4. 内存保护与共享

由于内存中有多个进程并发执行，所以很难保证进程所在内存区域不被其他进程在非授权情况下访问甚至破坏。内存保护就是要保护进程的数据不被非法访问者破坏，它采取的方法主要有界地址寄存器保护法和访问授权保护法。

（1）界地址寄存器保护法。这种方法要求进程在运行时将要访问的地址与该进程规定的物理空间上界、下界值进行比较，若在规定的范围内则可以正常访问；若超过范围则视为非法访问而出错。在具体实现时，大多是用基地址寄存器和长度寄存器来描述物理地址空间的起始位置和长度，从而确定上界、下界的值，如图 4-14 所示。纯粹采用界地址寄存器保护法虽然实现简单，但它会使进程之间合法的访问也受到限制，特别是当进程之间需要共享某些数据时，使用界地址寄存器就表现得无能为力。

（2）访问授权保护法。系统为每个存储区域都给定一个访问权限，同时也为每一个进程赋予一个访问权限值。当进程访问某个区域时，若进程的访问权限大于等于被访问区域的权限值，访问可以进行，否则视为非法，如图 4-15 所示。由于访问权限值可以在一个范围内变化，一个进程可以对不同存储区域有不同的访问权限；一个存储区域也可以被多个具有不同访问权限的进程按权限级别进行访问。所以进程访问权力的灵活性得以体现，同时也允许存储区域的共享。

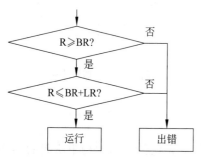

其中：R 是地址寄存器；BR 是基址寄存器；LR 是长度寄存器

图 4-14 界地址寄存器保护法

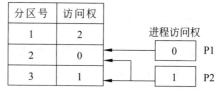

图 4-15 访问授权保护法

5. 存储区整理

当系统运行一段时间后，由于内存空间经过不断分配和释放，可能会出现如下问题：产生许多分散的、难以再被分配使用的小自由区（称为碎片）；当新的进程进入内存时被过度分散存储;存储管理在虚拟存储器的内存和外存之间过于频繁地换进、换出;系统不断地报告给用户"内存空间不足"的信息……这些问题都表明存储区需要整理,即把内存中的碎片合并,或者将某些进程的分散存储区域移动到一起。

经过存储区整理后,系统中将会形成更大的自由分区,进程存储的分散程度也会减轻,从而提高内存的利用率以及 CPU 对内存的访问效率。当然,存储器整理需要消耗较多的 CPU 时间,而且整理时所有进程都不能执行。

4.2.2　存储器的分配方式

存储空间的分配是存储管理的核心任务,其分配方式与地址映射、虚拟存储器以及存储保护与共享等功能的实现直接相关,主要分为连续分配方式和离散分配方式两大类。

1. 存储器的连续分配方式

当需要运行的程序向系统申请内存空间时,内存分配程序选择一块符合其大小要求的连续存储区域分配给它。分区管理是一种最简单的存储管理方法,也是现代存储管理发展的基础。

(1)单一连续分区。这是内存只供一个用户作业使用的单道环境下的管理方式,整个内存空间除了操作系统占用的部分以外,其余可用内存空间作为一个连续分区供用户作业使用,如图 4-16 所示。因为只有一个用户可用区域,所以分配和释放策略都非常简单,当用户作业大小超过内存可用空间时,系统就提示内存不够而无法运行程序;否则就装入作业并采用静态重定位方式完成地址映射。早期的单用户、单任务DOS 操作系统就是采用单一连续分区的典型例子,系统在任何时刻都只能运行一个用户程序。

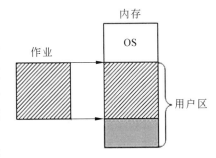

图 4-16　单一连续分区方法

(2)多重固定分区。将内存空间划分为若干个位置固定、大小不等的区域,每个区域可以存放一个作业,实现了多任务的并行运行,提高了 CPU 的利用率。为管理多个内存分区,系统需要建立内存分区表来描述各分区在物理内存中的位置和分配情况,建立作业表来描述各用户作业的大小和分配的区号,如图 4-17 所示。当有作业申请空间时,通常采用最佳适应算法,即选择一个满足作业大小的最小空闲分区分配给作业,并在内存分区表中修改该分区的状态。由于整个作业是一次性调入获得内存分区的,所以地址映射可采用简单的静态重定位,存储保护一般也采用简单的界地址寄存器保护方法。多重固定分区的作业大小仍受到最大分区大小的限制,而且每个分区都存在一部分不能再利用的空间而形成碎片,使内存空间的利用率仍然较低。

(3)多重动态分区。这是由多重固定分区改进而来的分区方法,它根据作业对内存空间的申请动态地划分内存区域,所以分区的大小、位置、数量都是可变的。系统初启时内存中只有一个自由分区,作业申请空间时系统为其在自由分区中划分大小合适的分区,

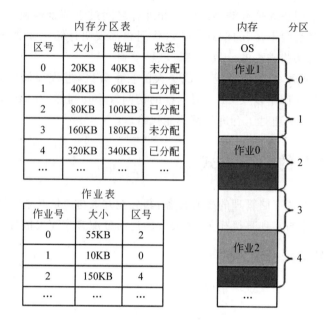

图 4-17　多重固定分区方法

这样在初始阶段就不会有碎片浪费。但随着不断地分配与释放,内存中会形成多个分散的、大小不等的自由分区,此时若有作业申请空间,就要采用某种算法来选择一个自由分区进行分配。为实现这种多重动态分区的分配,系统需要组织一个自由分区链的数据结构,图 4-18 所示的就是采用最先适应(First Fit)、最佳适应(Best Fit)和最坏适应(Worst Fit)三种常用分配算法的示例。在分配自由分区后,或者有作业完成运行需要释放其所占空间时,内存分配程序要把剩余空间或者回收的空间作为新的自由分区插入自由分区链中,并且若有地址相邻的自由分区还必须进行合并处理。与多重固定分区相比,多重动态分区中多道程序的数目有所增加,内存的利用率也有所提高,但用户作业仍需占用连续的内存空间并一次性调入内存,这未能从根本上解决碎片问题,也不便于共享的实现。

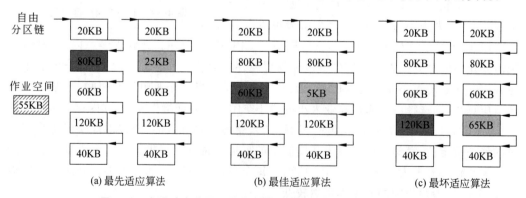

图 4-18　多重动态分区 3 种分配算法对空闲区的分配和处理示例

综上所述,无论哪一种分区管理方法,内存分配程序都将为作业分配一个地址连续的区域,并将整个作业一次性地装入内存。这种连续分配方式尽管实现较为简单,但都存在着较严重的碎片问题,从而使内存的利用率不高,而且作业大小总是受到最大自由区大小的限制,同时也无法实现某些程序和数据段的共享以及虚拟存储器。

2. 存储器的离散分配方式

存储器的离散分配方式实现了作业在内存中的非连续存放,克服了连续分配方式的种种弊端,大大提高了内存的利用率。实现离散分配的方法主要有分页管理、分段管理以及将两者结合的段页式管理。

(1) 分页管理。分页管理的基本思想是:将内存划分成连续的大小相等的块,作业的逻辑地址空间划分成连续的大小相同且与内存块大小相等的页面。内存块的大小通常根据内存容量以及它与外存之间的数据交换速度来确定,一般为 1KB～4KB。当作业进入内存时,不同的页面可以对应于内存中不连续的块,系统建立一个用来登记该作业每个页面号对应到内存块号的页表,如图 4-19 所示。这样在读取指令或访问数据时,就可以根据逻辑地址通过页表变换成内存的物理地址。由此可见,这种基本的分页方法在内存分配上实现了非连续存放,同时有效地减少了内存碎片。根据系统是否把作业的所有页面一次性地装入内存,分页管理又分为静态分页管理和动态分页管理两种。其中,动态分页管理也称为请求分页管理,是 Windows 和 Linux 等现代操作系统普遍采用的实现虚拟存储器的内存管理方式。

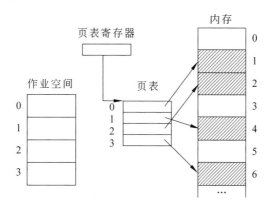

图 4-19　分页管理的基本思想

(2) 分段管理。尽管分页管理克服了分区管理中作业必须占用连续空间、无法利用的碎片较多等问题,但由于页面划分没有考虑作业空间的逻辑意义,仍然无法实现真正意义上的共享。分段管理的基本思想是:将作业地址空间按逻辑意义划分为不同的段,如数据段、代码段等,每个段都有其对应的段号和段长;而内存空间采用多重动态分区管理。当作业进入内存时,系统建立一个用来登记该作业每个段对应到内存分区号的段表,这样在读取指令或访问数据时,就可以根据逻辑地址通过段表变换成实际内存中的物理地址,如图 4-20 所示。显然,分段管理便于真正实现共享与保护,但其内存分配的实质仍是分区管理方式,只是将一个作业分为多个段而进入内存的多个分区。

(3) 段页式管理。这是将分页管理和分段管理相结合的一种内存管理方法,集两者的优点于一体,又克服了各自的缺点。段页式管理的基本思想是:内存空间按分页管理

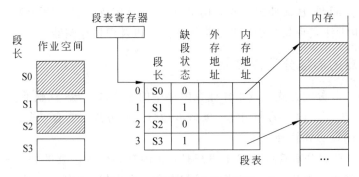

图 4-20 分段管理的基本思想

划分成大小相同的块,而作业地址空间先按逻辑意义划分成大小不等的段,每个段再按分页管理划分为与内存块大小相同的页面,如图 4-21 所示。这样,作业的逻辑地址被划分为段号 S、页号 P 和页内位移 d 3 个部分,地址映射就要经过查段表得到相应段的页表地址、查页表得到内存块号、根据内存块号求得物理地址的三次寻址过程,增加了系统的复杂度和额外开销,所以段页式管理主要用在大型机系统中。

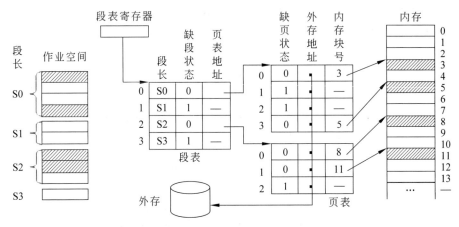

图 4-21 段页式管理的基本原理

4.2.3 请求分页存储管理

前面已经简单地介绍了分页管理的大致工作原理,但这只是一种基本分页,或者称为静态分页管理。作业的逻辑地址空间被划分为多个页面后,其中的逻辑地址就由页面号和页内位移(位数取决于内存块大小)两部分组成,它通过页表和硬件地址变换机构的二次映射过程变换为内存的物理地址。例如,有一个页面号为 p、页内位移为 d 的逻辑地址,将其映射到物理地址的过程如图 4-22 所示。

(1)页表起始地址=(页表寄存器)。

(2)页面号 p 的表目地址=页表始址+表目长度×p,由此获得对应的内存块号 P'。

(3)绝对地址=内存块号 P'×块长 $L+d$。

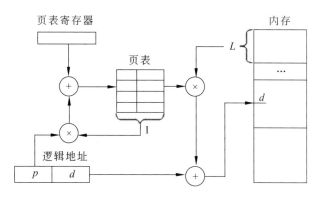

图 4-22　静态分页管理的地址映射过程

　　虽然静态分页管理实现了作业在内存中的非连续存放,有效地减少了内存碎片。但由于作业执行之前,仍需将作业的全部页面一次性地装入申请到的各个内存块中,所以无法实现虚拟存储器。为此,在静态分页管理的基础上增加了请求调页功能和页面置换功能,产生了现代操作系统中普遍采用的动态分页管理方法,称为请求分页管理。

　　请求分页管理不是在作业执行之前就把作业的所有页面都一次性地分配进内存,而是根据作业的使用情况将需要运行的页面存放于内存。作业以副本的形式存放在辅存中开辟的交换区,当需要运行辅存上的页面时,再将对应的页面调入内存,如图 4-23 所示。

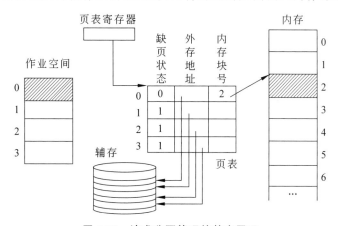

图 4-23　请求分页管理的基本原理

　　请求分页管理开始了对辅存的利用,通过缺页机构和淘汰算法将作业页面在内存与外存之间换进、换出,使大作业能够在较小的内存空间中运行,实现了虚拟存储器。下面详细分析请求分页管理中的数据结构、地址映射、加速寻址、分配算法和淘汰算法等关键技术。

1. 数据结构

　　如何发现那些不在内存中的页面以及如何处理缺页,是请求分页管理必须解决的两个基本问题。要能检测出缺页,就必须在页表中增加该页是否在内存的缺页状态、该页在外存中的地址这两项。当需要运行的页面不在内存时,如何处理缺页,又涉及以下 3 个方面的问题。

（1）采用何种方式把缺页调入内存。

（2）如果内存中没有空闲的内存块，那么把调进来的页放在什么地方，即采用何种策略来淘汰已占据内存的页面。

（3）在选中内存中某个页面将被淘汰时，若该页面曾因程序的执行而被修改，则应将其重新写到外存上加以保存；若该页面未被访问修改过，则可不写回外存以节省时间开销。因此，页表中还应再增加一项用以记录页面是否被修改过的改变位（脏位）。

由此可见，请求分页管理中的作业表、内存分块表都与静态分页管理相同，但页表中除页面号、内存块号外，还需要增加缺页状态、外存地址、改变位等内容。

2. 地址映射与加速寻址

在进行请求分页管理的地址映射时，首先要检测该页面的缺页状态，如果该页面不在内存中，则先调用缺页中断将页面调入内存后再进行地址转换。地址映射的方法与静态分页管理相同，都需要经过寻找页表表目和寻找内存地址的二次寻址过程。

为了加快寻址速度，通常把页表中的常用页面的表目存放在 Cache 中，这个由常用页面的表目组成的页表称为快表。这样，如果访问页面是常用页面，就会在快表中被命中而快速定位；如果访问页不是常用页面，则通过原来的二次寻址路径访问。

3. 分配算法和淘汰算法

在为作业分配空间时往往调入最先使用的页面，其余页面都设置成缺页状态。当访问的页面不在内存中时，就会调用缺页中断调入需要的页面。在调入页面时还要考虑有无空闲内存块，若没有则需要使用淘汰算法将内存中的某个页面换出，再换入新的页面。

在已调入内存的多个页面中选择将哪个页面淘汰出内存，即采用何种淘汰算法，将直接影响到内存利用率和系统效率。如果淘汰算法选择不当，有可能刚被调出内存的页面又要马上被调回内存，调回内存不久却又马上被淘汰而调出内存，如此反复，使得页面调度非常频繁，以致大部分时间都花费在内存和外存之间的调入和调出上，这种现象称为抖动（Thrashing）。实际操作系统中常用的淘汰算法有以下几种。

（1）先进先出（First In First Out，FIFO）算法。该算法将最早进入内存的页面淘汰，其思想是基于 CPU 按线性顺序访问地址空间这一假设的，但事实上许多时候并不成立。由实验和测试发现 FIFO 算法的内存利用率不高，而且有时还会出现一种异常现象，通常分配给一个作业的内存块数越接近作业的页面数，则发生缺页的次数会越少，但有时会出现分配的内存块数越多，缺页次数反而增加的奇怪现象，称为 Belady 现象。

（2）最近最久未使用（Least Recently Used，LRU）算法。该算法将当前最近一段时间内最久未被使用的页面淘汰。其基本思想是：如果某个页面被访问了，则它可能马上还要被访问；反过来说，如果某个页面很长时间未被访问，则它在最近一段时间也不会被访问。从理论上说，LRU 是一个较好的算法，但要完全实现却非常困难，所以在实际系统中往往采用另外两种较为近似的算法：一种是最不经常使用（Least Frequently Used，LFU）算法，将到当前为止被访问次数最少的页面淘汰，这种算法只需在页表中增加一个访问计数器即可实现;另一种是最近未使用(Non Used Recently,NUR)算法,从那些最近一个时期内未被访问的页面中任选一个页面淘汰,这种算法只需在页表中增加一个是否已被访问的访问位即可实现。

(3) 随机淘汰(Random Replacement)算法。在系统设计人员认为无法确定哪些页面被访问的概率较低时,随机地选择某个页面将其淘汰也可能是一种明智的做法。

(4) 理想淘汰(OPTimal replacement algorithm,OPT)算法。该算法将被后面的访问串中再也不出现的或者是后面离当前最远的位置上才出现的页面淘汰。OPT 算法最大限度地减少了淘汰次数,系统的稳定性和效率都得以提高。但遗憾的是,这种算法实际上难以实现,因为它要求预先知道每个作业的访问串。

图 4-24 所示的是对同一个作业采用 FIFO、LRU 和 OPT 淘汰算法进行调度的示例,其中有"＊"标记的表示缺页,读者可以对这几种算法进行分析和比较。

页面访问次序	0	2	4	3	1	0	3	2	4	0	1	3	4
FIFO算法	0	0	0	3	3	3	3	2	2	2	2	3	3
		2	2	2	1	1	1	1	4	4	4	4	4
			4	4	4	0	0	0	0	0	0	1	1
缺页中断				*	*	*		*	*			*	*
LRU算法	0	0	0	3	3	3	3	3	3	0	0	0	4
		2	2	2	1	1	1	2	2	2	1	1	1
			4	4	4	0	0	0	4	4	4	3	3
缺页中断				*	*	*		*	*	*	*	*	*
OPT算法	0	0	0	0	0	0	0	0	0	0	0	3	3
		2	2	2	1	1	1	1	1	1	1	1	1
			4	3	3	3	3	2	4	4	4	4	4
缺页中断				*	*			*				*	

图 4-24　淘汰算法与缺页中断次数示例

4.3　设　备　管　理

设备管理是操作系统的重要组成部分,主要有 3 个方面的任务:①按照用户的要求控制 I/O 设备操作,减轻用户的编程负担;②按照一定的算法把外设分配给请求它的进程,以保证系统有条不紊地工作;③尽可能提高种类繁多的外设与 CPU 之间的并行操作程度,以提高系统效率。

4.3.1　设备管理的主要功能

功能丰富的外部设备使计算机的功能变得更加强大,但由于外部设备的种类繁多、特性各异、操作方式的区别很大,因此操作系统的设备管理变得十分复杂。外部设备的分类有很多种方法,例如,按设备在系统中的从属关系可分为系统设备和用户设备;按资源分配方式可分为独享设备和共享设备;按信息交换单位可分为字符设备和块设备;按操作系统对设备安装的支持程度可分为即插即用(PnP)设备和非即插即用设备。

下面以 Windows 系统中打印作业的整个过程为例,来说明设备管理所需的功能。

1. 为设备提供相应的驱动程序或接口

当一台打印机与主机连接后,还需要安装专门为它设计的打印机驱动程序。只有在驱动程序的管理下,打印机才能真正运作起来。设备驱动程序可以是操作系统自带的,也可以是设备生产商提供的,并通过设备管理系统提供的接口提交给操作系统。Windows 系统提供的打印机安装向导,就是让用户把设备驱动盘中的驱动程序复制到系统中。

2. 提供设备的独立性

安装了打印机驱动程序后,"打印机"窗口中会出现打印机的图标,并有一个用户给定的打印机名称,这是代表这台打印机的逻辑名称。逻辑名称是面向用户并可以修改的,用户要打印时只需选择或指定该逻辑名,具体的工作全由系统负责,用户无须关心该打印机的任何物理特性,也不用跟物理硬件打交道。

用户程序在使用打印机逻辑名时,系统会根据打印机的使用情况自动选择一台合适的打印机(若有多台)分配给用户程序。而系统为了识别所管理的所有设备,给每个设备分配一个唯一的、不可更改的识别号,称为设备的物理名。显然,系统需要将打印机的逻辑名转换为物理名,然后调用设备驱动程序来具体管理这台物理打印机。这样,用户面对的设备与实际使用的设备无关,这称为设备的独立性或无关性。

3. 管理缓冲区

一般来说,CPU 的速度远远高于外设。如果 CPU 送一个字符,打印机打印一个字符,则 CPU 的大部分时间都处于等待状态,从而造成资源的极大浪费。为了解决这一矛盾,最常用的方法就是设置缓冲区,CPU 可以在打印机就绪后,把数据先输出到缓冲区,然后打印机从缓冲区取出数据打印,从而节省了 CPU 的数据传送时间。

缓冲区可设置在内存中,称为软件缓冲,也可让外设自带专用的存储器作为硬件缓冲。打印机一般都自带有缓冲存储器,CPU 一次性将一批数据送到已就绪的打印机缓冲存储器中,打印机则开始打印,当数据取空后,CPU 再送下一批数据进来。

4. 支持 SPOOLing 技术

缓冲技术虽然在一定程度上缓解了 CPU 和打印机速度不匹配的矛盾,但在整个打印过程中,CPU 仍然不能去做其他事情。为此,Windows 用户可以通过如图 4-25 所示的打印机属性对话框,将打印机设置为后台打印方式。

后台打印采用的是 SPOOLing(Simultaneous Peripheral Operation On-Line)技术,也称为假脱机技术。它主要利用了大容量的磁盘,在磁盘上专门开辟了一个区域,当进行后台打印时,CPU 无须等待打印机就绪,就可以直接将要打印的所有作业存放到磁盘中而排成打印队列。CPU 可继续运行其他程序,以后等到合适的时机,由专门守候在后台的打印进程把要打印的信息从磁盘送到打印机,并管理打印机的打印工作。

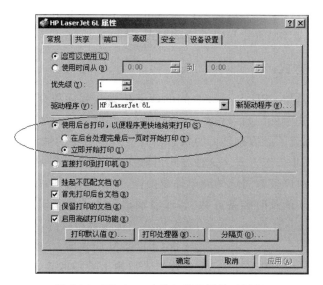

图 4-25   Windows 中的打印机属性对话框

打印机原本是一种典型的独享设备,只能在一个作业使用完后,才能分配给另一个作业使用。而采用 SPOOLing 技术后,将独享的打印机设备模拟成可共享的设备,如同每个作业都拥有一台打印机一样,这是该技术的最大优点。

就设备管理而言,支持 SPOOLing 技术意味着支持虚拟设备。这不仅需要设备具有控制状态寄存器、数据缓冲存储器,对于不同的 I/O 控制方式,还需要有 DMA、通道等硬件,从而实现设备和设备、设备和 CPU 之间的并行操作。在没有 DMA 或通道的系统中,则由设备管理程序利用中断技术来完成上述并行操作。

5. 设备分配

多个进程或作业都要求使用某种设备(如打印机)时,设备管理要按照用户程序请求的设备类型和相应的分配算法,把设备和其他有关的硬件分配给请求该设备的进程或作业;把未分配到所请求设备或其他有关硬件的进程或作业放入等待队列;并且当设备使用完毕,设备管理要及时回收而进入空闲设备队列。

6. 提供中断处理机制

打印过程中会出现各种异常情况,如打印机掉电、缺纸、脱机等,需要 CPU 进行紧急处理,而此时 CPU 正在做其他事情,并不知道打印机出现了问题。为此,系统采用了中断技术来解决此类问题,即当某个事件发生时,通过中断的方式来通知正在做其他事情的 CPU。当 CPU 收到中断请求后,立即中止正在运行的程序,根据中断号而转去相应的中断处理程序,中断处理完毕再返回被中断的程序继续执行。

4.3.2   输入/输出控制方式

相对于 CPU 而言,I/O 设备的速度要慢得多,因此,提高 CPU 与设备的并行操作程度对整个系统的运行效率至关重要。目前,常用的 I/O 控制方式主要有程序控制方式、中断控制方式、DMA 控制方式和通道控制方式 4 种。

1. 程序控制方式

程序控制方式是指 CPU 与外设之间的数据传送在程序控制下完成,可分为无条件传送方式和查询方式两种。如果程序员在任何时候都能确信一个外设已准备好数据或处于接收就绪状态,那就不必检查外设的状态而直接进行数据的输入/输出,这就是无条件传送方式,也称为同步传送方式。这种方式虽然实现简单,所需的硬件和软件都较少,但它只能适用于那些时序较为固定的简单外设操作,如开关、七段数码管等。

如果输入设备未能及时准备好数据,或者输出设备未能及时取走 CPU 前一次输出

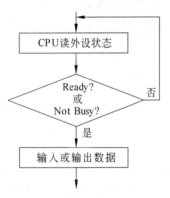

图 4-26 查询方式 I/O 传送流程

的数据而处于接收就绪状态,采用无条件传送则很可能导致 CPU 重复读入前一次数据,或者输出的数据覆盖掉尚未被输出设备取走的数据。为了避免这种错误的发生,在 CPU 与 I/O 设备交换数据之前,让 CPU 首先查询 I/O 设备的当前状态,如果输入设备未准备好数据或输出设备未处于接收就绪(即空闲)状态,就反复读入外设状态并进行测试;只有当输入设备已准备好数据或输出设备处于空闲状态,CPU 才执行 I/O 指令从外设接收数据。显然,这是一种可靠的 I/O 数据传送控制方式,称为查询方式,其流程如图 4-26 所示。

但无论是查询方式还是无条件传送方式,CPU 在某个时间段内只能和一个 I/O 设备交换数据,而且 CPU 与 I/O 设备只能串行工作,无法实现 CPU 与设备、设备与设备之间的并行工作,这大大降低了 CPU 的利用率;同时,查询方式依靠测试设备的状态来控制数据的传送,无法发现和处理因设备或其他硬件所产生的错误。因此,程序控制方式只适用于 CPU 速度较慢、外设较少的系统,在现代 PC 系统中已很少使用。

2. 中断控制方式

与 CPU 主动运行程序去查询设备状态不同,中断控制方式是反过来的,当输入设备已准备好数据或输出设备已接收就绪时,由 I/O 设备通过其接口主动向 CPU 发出一个中断请求信号;CPU 执行完当前指令并检测到有外部中断请求后,只要允许中断就立刻响应中断,暂停正在运行的程序,转去执行为该 I/O 设备服务的中断处理程序;当完成 CPU 与设备的数据传送后,CPU 又返回到原来的程序继续执行,如图 4-27 所示。

中断控制方式 I/O 的传送过程看上去与子程序调用过程相似,但中断方式是因外设有数据传送的中断请求引起的,而子程序是由主程序中的 CALL 指令而调用的。中断控制方式的主要特点如下。

(1) 减少了 CPU 的等待时间。CPU 不需要花费大量时间去查询外设的工作状态,不仅提高了 CPU 的利用率,也满足了外设对实时数据处理的要求;但传送数据的过程仍

由 CPU 执行程序来完成,所以 CPU 与外设之间尚未做到并行工作。

（2）需要较多的软、硬件支持。如各外设中断请求号的分配、设置相应的中断服务程序、用于管理各外设中断请求的硬件电路等,CPU 本身也要具备接收中断请求、发出中断响应、转入中断服务程序及返回等功能。

（3）断点的保护与恢复。在转入中断服务程序之前,必须把当前运行程序的 CPU 现场数据保护下来,即保护断点,才能保证 CPU 在执行完中断服务子程序之后能返回原先的程序继续执行,即恢复断点。

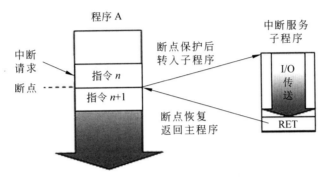

图 4-27　中断方式 I/O 传送过程

正是由于断点的保护与恢复都需要一定的 CPU 辅助开销,所以中断方式只适用于外设速度较慢、传送数据量较少的场合。对于高速外设与主机间的大批量数据传送,CPU 会因频繁地处理中断反而增加额外开销而降低效率,这种情况下可以采用 DMA 控制方式。

3．DMA 控制方式

DMA（Direct Memory Access,直接存储器存取）的基本思想是：在 I/O 设备和内存之间开辟一条直接的数据交换通路,从而在设备和主存之间可直接以数据块为单位传送大批量数据,如图 4-28 所示。

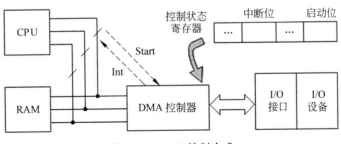

图 4-28　DMA 控制方式

在 DMA 方式中,整块数据的传送是在 DMA 控制器的控制下完成的,所以数据传送期间不需要 CPU 干预,仅在传送一个或多个数据块的开始和结束时才需要 CPU 做一定的处理。DMA 传送控制过程分为 DMA 请求、DMA 响应、DMA 传送和 DMA 结束 4 个步骤。可见,DMA 方式与程序方式和中断方式有着本质的区别,即用硬件代替软件实现了数据传送,大大提高了 CPU 与 I/O 设备的并行程度。

4. 通道控制方式

通道控制方式也是实现外设与内存直接交换数据的控制方式,但与 DMA 控制器不同,通道是一个独立于 CPU 的专管 I/O 控制的处理机,它有一套自己的指令系统,称为通道指令。由通道指令组成的程序称为通道程序,通道控制方式下的 I/O 数据传送就是由通道执行通道程序来完成的,大致分为通道启动、通道传送和通道结束 3 个步骤。显然,在通道控制方式下传送数据的过程中,CPU 基本摆脱了 I/O 控制工作,大大增强了 CPU 与外设的并行处理能力,有效地提高了整个系统的资源利用率。

归纳起来,通道控制方式与 DMA 控制方式相比具有以下特点。

(1) 通道控制方式下是执行通道程序来完成数据传送的;而 DMA 控制方式下是借助硬件完成的。

(2) 一个通道可以连接多个不同类型的外设,并控制多台外设与内存同时进行数据交换;而一个 DMA 控制器只能连接同类设备,多个同类外设也只能串行工作。

(3) 通道控制方式下 CPU 只需发一条 I/O 指令启动通道,由通道自己完成对外设初始化;而 DMA 控制方式下的控制器对自身及外设的初始化工作由 CPU 完成。

4.3.3 设备管理的主要技术

I/O 设备管理软件一般采用层次化的模块结构,按功能划分为中断处理程序、设备驱动程序、独立于设备的软件和用户级 I/O 软件 4 个层次,如图 4-29 所示。

其中,独立于设备的软件主要实现设备的独立性(即设备的无关性)、缓冲技术以及设备分配等,而设备独立性是 I/O 软件最重要的目标。用户级 I/O 软件主要是指操作系统提供给程序员使用的 I/O 系统调用,如 Linux 中可以用 open()、read()、close() 等文件系统调用来实现对磁盘文件的操作。

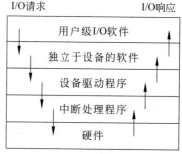

图 4-29　I/O 系统层次结构

1. 设备标识与设备独立性

用户程序在使用设备时,不愿涉及设备的具体物理特性。设备管理引入了逻辑设备和物理设备的概念,逻辑设备是对实际物理设备的抽象,并不限于某个具体的物理设备。按照用户习惯为逻辑设备起的名字称为逻辑设备名,而系统为了能识别每个具体的物理设备,必须为它们分配一个唯一不变的名字,称为物理设备名。

逻辑设备和物理设备的引入使设备的独立性得以实现。所谓设备独立性,是指用户编程时所使用的逻辑设备与实际使用的物理设备无关,所以也称为设备无关性。当用户程序以逻辑设备名来请求使用某类设备时,系统将根据设备的使用情况选择一台合适的物理设备分配给用户程序。在将设备的逻辑设备名转换为物理设备名之后,即可调用相应的设备驱动程序来管理这台物理设备。设备独立性给用户带来了以下两方面的好处。

（1）便于同类设备的合理调度使用。采用逻辑设备名，可以使用户程序独立于系统分配给它的某类设备的具体设备。若用户程序以物理设备名来请求某设备，则当该设备有故障或被其他进程占用时，会造成用户程序的等待。

（2）便于实现虚拟设备。采用逻辑设备名还可以使用户程序独立于所使用的某类设备。例如，用户程序请求打印时，若系统中没有配备打印机，可以把要打印的信息重定向到某个指定的文件中，这个文件就充当了虚拟设备。

可见，设备独立性不仅能方便用户编程以及用户程序的移植，还能在多用户多进程环境下，使系统中所有设备都得到充分的利用。现代操作系统中都采用逻辑设备名和物理设备名来标识设备，并支持设备独立性。例如，Linux 把外设看成是文件，称为设备文件，存放于系统的 /dev 目录下，并以逻辑设备名作为文件名，如 hd 开头的文件是 IDE 硬盘设备、lp 开头的文件是并行端口设备、tty 开头的文件是虚拟终端设备等。

2. 设备驱动程序

将用户命令或程序中的逻辑设备名转换为物理设备名，系统只是完成了第一步工作。要具体操纵一台物理设备非常复杂，于是操作系统的设计者把所有与物理设备直接相关的软件部分独立出来，构成设备驱动程序库。设备驱动程序是通过 I/O 接口电路直接驱动相应的物理设备，使其按用户的意图完成各种操作的软件。

一般来说，设备驱动程序由设备供应商或者软、硬件开发商提供，系统和用户可根据需要灵活配置物理设备，选择相应的驱动程序装载。设备驱动程序的处理过程如下。

（1）将接收到的抽象要求转换为具体要求。用户及上层软件只能发出对设备的抽象要求（命令），而这些抽象要求无法直接传送给 I/O 接口电路，这就需要由设备驱动程序将其转换为具体要求。例如，在进行磁盘存取操作时，针对用户级 I/O 软件提出的逻辑盘块号的抽象要求，磁盘驱动程序要将它转换成磁盘的盘面、磁道号、扇区号等具体要求。

（2）检查 I/O 请求的合法性。任何外设都只能完成一组特定的功能，对于该设备不支持的 I/O 非法请求，设备驱动程序应予以拒绝。

（3）检查设备状态。设备驱动程序可以从 I/O 接口的状态寄存器中读取所需设备的当前状态，看设备是否满足用户要求，如是否处于空闲状态等。

（4）传送为完成 I/O 任务所必需的参数给接口。

（5）启动 I/O 设备。在一切就绪后，设备驱动程序就可以通过 I/O 接口中的控制寄存器传送控制命令，以启动外设，并由 I/O 接口来控制外设完成所需的 I/O 操作。

注意：设备驱动程序与设备的特性紧密相关，它是设备的灵魂，不同类型的外设有不同的驱动程序，即使是不同厂商生产的同一类外设，其驱动程序也不完全一样，只有正确安装了驱动程序，设备才能正常工作。

3. 设备分配技术

为了合理地管理和分配设备，系统必然要知道所有设备的基本情况。为此，系统需要建立以下 4 个数据结构来记录设备的相关信息。

（1）设备控制块（Device Control Block，DCB）。系统生成或设备连接时为该设备建立一个 DCB，用于反映设备的特性、设备和 I/O 控制器的连接情况，将系统中所有设备的 DCB 组织在一起就构成了一张设备控制表 DCT。

（2）控制器控制块（Controller Control Block，COCB）。每个控制器有一个 COCB，它反映 I/O 控制器的使用状态及与通道的连接情况（DMA 方式无此项）等。

（3）通道控制块（Channel Control Block，CHCB）。只在通道控制方式的系统中存在。

（4）系统设备表（System Device Table，SDT）。整个系统有一个系统设备表 SDT，以记录已连接到系统中的所有物理设备情况以及设备资源的状态，如系统中有多少设备、有多少是空闲的、已分配的设备被分配给了哪些进程。

设备分配是根据设备特性、用户要求和系统配置情况决定的。其总的原则是：能充分发挥设备的使用效率，并使系统中的设备得到均衡使用；尽量满足用户的要求，但又要避免由于不合理的分配方法而造成进程死锁。

设备分配方式有静态分配和动态分配两种。设备的动态分配策略相对较简单，常用的有先请求先分配和优先级高者先分配两种。与进程调度的优先数算法一致，进程的优先级高，它的 I/O 请求也优先予以满足。当某个进程提出 I/O 请求之后，设备分配程序使用系统提供的上述数据结构，按设备、控制器、通道的顺序实施分配。

4. SPOOLing 技术

现代操作系统都支持 SPOOLing 技术，用以实现将独享设备虚拟为可共享的设备。前面已经通过 Windows 中打印机的例子，说明了 SPOOLing 技术的用途和基本方法，这里再进一步介绍该技术的原理与实现。

SPOOLing 技术是在大容量外存的支持下，由预输入程序和预输出程序来进行数据传输的，这种系统的结构如图 4-30 所示。

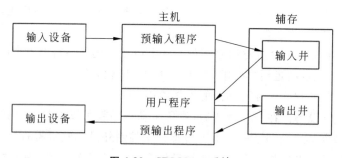

图 4-30　SPOOLing 系统

SPOOLing 技术的实现原理如下。

（1）在磁盘上开辟两个空间，分别称为"输入井"和"输出井"。

（2）预输入程序将输入设备的数据写入磁盘输入井。

（3）当用户进程需要输入数据时，直接从输入井读入内存。

（4）用户进程将要输出的数据写入磁盘输出井。

（5）预输出程序从输出井取出数据，送到输出设备进行输出。

通过上述方法，当用户进程需要输入数据时，可直接到共享设备的磁盘输入井中去取数据；当用户进程需要输出数据时，也只需将输出数据放入输出井即可。由于输入井和输出井可以共享，于是独享的 I/O 设备被模拟成可共享的设备（也称为虚拟设备）。

5．中断技术

中断技术是事件驱动的基础，在操作系统的各个方面都起着不可替代的作用。在人机联系、故障处理、实时处理、程序调试与监测等方面都要用到中断技术，设备管理系统中没有中断技术就不可能实现设备与主机、设备与设备、设备与用户、设备与程序的并行工作。

从 I/O 系统软件的层次结构上看，中断处理程序是最靠近硬件一级的软件，而中断技术的实现还要依赖于许多硬件的支持。微机系统可以处理 256 种不同的中断，每个中断都对应一个类型码（或称中断号，0～FFH）。引起中断的原因（即中断源）有很多，有来自 CPU 本身、存储器、外设、控制器、总线、实时时钟、实时控制、故障等各种硬件部件和软件的中断。但通常按中断源的不同可以把中断划分为外中断、内中断和软中断 3 大类。

（1）外中断。外中断是指由主机外部的硬件部件引起的中断，所以也称为硬中断。这类中断又分为两种：①为外部紧急请求提供服务的非屏蔽中断（NMI），它通过 CPU 的 NMI 引脚产生，且不受 CPU 内部中断允许标志 IF 的屏蔽，中断类型码为 2；②来自各种外设服务请求的可屏蔽中断（INTR），它通过 CPU 的 INTR 引脚产生，会受到 CPU 内部中断允许标志 IF 的控制。

（2）内中断。内中断是指由 CPU 和内存内部出现错误或异常而引起的中断，所以也称为异常。这类中断的类型码通常是由系统规定的，如除 0 出错为 0 号中断、溢出错误为 4 号中断、断点中断为 3 号中断、单步（陷阱）中断为 1 号中断等。

（3）软中断。软中断是由程序中执行了中断指令而引起的中断。这类中断的类型码是在中断调用指令中给出的，如指令 INT 21H 中的 21H 即为中断类型码。

x86 系统采用中断矢量结构，当 CPU 收到中断类型码后，便可通过查表得到中断服务程序的首地址（入口地址），也称为中断向量，并自动进入相应的中断服务程序运行。每个中断向量占 4 字节，分别存放中断服务程序入口地址的偏移地址（IP）和段地址（CS）。256 种中断的中断向量按类型码由低到高存放于内存最低地址的 1KB 空间（0 段的 0～3FFH），形成一个中断向量表。因此，中断类型码与中断向量有如下关系。

$$中断向量＝中断类型码×4$$

例如，20H 号中断对应的中断向量存放在 0000:0080H 开始的 4 字节中，如果这 4 字节的值分别为 10H、20H、30H、40H，则 20H 号中断所对应的中断向量（即中断服务程序入口地址）为 4030:2010H。

需要说明的是，在 32 位及以后的 x86 系列 CPU 工作于保护方式时，中断系统采用的是中断描述符表（Interrupt Descriptor Table，IDT），每个描述符占 8 字节，所以包含 256 个描述符的 IDT 占 2KB 内存空间；并且 IDT 可置于内存的任意区域，其起始地址可通过写 CPU 内部的中断描述符表寄存器（IDTR）来设置或修改，里面包含 IDT 基地址和边界范围,根据 IDT 基地址和中断号即可计算得到该中断相应的描述符项。但当 CPU 工作于实地址方式时,中断系统实际上仍采用的是中断向量表。

虽然中断处理程序的功能各异,但是除去本身所处理的特定功能外,它们都有着相同的结构模式,其处理过程如下。

(1)保护现场。通过一系列堆栈指令来保护中断时的现场,即把中断处理程序中需要用到的那些寄存器值逐个压入堆栈(不包括 CS、IP 和 FLAG)。

(2)开中断。由于 CPU 响应中断时自动将 IF 位清零,所以通常在中断处理程序一开始要置 IF=1 来开放中断,以允许级别较高的中断请求进入,从而实现中断嵌套。

(3)中断处理。这是中断处理程序的主体部分。

(4)关中断。把 IF 位清零,目的是确保恢复现场时不被新的中断所打断。

(5)恢复现场。通过一系列堆栈弹出指令使各寄存器恢复进入中断处理时的值,但要注意恢复各寄存器的顺序与保护现场时相反,因为堆栈是后进先出的。

(6)中断返回指令(IRET)。自动恢复 CS、IP 断点值和 FLAG 标志值,即返回到中断前的程序断点处继续执行。

6. 缓冲技术

一般来说,CPU 的速度远远高于外设,引入缓冲技术就是为了缓和 CPU 与外设之间速度不匹配的矛盾。事实上,缓冲技术不仅应用于外设和 CPU 之间的数据传输,还可应用于许多场合,如人们浏览网页时,系统会把浏览过的网页内容自动保存在下载文件缓冲区中,以后再打开该网页(用 IE 中的"后退"或"前进"按钮时)可以加快速度。

按照缓冲的实现方法,可将缓冲分为两大类:①硬件缓冲,通常由外设自带的专用寄存器构成,硬件缓冲器的大小也是衡量设备性能的指标之一,缓冲容量越大,其缓冲性能也越好,价格也越昂贵;②软件缓冲,是在内存中专门开辟若干个单元用作缓冲区,而根据缓冲区大小及管理方法的不同,又可分为单缓冲、双缓冲、环形缓冲和缓冲池等几种。这里所讨论的缓冲技术就是针对多数设备所使用的这类软件缓冲。

(1)单缓冲。这是一种最简单的缓冲形式,即在发送者和接收者之间只有一个缓冲区,发送者往缓冲区发送数据后,接收者才可以从缓冲区中取出该数据。单缓冲在实际中一般很少使用,它最明显的缺点就是发送者和接收者之间不能并行工作,因为缓冲区是临界资源,发送者和接收者不能同时对它进行操作。

(2)双缓冲。双缓冲是在发送者和接收者之间设两个缓冲区,发送者往 BUF1 发送数据后,接收者就可从 BUF1 中取数据,而发送者此时可将数据送入 BUF2;当接收者将 BUF1 取空后,又可到 BUF2 中取数据,如此交替使用两个缓冲区,使发送者和接收者达到了并行工作的目的。但双缓冲只是一种说明外设与 CPU 之间并行操作的模型,因为它仍然很难匹配外设和 CPU 的处理速度,尤其是速度差异较大的情况。

(3)环形缓冲。在系统中设置多个缓冲区,并将所有缓冲区链接起来,最后一个缓冲区的指针指向第一个缓冲区而形成一个环,所以称为环形缓冲,如图 4-31 所示。环形缓冲设置 3 个指针:指向链首的 START 指针、指向可存放数据的第一个空缓冲区的 EMPTY 指针、指向可取数据的第一个满缓冲区 FULL 指针。系统初始化时它们都指向链首缓冲区,即 START＝EMPTY＝FULL。通过这三个指针的移动和跟随,环形缓冲用于输入或输出时的工作过程并不复杂,读者可以自行分析。环形缓冲一般是每个设备的专用资源,所以当系统设备较多时就会占用大量的缓冲区而增加内存开销,而且缓冲区的利用率不高。

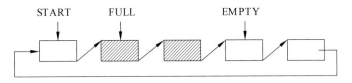

图 4-31　环形缓冲的工作原理

（4）缓冲池。缓冲池由多个大小相同的缓冲区组成,并由系统统一管理,缓冲池中的缓冲区被系统中所有进程共享使用。当某个进程需要使用缓冲区时,管理程序将缓冲池中合适的缓冲区分配给它,使用完毕再将缓冲区释放回缓冲池。为便于管理,系统将 3 种不同类型的缓冲区分别组织成 3 个缓冲队列:空缓冲队列、输入队列和输出队列,系统根据需要从这 3 种队列中取出缓冲区,对缓冲区进行存或取的数据操作,这些缓冲区称为工作缓冲区,又分为收容输入、提取输入、收容输出和提取输出缓冲区 4 种,如图 4-32 所示。这里仅以输入为例说明缓冲池的工作过程:当输入设备要进行数据输入时,输入进程从空缓冲区队列的队首"摘下"一个空缓冲区,把它作为收容输入工作缓冲区,在其装满输入设备的输入数据后,将它"挂到"输入队列的队尾;当某个计算进程需要输入数据时,从输入队列中取一个缓冲区作为提取输入工作缓冲区,进程从中提取数据,取空后,将该缓冲区"挂到"空缓冲区队尾。采用公用的缓冲池对缓冲区进行统一管理,用少量的缓冲区通过动态分配同时为许多进程服务,提高了缓冲区的利用率,也进一步地缓解了 CPU 和外设速度不匹配的问题,同时改善了它们的并行程度,是目前实用系统中普遍采用的缓冲管理方法。

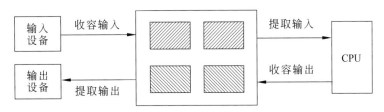

图 4-32　缓冲池的工作原理

第5章 Linux 系统管理

学习目的与要求

　　结合操作系统的五大管理功能,通过完成本章中的各项操作任务,学会 Linux 系统中常用的用户管理、权限管理、进程管理及其他系统管理命令的使用,能正确安装以 RPM 包和源代码包形式发布的软件,并掌握 Shell 脚本的建立、执行方法以及初步的编程技术。

5.1　用户与权限管理

　　包括 Linux 在内的大多数主流操作系统都提供了系统级、用户级、目录级和文件级四个级别的安全管理。其中,用户管理是系统安全管理最为重要的环节,因为充当第一层保护的系统级安全就是验证用户的合法性,阻止非法用户进入系统;而目录和文件的访问权限又与用户的类型密切关联,不同类型的用户可以设置不同的访问权限。

5.1.1　用户管理

　　Linux 系统是根据用户唯一的标识 UID(用户 ID)来分角色的。由于角色不同,每个用户的权限和所能执行的工作任务也不同。Linux 的用户按不同角色分为以下三类。

　　(1) root 用户(UID 为 0)。root 用户也称为超级用户或系统管理员,类似于 Windows 系统中的 Administrator,在 Linux 系统中拥有最高权限,或者说是整个系统的所有者。root 用户的特权性表现在它可以超越任何用户和组群对文件或目录进行读取、修改和删除;可以控制对可执行程序的执行和终止;可以对硬件设备进行添加、创建和移除等操作;可以对文件和目录的属性和权限进行修改,以适合系统管理的需要。

　　(2) 系统用户(UID 为 1~500)。这是 Linux 为满足自身系统管理需要而内建的一类用户,通常在安装过程中自动创建,但不能用于登录系统,所以也称为虚拟用户、伪用户或假用户。例如,bin、daemon、adm、ftp、mail 等都是系统运行不可缺少的系统用户,它们类似于 Windows 中的 System 账户,只是权限没有 System 账户高。

　　(3) 普通用户(UID 为 501~65534)。这类用户都是由系统管理员创建的,能登录系统并操作使用,但其权限不仅受到基本权限的限制,也受系统管理员的限制,一般只能操作该用户主目录下的内容,类似于 Windows 系统中 Users 用户组中的账户。

任务 1：创建用户并为用户设置密码

通常是先用 adduser 命令创建用户,再用 passws 命令设置用户的密码,如果要删除用户,可以用 userdel 命令。这三个命令的一般格式如下。

```
adduser/useradd[选项]用户名
passwd 用户名
userdel[选项]用户名
```

其中,adduser 在 Red Hat、CentOS 等系统中与 useradd 几乎是等价的,但在 Ubuntu 中略有区别。使用 adduser 命令创建的普通用户(UID≥501)以及 root 用户(UID=0)、系统用户(UID=1~500)都保存在/etc/passwd 文件中,该文本每行描述一个用户的格式如下。

```
登录名:密码:UID(用户 ID):GID(组 ID):用户全名(描述):用户主目录:登录的 Shell
```

各字段之间用冒号(:)间隔,即使某个字段没有,但间隔符不能少。使用不带选项的 adduser 命令创建的用户,通常具有以下属性。

(1) 登录名是指登录系统时使用的用户名;UID 和 GID 是根据系统中已有用户数量和组数量自动编号的(≥501);用户全名也称为用户的描述或备注,默认是没有的。

(2) 在/home 下创建的与用户名同名的目录,作为该用户的主目录(home directory),也就是该用户登录系统时的起始目录,并且登录的 Shell 默认为/bin/bash。

(3) 会自动建立一个与用户名同名的组,作为该用户的所属组(也称私有组或基本组)。

```
[root@localhost ~]#adduser wbj           //以默认选项创建名为 wbj 的用户
[root@localhost ~]#passwd wbj            //设置 wbj 用户的登录密码
Changing password for user wbj.
New password:                            //提示输入新密码
Retype new password:                     //要求再次输入新密码
passwd: all authentication tokens updated succssfully.
//两次密码输入一致,提示密码设置成功。注意,若密码过于简单则会提示,但仍可成功设置
[root@localhost ~]#cd /home
[root@localhost home]#ls                 //查看 home 下自动创建了与用户名
wbj    xguest                            //同名的 wbj 目录为用户主目录
[root@localhost home]#vim /etc/passwd    //打开存放用户信息的文本文件
root:x:0:0:root:/root:/bin/bash          //这里仅给出几行
bin:x:1:1:bin:/bin:/sbin/nologin
...
nfsnobody:x:65534:65534:Anonymous NFS User:/var/lib/nfs:/sbin/nologin
xguest:x:500:500:Guest:/home/xguest:/bin/bash
wbj:x:501:501::/home/wbj:/bin/bash       //新建的 wbj 用户,缺用户全名字段
[root@localhost home]#
```

注意:①新建的用户必须首先使用 passwd 命令为该用户设置初始密码,未设密码的用户是无法登录系统的;同时要切记在 passwd 后必须指定需设置密码的用户名,否则被

修改的会是当前登录的 root 密码。②上述打开的/etc/passwd 文件仅给出了几个用户信息的行(其余略),其中的 nfsnobody(UID 为 65534)是访问网络文件系统(NFS)的匿名用户,而 xguest(UID 为 500)是用于登录系统的来宾用户,类似于 Windows 系统中的 Guest 账户,其权限非常低。在早期的 Linux 版本中,每个用户信息的第二个字段放置该用户被加密过的密码,后来为了防止密码被破解,把所有用户加密后的密码转移到/etc/shadow 文件(称为/etc/passwd 文件的影子文件,仅 root 用户有只读权限)中,而在原来的/etc/passwd 文件中只留了"x"作为占位符。③使用 userdel 命令删除用户较为简单,以上未给出操作示例,该命令使用最多的选项是-r,此选项表示删除指定用户的同时也将其主目录一并删除,默认时只删除用户而不删除用户主目录。

任务 2:创建组并修改用户所属组

在 Linux 系统中,每个用户必须隶属于一个组,不能独立于组外,但一个用户也可以隶属于多个附加组。系统管理员在创建一个普通用户时,如果没有指定用户所属的组,则默认隶属于与用户名同名的组。正因为如此,Linux 中每个文件或目录的权限就有针对文件主、同组用户和其他用户的分别描述。

使用 groupadd 命令可以创建用户组,所有已存在的组信息都保存在/etc/group 文件中,该文本每行描述一个组,其格式如下。

组名:密码:GID(组 ID):组用户名列表(用逗号间隔)

密码字段一般为"X",即没有密码,表示任何用户都可以加入这个组。usermod 命令用于修改用户的属性,当然也包括将用户加入某个组。事实上,在使用 adduser 命令创建用户时也可以直接添加选项来指定用户的各种属性。因此,usermod 与 adduser 命令的一般格式及可用的选项几乎完全一致,常用的选项如下。

(1)-c <用户全名>:指定用户的全名,也可以说是用户的描述信息或备注。

(2)-d <登入目录>:指定用户登录时的起始目录,即用户主目录(Home Directory)。

(3)-e <有效期限>:指定用户的有效期限。

(4)-f <缓冲天数>:指定在密码过期后多少天即关闭该用户。

(5)-g <组名>:指定用户所属的组。

(6)-G <组名>:指定用户所属的附加组,常与-a 选项配合使用。

(7)-a:把用户追加到某些组中,仅与-G 选项一起使用。

(8)-s:指定用户登入后所使用的 Shell,默认为/bin/bash。

(9)-u:指定用户 UID。

(10)-n:取消建立与用户名同名的组,默认则建立。

(11)-r:建立系统用户。

注意:这些选项中,除-n 和-r 只能在 adduser 命令创建用户时使用外,其余选项均为 adduser 和 usermod 命令通用。用于 adduser 是"指定"某个属性,而用于 usermod 则意指"修改"某个属性。另外,这里还要特别强调选项-g 和-G 的区别,前者是更改用户所属的组;而后者是更改用户所属的附加组,如果要将用户追加所属的某些附加组,就要与-a 选项配合使用。读者通过下面的操作实施便可领会这些地方的不同之处。

```
[root@localhost home]#cd /etc
[root@localhost etc]#vim group               //打开存放组信息的文本文件
root:x:0:
bin:x:1:bin,daemon
...
nfsnobody:x:65534:
xguest:x:500:
wbj:x:501:                                   //新建 wbj 用户时自动创建的 wbj 组
[root@localhost etc]#groupadd class1         //创建组 class1
[root@localhost etc]#usermod -c wangbaojun -g class1 wbj   //修改用户 wbj 的属性
[root@localhost etc]#cat passwd |grep wbj    //查看 passwd 文件中有 wbj 的行
wbj:x:501:502:wangbaojun:/home/wbj:/bin/bash //思考:与前面查看到的有什么不同
[root@localhost etc]#groupadd class2         //创建组 class2
[root@localhost etc]#groupadd class3         //创建组 class3
[root@localhost etc]#vim group               //再次查看 group 文件中的组信息
...
wbj:x:501:
class1:x:502:
class2:x:503:
class3:x:504:
[root@localhost etc]#usermod -G class2,class3 wbj
//用户 wbj 所属组为 class1,这里再将其添加到 class2 和 class3 附加组,即 wbj 隶属于 3 个组
[root@localhost etc]#cat passwd |grep wbj
wbj:x:501:502:wangbaojun:/home/wbj:/bin/bash //用户信息未变仍隶属于 class1 组
[root@localhost etc]#adduser -G class2 wjm   //创建用户 wjm 并添加到组 class2
[root@localhost etc]#cat passwd |grep wjm
wjm:x:502:505::/home/wjm:/bin/bash           //用户信息显示隶属 GID 为 505 的组
[root@localhost etc]#vim group               //分析 group 文件的内容
...
wbj:x:501:
class1:x:502:
class2:x:503:wbj,wjm
class3:x:504:wbj
wjm:x:505:
[root@localhost etc]#usermod -g wbj wbj      //用户 wbj 所属的组改回到 wbj 组
[root@localhost etc]#cat passwd |grep wbj
wbj:x:501:501:wangbaojun:/home/wbj:/bin/bash
[root@localhost etc]#usermod -G class3 wbj   //更改隶属的附加组为 class3
[root@localhost etc]#vim group
...
wbj:x:501:
class1:x:502:
class2:x:503:wjm                             //注意用户 wbj 不再隶属 class2 组
class3:x:504:wbj
wjm:x:505:
```

```
[root@localhost etc]#usermod -a -G class1 wbj        //追加隶属的附加组 class1
[root@localhost etc]#vim group
...
wbj:x:501:
class1:x:502:wbj                              //注意用户 wbj 仍隶属 class3 组并追加了 class1 组
class2:x:503:wjm
class3:x:504:wbj
wjm:x:505:
[root@localhost etc]#
```

操作至此,用户 wbj 所属的组是 wbj 组,同时也是 class1 组和 class3 组的用户;用户 wjm 所属的组是 wjm 组,同时也是 class2 组的用户。

删除组可以使用 groupdel 命令;修改组名或 GID 可以使用 groupmod 命令。groupdel 和 groupmod 命令的使用较为简单,这里不再给出操作示例,其一般格式或用法如下。

```
groupdel 组名                      //删除组
groupmod -n 新组名 原组名          //修改组名
groupmod -g GID 组名              //修改 GID
```

任务 3：用户登录与查看

本次任务将使用以下命令:登录系统 login、退出登录 logout、查看目前已登录系统的用户 who、显示当前用户 ID 及所属组 ID 的 id、显示当前终端上的用户名 whoami、列出最近一段时间用户登录系统的相关信息 last 和变更用户身份 su 等。这些命令的一般格式非常简单,涉及的选项实际中也很少使用。

这里需要说明的是 su 命令,使用时只要在 su 后指定要更改为哪个用户身份即可。在实际操作中,su 主要用于普通用户登录的情况下暂时变更为 root 身份,只要能通过 root 密码验证,就可以使普通用户临时具有超级用户权限来做一些事情,完成后使用 exit 命令即可脱离 root 身份,回到原来的普通用户身份。当然,也可以让超级用户临时变更为普通用户,但这种情况无须验证密码。

另外,last 命令的一般格式如下。

```
last [选项][用户名或终端号]
```

单独执行不带任何选项的 last 命令,会读取/var/log/wtmp 文件,并把日志中记录的登录系统的用户名单全部显示出来。也可以指定用户名或终端号来显示某个用户或者从某个终端上登录系统的信息,还可以用-n 选项来指定只显示最近的 n 行信息。

```
[root@localhost etc]#logout                      //退出 root 登录,则显示登录界面
localhost login: wbj                             //输入要登录的用户名 wbj
Password:                                         //输入用户 wbj 的密码
[wbj@localhost ~]$pwd                            //登录成功,普通用户提示符为$
```

```
/home/wbj                                        //显示当前目录,即用户主目录
[wbj@localhost ~]$who                            //显示用户名,终端和登录时间
wbj       tty1      2018-08-09  12:23
[wbj@localhost ~]$id                             //显示用户 ID 和所属组 ID
uid=501(wbj)  gid=501(wbj)  groups=501(wbj),502(class1),504(class3) …
[wbj@localhost ~]$whoami                         //显示当前终端上的用户名
wbj
[wbj@localhost ~]$su root                        //临时变更为 root 用户身份
Password:                                        //此时要求输入 root 密码
[root@localhost wbj]#                            //已具有 root 权限,提示符为#
[root@localhost wbj]#who                          //注意登录系统的用户
wbj       tty1      2018-08-09  12:23
[root@localhost wbj]#whoami                        //注意当前用户名
root
[root@localhost wbj]#id
uid=0(root)  gid=0(root)  groups=0(root),489(sfcb) …
[root@localhost wbj]#exit                         //脱离当前 root 身份
exit
[wbj@localhost ~]$logout                          //退出登录
localhost login: root
Password:
[root@localhost ~]#last –3
wbj       tty3                       Fri Aug 10 19:44    still     logged in
root      tty1                       Fri Aug 10 09:46    still     logged in
reboot    system boot 2.6.32-431.el6.i  Fri Aug 10 09:45 -  19:50     (10:04)
```

注意：任何用户通过 su 临时更改为 root 身份后就具有了超级权限,这对于由多个用户共同参与管理的系统的安全是极大的威胁。与 su 相比,另一种采用 sudo 来执行命令的方法则更加灵活、安全,它不需要普通用户知道 root 密码,但系统管理员可以事先把指定的某些超级权限有针对性地分配给指定的用户。当普通用户执行以 sudo 开头的命令时,系统会首先检查用户时间戳文件是否存在(通常在/var/run/sudo/%HOME 或/var/db/sudo/%HOME 目录下),若时间戳文件过期,则提示用户输入自身的密码;若未过期或者密码验证成功,则系统继续查找/etc/sudoers 配置文件,判断用户是否具有执行相应 sudo 命令的权限。有关 sudo 的使用以及配置文件中权限的配置方法,这里不再展开,有兴趣的读者可以自行查阅相关资料。

5.1.2　权限管理

　　文件或目录总是由某个用户创建的,他就是文件的主人,简称文件主,而他又必定隶属于至少一个组。因此,描述一个文件或目录的存取权限就得要看谁使用它,于是就有了三种情况需要分别来表达：①文件主具有什么权限；②与文件主隶属同一个组内的用户具有什么权限；③与文件主不在同一个组内的其他用户具有什么权限。

　　在第 3 章的图 3-14 中,已经清晰地描述了文件或目录存取权限的表述方法。下面通过两个操作任务的实施,学会如何修改文件或目录的存取权限;如何更改文件或目录的属

主(即文件主)。

任务 4：使用 chmod 命令修改文件或目录的存取权限

修改文件或目录存取权限的 chmod 命令有以下两种使用格式。

```
chmod [-R] [who] [op] [mode] 文件或目录名        //格式 I
chmod [-R] [mask] 文件或目录名                  //格式 II
```

（1）使用格式 I 的字符设定法。这种方法采用字符和操作符来为文件或目录设置存取权限，多用于在原有权限基础上添加或去掉某种权限，所以也称为相对设定法。其中，who 指定对哪类用户，u 表示文件主，g 表示同组用户，o 表示其他用户，a 表示所有用户；op 是操作符，＋表示添加权限，－表示取消权限，＝表示赋予给定权限并取消原有的其他权限；mode 是用 r(可读)、w(可写)、x(可执行)或其组合来表达的权限。

（2）使用格式 II 的数字设定法。Linux 用 9 个权限位来表达 3 类用户(文件主、同组用户和其他用户)对文件或目录的存取权限，每类用户的 3 个权限位用字符 r、w、x 表示，对应位无权限则用减号(－)表示。如果把有权限的字符位表示为 1，而无权限的位表示为 0，则 9 个权限位便写成了 9 位二进制数，然后将其转换为 3 位八进制数，就是数字设定法中表示权限的 mask 数值。由于这种方法不管所设的文件或目录原来具有什么权限，直接将其覆盖式地设置为 mask 表示的权限，所以也称为绝对设定法。

两种格式中的-R 选项通常是在设定某个目录的权限时可能会使用，加上该选项表示以递归方式对指定目录下所有文件及子目录进行相同的权限修改。

```
[root@localhost ~]#cd /wang/soft/text/doc                //接着第 3 章完成的任务 3
[root@localhost doc]#ls -l
total 12
-rw-r--r--.    1    root    root    11  Jul 22 22:33   name.txt
-rw-r--r--.    1    root    root     9  Jul 26 21:53   stuid.txt
-rw-r--r--.    1    root    root    20  Jul 26 21:54   xhxm.txt
[root@localhost doc]#chmod g+w name.txt                  //对同组用户添加写权限
[root@localhost doc]#ls -l name.txt
-rw-rw-r--.    1    root    root    11  Jul 22 22:33   name.txt
[root@localhost doc]#chmod a+x xh*                        //对所有用户添加执行权限
[root@localhost doc]#ls -l xh*
-rwxr-xr-x.    1    root    root    20  Jul 26 21:54   xhxm.txt
//因赋予了 xhxm.txt 执行权，系统把该文件看作可执行的脚本，所以此时 xhxm.txt 显示为绿色
[root@localhost doc]#chmod go-x xh*                       //取消同组用户和其他用户的执行权限
[root@localhost doc]#ls -l xh*
-rwxr--r--.    1    root    root    20  Jul 26 21:54   xhxm.txt
[root@localhost doc]#chmod g=rw stuid.txt                //赋予同组用户可读、可写权限
[root@localhost doc]#ls -l stuid.txt
-rw-rw-r--.    1    root    root     9   Jul 26 21:53   stuid.txt
[root@localhost doc]#chmod 764 stuid.txt
[root@localhost doc]#ls -l stuid.txt
-rwxrw-r--.    1    root    root     9   Jul 26 21:53   stuid.txt
```

```
[root@localhost doc]#cd ..
[root@localhost text]#ls
doc     txt
[root@localhost text]#chmod -R 664          //当前目录及下级内容全部设为 664 权限
[root@localhost text]#ls -l doc
total 12
-rw-rw-r--.    1    root   root   11    Jul 22 22:33   name.txt
-rw-rw-r--.    1    root   root   9     Jul 26 21:53   stuid.txt
-rw-rw-r--.    1    root   root   20    Jul 26 21:54   xhxm.txt
[root@localhost text]#
```

　　注意：用长格式列出的文件目录时，文件权限后面有个点(.)是因为开启了 SELinux 系统(CentOS 默认开启)，表示文件带有"SELinux 的安全上下文"。在关闭 SELinux 系统之后新建的文件是没有这个点的，但此前创建的文件依然会显示这个点。

任务 5：使用 chown 命令更改文件或目录的属主

　　更改文件或目录属主(文件主)的 chown 命令一般格式如下。

```
chown [-R] 用户名   文件或目录名
```

　　此命令与 chmod 一样，通常是由超级用户使用，普通用户没有权限修改别人的文件权限和属主；命令中的-R 选项也是在更改目录属主的时候才会使用，有此选项表示以递归方式将指定目录下所有文件及子目录的属主全部更改为指定的用户。

```
[root@localhost text]#chown -R wbj txt          //将 txt 目录的属主更改为 wbj
[root@localhost text]#ls -l
drw-rw-r--.    2    root   root   4096    Jul 26 21:53    doc
drw-rw-r--.    2    wbj    root   4096    Jul 22 22:34    txt
[root@localhost text]#ls -l txt
total 4
-rw-rw-r--.    1    wbj    root   2636    Jul 22 22:34    test2.txt
[root@localhost text]#cd doc
[root@localhost doc]#ls
name.txt    stuid.txt    xhxm.txt
[root@localhost doc]#chown wjm name.txt
[root@localhost doc]#ls -l name.txt
-rw-rw-r--.    1    wjm    root   11    Jul 22 22:33    name.txt
[root@localhost doc]#
```

5.2　进程及其他系统管理

　　Linux 是一个典型的多用户、多任务操作系统，可以同时打开多个终端，供多个用户同时登录、使用和管理系统，系统通过对 CPU、内存、设备资源的合理分配和有效管理，使同时驻留在内存中的多个进程(任务)得以高效地并行执行。

5.2.1　进程管理

Linux 系统提供了丰富的进程查看和管理命令。这里通过以下任务的实施,学会几个常用的进程管理命令,包括查看进程信息命令 ps、显示进程树状结构命令 pstree 和终止进程命令 kill 等。

任务 6:使用 ps 和 pstree 命令查看系统中的进程

ps 命令通过二维表形式显示系统中的进程详细信息。不带任何选项的 ps 命令仅显示当前终端上启动的进程,并只给出进程 ID、控制进程的终端、进程使用 CPU 的时间和执行的命令。ps 命令的可用选项非常多,这里仅给出几个最常用的选项及组合用法。

(1) a:显示当前终端机下的所有进程,包括其他用户的进程。

(2) -a:显示当前终端的所有进程,但不显示会话引线。

(3) -au:显示当前终端机下所有进程的详细信息。

(4) -aux:显示系统中所有进程(不以终端机来区分)的详细信息。

pstree 命令以树状结构形式显示进程,从而能更清晰地表达进程之间的相互关系。在 Linux 系统启动过程中,内核初始化后启动 init 程序,生成系统的第一个 init 进程,如同树状目录结构中的根,系统中所有其他进程都是 init 进程的子进程。pstree 命令也有很多可用的选项,常用的有以下几个。

(1) -a:显示每个进程的完整指令,包含路径、参数或是常驻服务的标识。

(2) -p:在显示的进程名后用括号注明 PID(进程 ID)。

(3) -l:采用长格式显示树状结构,即进程之间采用制表符连接成的进程树,连接线为实线;不加任何选项的 pstree 命令是用加号(+)、减号(-)和反引号(`)等符号连接的,所以连接线呈虚线状。

```
[root@localhost doc]#cd /
[root@localhost /]#ps
PID     TTY          TIME     CMD
2035    tty1      00:00:00    bash
3958    tty1      00:00:00    ps
[root@localhost /]#ps a
PID     TTY      STAT    TIME     CMD
2748    tty2     Ss+      0:00    /sbin/mingetty /dev/tty2
2750    tty3     Ss+      0:00    /sbin/mingetty /dev/tty3
...
2835    tty1     Ss       0:00    -bash
3976    tty1     R+       0:00    ps a
[root@localhost /]#ps -aux |more
USER   PID   %CPU   %MEM   VSZ    RSS  TTY  STAT  START   TIME  CMD
root    1    0.0    0.0    2900   1436   ?   Ss   09:45  0:01  /sbin/init
```

112

```
root     2    0.0   0.0      0     0   ?     S    09:45  0:00  [kthreadd]
...
root  2835   0.0   0.0   8024  1696  tty1  Ss    09:46  0:00  -bash
root  4143   1.0   0.0   6080  1052  tty1  R+    13:31  0:00  ps -aux
root  4144   1.0   0.0   5356   696  tty1  S+    13:31  0:00  more
[root@localhost /]#pstree
init-+-NetworkManager
     |-abrtd
     |-acpid
     |-atd
     |-auditd-+-audispd-+-sedispatch
     |        |          `-{audispd}
     |        `-{auditd}
     |-automount---4*[{automount}]
     |-bluetoothd
...
[root@localhost /]#
```

ps 命令显示各进程的详细信息（表头项），包括用户名（USER）、进程 ID（PID）、进程的 CPU 占用率（%CPU）、内存占用率（%MEM）、使用的虚存大小（VSZ）、使用的驻留集大小或实际内存大小（RSS）、控制进程的终端（TTY）、进程状态（STAT）、启动的时间（START）、使用的总 CPU 时间（TIME）和正在执行的命令（CMD）。其中，进程的各种状态（STAT）是用字符表示的，主要有：R（运行）、S（睡眠）、I（空闲）、Z（僵死）、D（不可中断）、T（终止）、P（等待交换页）、W（无驻留页）、X（死掉的进程）、<（高优先级进程）、N（低优先级进程）、L（内存锁页）、s（有子进程）、l（多进程的）和＋（后台进程）等。

注意：ps 和 pstree 列出的是命令执行时的进程信息，或者说是当前系统中的进程快照，如果要动态地跟踪系统中的进程状况，则可以使用 top 命令。top 实际上是 Linux 下常用的性能分析工具，能够实时监控系统中各个进程的资源占用状况，类似于 Windows 的"任务管理器"。top 命令显示的进程信息类似于 ps 的二维表方式，但列出进程信息各列略有不同，尤其在列表的前面还增加了进程总数、正在运行的进程数等大量动态统计信息，并可以使用-d 选项指定刷新时间（默认为 5s），还可以在 top 命令执行过程中随时使用单字母的子命令进行交互，如按 k 键来终止一个进程，按 q 键来退出 top 等。熟练运用 top 工具对系统管理员来说非常重要，有兴趣的读者可以查阅相关资料深入学习。

任务 7：使用 kill 命令管理进程

kill 命令是通过向系统发送特定的信号实现终止进程等操作的，一般格式如下。

```
kill [-s <信号名称或编码>]进程 ID      //格式Ⅰ
kill [-<信号的编码>]进程 ID           //格式Ⅱ
kill [-l <信号的编码>]               //格式Ⅲ
```

其中，格式Ⅰ和格式Ⅱ功能均为向指定进程 ID 的进程发送信号，只是选项的表达方式不同。格式Ⅰ用-s 选项后跟信号名称或其对应的编码的方式来指定发送何种信号；

格式Ⅱ直接以信号的编码作为选项；格式Ⅲ仅用于显示指定信号编码所代表的信号名称，若不指定信号的编码，则会列出所有可发送的信号名称。

下面给出几个常用的信号编码（即格式Ⅱ的选项）、含义及信号名称。

(1) -0：针对当前进程组中的进程发送信号。

(2) -1：针对所有进程号大于 1 的进程发送信号，信号名称为 SIGHUP。

(3) -9：强行终止进程，信号名称为 SIGKILL。

(4) -15：终止进程，信号名称为 SIGTERM。

(5) -17：将进程挂起，信号名称为 SIGCHLD。

(6) -19：将挂起的进程激活，信号名称为 SIGSTOP。

预设的信号为 SIGTERM(15)，所以 kill 命令不带任何选项就表示终止指定的进程。如果无法正常终止进程，则可以发送 SIGKILL(9)信号（即用-9 选项）尝试强制删除进程。kill 命令中要指定的进程号(PID)可以利用 ps 命令查看。

```
[root@localhost /]#ps -aux |more
USER      PID   %CPU  %MEM  VSZ    RSS    TTY   STAT  START  TIME   CMD
root      1     0.0   0.0   2900   1436   ?     Ss    09:45  0:01   /sbin/init
...
root      2758  0.0   0.0   3580   2012   ?     S<    09:45  0:00   /sbin/udevd -d
root      2759  0.0   0.0   3580   2012   ?     S<    09:45  0:00   /sbin/udevd -d
root      2763  0.0   0.1   7268   3800   ?     S     09:46  0:00   /usr/lib ...
root      2835  0.0   0.0   8024   1696   tty1  Ss    09:46  0:00   -bash
root      4814  1.0   0.0   6080   1052   tty1  R+    17:29  0:00   ps -aux
root      4815  1.0   0.0   5356   696    tty1  S+    13:31  0:00   more
[root@localhost /]# kill 2758                    //终止 PID 为 2758 的进程
[root@localhost /]# kill -9 2763                 //强行终止 PID 为 2763 的进程
[root@localhost /]#ps -aux
USER      PID   %CPU  %MEM  VSZ    RSS     TTY   STAT  START   TIME  CMD
root      1     0.0   0.0   2900   1436    ?     Ss    09:45   0:01  /sbin/init
...
root      2759  0.0   0.0   3580   2012    ?     S<    09:45   0:00  /sbin/udevd -d
root      2835  0.0   0.0   8024   1696    tty1  Ss    09:46   0:00  -bash
root      4851  16.0  0.0   6080   1048    tty1  R+    17:42   0:00  ps -aux
[root@localhost /]#kill -l 9                     //显示编码为 9 的信号名称
KILL
[root@localhost /]#kill -l                       //列出所有信号名称
1) SIGHUP       2) SIGINT       3) SIGQUIT      4) SIGILL       5) SIGTRAP
6) SIGABRT      7) SIGBUS       8) SIGFPE       9) SIGKILL      10) SIGUSR1
11) SIGSEGV     12) SIGUSR2     13) SIGPIPE     14) SIGALRM     15) SIGTERM
16) SIGSTKFLT   17) SIGCHLD     18) SIGCONT     19) SIGSTOP     20) SIGTSTP
...
[root@localhost /]#
```

5.2.2 其他系统管理

除前面已经用到的 Linux 系统管理命令外，系统管理员在日常使用和管理系统时还常常会用到一些其他命令,如 uname、date、cal、man、echo、free、shutdown、halt、reboot、runlevel、init 等。

任务 8:使用 uname、date 和 cal 命令

uname 命令用来显示当前系统的内核版本以及硬件类型等信息,最常用的选项是-a,表示显示全部信息,包含了使用其他各选项所显示的单项信息,按显示的先后顺序为:内核名称(-s)、网络上的主机名称(-n)、内核发行号(-r)、内核版本(-v)、计算机硬件类型(-m)、处理器的体系架构(-p)、硬件平台(-i)和操作系统名称(-o)。

普通用户使用 date 命令只能显示系统日期和时间,只有超级用户才能使用 date 命令设置系统日期和时间,并且修改后还必须用 clock -w 命令将系统时间写入 CMOS,这样下次重新开机时才会保持设置后的正确时间。尽管 date 的用法和可用选项很多,但实际上一般用不带任何选项的 date 命令来显示系统日期和时间,用于设置时间也只需记住一种简单的方法,就是在 data 后直接跟上"月日时分年.秒"格式的时间值即可,其中年为 4 位数,其余均为 2 位数。例如,要设置为 2018 年 6 月 27 日 23 点 59 分 30 秒,该时间的表示为 062723592018.30。

cal 命令用于显示日历。不带任何选项的 cal 命令显示的是当前月的日历,也可以跟上月份和年份来显示某年某月的日历,还可以显示指定年份的年历。

```
[root@localhost /]#uname -a              //显示有关内核、硬件等全部信息
Linux localhost.localdomain 2.6.32-431.el6.i686 #1 SMP Fri Nov 22 00:26:36 UTC
2013 i686 i686 i386 GNU/Linux
[root@localhost /]#uname -r              //仅显示内核发行号
2.6.32-431.el6.i686
[root@localhost /]#uname -v              //仅显示内核版本
#1 SMP Fri Nov 22 00:26:36 UTC 2013
[root@localhost /]#uname -o              //仅显示操作系统名称
GNU/Linux
[root@localhost /]#cat /etc/centos-release  //查看 CentOS 发行版本号
CentOS release 6.5 (Final)
[root@localhost /]#date   081023182018.15   //设置日期时间为 2018 年 8 月 10 日
                                         //23:18:15

Fri Aug 10 23:18:15 CST 2018
[root@localhost /]#date                  //显示当前系统日期和时间
Fri Aug 10 23:25:59 CST 2018
[root@localhost /]#cal                    //显示当前月份的日历
        August 2018
Su   Mo   Tu   We   Th   Fr   Sa
               1    2    3    4
 5    6    7    8    9   10   11
12   13   14   15   16   17   18
19   20   21   22   23   24   25
26   27   28   29   30   31
[root@localhost /]#cal 2018              //显示 2018 年全年的日历
...  //显示内容略
```

115

```
[root@localhost /]#cal 05 2018                    //显示 2018 年 5 月份的日历
... //显示内容略
[root@localhost /]#
```

任务 9：使用 man、echo 和 free 命令

用户随时可以使用 man 命令来获取联机帮助，格式为"man 命令名称"。要退出帮助，按 q 键即可。

echo 命令的一般格式如下。

```
echo [-n] 字符串或环境变量
```

echo 命令的功能是在屏幕上显示指定的字符串。其中，选项-n 表示输出文字后不换行。字符串如果加引号，则会按字符串原样输出；如果不加引号，则将字符串中的各个单词之间保留一个空格分割来输出。echo 命令在 Shell 编程中极为常用，可以使脚本运行时通过显示一些文字起到提示的作用。有时候在终端下也很有用，比如以下几种情形。

（1）直接将一段文字重定向或追加重定向到文本文件中。

（2）打印变量的值，在变量名前加 $ 符。

（3）输出一个算术表达式的值。

free 命令用于显示内存的使用情况，包括物理内存、虚拟内存、共享内存区段以及系统核心使用的缓冲区等。

下面通过一些操作任务的实施，来熟悉上述命令的具体使用方法。

```
[root@localhost /]#man find                    //显示 find 命令的参考手册，退出按 q 键
... //显示内容略
[root@localhost /]#echo "WANG      Bao-jun"    //输出带双引号的字符串
WANG      Bao-jun
[root@localhost /]#echo WANG      Bao-jun      //输出不带引号的字符串
WANG Bao-jun
[root@localhost /]#echo -n WANG Bao-jun        //输出字符串后不换行
WANG Bao-jun[root@localhost /]#cd /wang
[root@localhost wang]#echo -n "My name is " >myname
[root@localhost wang]#echo WANG Bao-jun. >>myname
[root@localhost wang]#cat myname
My name is WANG Bao-jun.
[root@localhost wang]#echo $PATH                //显示环境变量 PATH 的值
.../usr/local/sbin:/usr/local/bin:/sbin:/bin:/usr/sbin:/usr/bin:/root/bin
//PATH 存放了以冒号分隔的目录路径，Shell 在执行程序时，自动按此路径顺序搜索可执行程序
[root@localhost wang]#echo $(((8+4)/2))        //输出表达式的值，注意双括号
6
[root@localhost wang]#echo $(((5 * * 2) * 3))
75
[root@localhost wang]#free                      //显示内存使用情况
```

```
                total       used       free     shared     buffers      cached
Mem:          2835844     404456    2431388          0      116768      124596
-/+buffers/cache:          163092    2672752
Swap:         4145144          0    4145144
[root@localhost wang]#
```

注意：Linux 命令有内部命令和外部命令之分。内部命令是 Shell 程序的一部分，是一些比较简单的命令，在 Linux 系统启动时随 Shell 一起被加载并常驻内存。用户输入命令后直接由 Shell 程序内部完成解释和执行，所以效率非常高。外部命令实际上是 Linux 的实用程序，以可执行文件的形式存放在磁盘上，不随系统的启动而加载到内存，当用户要执行时才将它调入内存。虽然外部命令的实体不包含在 Shell 中，但是其执行过程仍由 Shell 程序控制。想要知道一个命令属于内部命令还是外部命令，可以用 type 命令或 enable 命令来查看，如执行 type pwd 命令，就会显示 pwd is a shell builtin，表示 pwd 是内部命令；执行 type cat 命令，就会显示 cat is /bin/cat，表示 cat 是外部命令，其命令文件是/bin/cat；执行 enable -a 命令可以显示 Linux 系统所有内部命令。对于内部命令，除了可以用 man 命令来查看命令帮助文件外，还可以使用 help 命令来获取命令的帮助信息。

任务 10：使用 shutdown、halt、reboot、runlevel 和 init 命令

shutdown、halt 和 reboot 命令是与关闭和重启系统有关的命令，而 runlevel 和 init 命令分别用于显示和改变运行级别的命令。第 2 章已经讲过，Red Hat 系列 Linux（包括 CentOS）的 init 程序把系统的不同状态（运行级别）编号为 0～6，最常见的是：关闭系统（0）、多用户模式（3）、图形模式（5）和重启系统（6）。因此，关闭或重启系统实际上就是改变系统运行级别的特殊情形。

shutdown 命令是用来安全关闭或重启系统的通用命令，还可以实现定时自动关机或重启系统，并在关闭之前给系统上的所有登录用户发出通知信息，然后关闭所有进程，按用户的需要重新开机或关机。shutdown 命令的一般格式如下。

```
shutdown [选项] [时间]  [通知信息]
```

其中，时间可以是一个精确的具体时间（如 23:50），也可以指定从现在起多少分钟后（如+10 表示 10 分钟后）。常用的选项如下。

（1）-h：系统关机。

（2）-r：关闭后立即重启系统。

（3）-c：取消一个已经运行的 shutdown 命令。

（4）-k：仅向系统上所有已登录的用户发送一条信息，但不关机。

halt 命令实际上是调用 shutdown 命令来关闭系统的一个简单命令；reboot 命令是用于重启系统的简单命令。这两个命令虽然也有很多可用的选项，而且选项基本相同，但实际操作时很少使用这些选项，而是直接执行单独的 halt 命令或 reboot 命令。

runlevel 命令用于查看系统当前所处的状态；使用 init 命令后跟运行级别（0～6）的

命令可将系统初始化为指定的运行级别。

下面仅给出上述命令常见的使用示例与注解，而不作为一次单独的操作任务，读者可以在需要关闭系统、重启系统或改变系统状态时加以灵活运用。

```
[root@localhost wang]#cd /
[root@localhost /]#shutdown -h now              //立刻关机(now 相当于时间为 0)
[root@localhost /]#shutdown -r now              //立刻重启系统
[root@localhost /]#shutdown -k now 'System needs a rest'
       //立刻向所有用户发送信息但不关机
[root@localhost /]#shutdown -r 21:30 'The system will reboot'
       //系统将于 21:30 重启,并发送信息通知所有用户
[root@localhost /]#shutdown -h +10 '10 minute after shutdown'
       //系统将于 10 分钟后关闭,并发送信息通知所有用户
[root@localhost /]#shutdown -c                  //取消已执行的 shutdown 命令
[root@localhost /]#halt                         //关闭系统
[root@localhost /]#reboot                       //重启系统
[root@localhost /]#runlevel                     //显示当前运行级别
N 3
[root@localhost /]#init 5        //将系统初始化为 5 号运行级别,即进入图形模式
[root@localhost /]#init 0                        //关闭系统
[root@localhost /]#init 6                        //重启系统
[root@localhost /]#
```

注意：只有超级用户权限才能执行关机、重启或改变系统状态的命令。init 命令将系统初始化为指定的运行级别，虽然在字符终端下执行 init 5 或 startx 都将进入图形模式，但两者的含义和效果是不一样的。

5.3　软件安装及 Shell 编程基础

Shell 是一个命令解析器，是用户与 Linux 操作系统沟通的桥梁。作为 Linux 系统管理员，不仅要能够熟练运用命令来完成日常的系统管理和维护工作，如各种应用软件的安装等，还要学会利用 Shell 编程来完成更加复杂的操作。

5.3.1　Linux 中的软件安装

安装软件也是系统管理员的工作任务之一。Linux 中常见的软件安装包可分为源代码包和 RPM 包两大类，下面通过完成几个软件安装的任务来熟悉两种软件包的安装。

任务 11：使用 tar 命令将源代码安装包进行解压和解包

源代码包（简称源码包）是将开发完成的软件源代码经过打包并压缩后直接发布的一种安装包。源代码包最常见的是后缀为 .tar.gz 的包，这种软件安装包是采用 tar 工具将多个文件以及包含的子目录打包为一个文件，然后采用 gzip 工具对打包后的文件进行压

118

缩而生成的。实际中还会遇到另一种后缀为 .tar.bz2 的源代码包,它与 .tar.gz 包相比只是在文件压缩时使用了压缩能力更强的 bzip2 工具。

　　从源代码包的生成过程可见,要安装源代码包首先就要对其进行解压和解包的操作。tar 命令不仅是一个文件打包/解包工具,而且还集成了压缩/解压缩功能,所以只要执行一条 tar 命令就可以完成对源代码安装包的解压和解包。tar 命令的一般格式如下。

> tar［选项］［包文件名］　［需打包的文件］

　　tar 命令用于解包时只需指定包文件名即可。用于打包时则需要两个参数:①打包后生成的包文件名;②需要打包的文件,通常是指定某个目录或者是使用通配符来表示的多个文件。至于 tar 是用于打包和压缩还是解压缩和解包,完全取决于命令所使用的选项,常用的选项如下。

　　(1) -c:创建新的备份文件,即打包一个目录或者一些文件。

　　(2) -f:使用备份文件或设备,这个选项通常是必需的。

　　(3) -x:从备份文件中释放文件,即解包。

　　(4) -z:调用 gzip 来压缩/解压缩文件,可将打包的文件压缩,或在解包时先解压缩。

　　(5) -j:调用 bzip2 来压缩/解压缩文件。

　　(6) -v:显示处理文件信息的进度。

　　下面通过完成两项操作任务,来熟悉 tar 命令的打包并压缩和解压缩并解包功能的使用。

　　(1) 将以前在文件操作时所建立的 /wang/soft/text 目录及其包含的文件和目录打包并压缩为 text.tar.gz 包,然后将此文件包解压缩并解包至 /wang 目录下。

　　(2) 将一个小游戏“俄罗斯方块”的源代码包进行解包,为后续安装该游戏做准备。假设该游戏的源代码包名为 ltris-1.0.19.tar.gz,且已下载并存放在 U 盘的 game 目录下。

```
[root@localhost /]#cd wang/soft                          //以下做第(1)项工作
[root@localhost soft]#tar -czvf text.tar.gz text         //打包并用 gzip 压缩
text/
text/txt/
text/txt/test2.txt
text/doc/
text/doc/name.txt
text/doc/xhxm.txt
text/doc/stuid.txt
[root@localhost soft]#ls
test    text.tar.gz
[root@localhost soft]#cd ..
[root@localhost wang]#mv soft/text.tar.gz .
inittab  myname  soft  test2.txt  text.tar.gz
[root@localhost wang]#tar -xzvf text.tar.gz
...  //解包至当前目录,显示的解包处理信息与上述打包处理信息相同,此处略
[root@localhost wang]#ls
inittab  myname  soft  test2.txt  text  text.tar.gz      //text 为释放的目录
                                                         //以下做第(2)项工作
[root@localhost wang]#cd /mnt
[root@localhost mnt]#mkdir udisk         //创建用于挂载 U 盘的目录并插入 U 盘
```

```
[root@localhost mnt]#mount /dev/sdb1 udisk
[root@localhost mnt]#cp udisk/game/ltris-1.0.19.tar.gz /wbj
[root@localhost mnt]#cd /wbj
[root@localhost wbj]#ls
lost+found  ltris-1.0.19.tar.gz  soft
[root@localhost wbj]#tar -xzvf ltris-1.0.19.tar.gz
…  //解包至当前目录,显示的解包处理信息略
[root@localhost wbj]#ls                          //ltris-1.0.19为释放后产生的目录
lost+found  ltris-1.0.19  ltris-1.0.19.tar.gz  soft
[root@localhost wbj]#
```

注意:管理员通常都希望看到打包或解包时处理文件信息的进度,这样 tar 命令用于打包并压缩文件时,-czvf 选项组合几乎是固定搭配。用于解压缩并解包时,-xzvf 选项组合也几乎是固定搭配。如果使用 tar 命令时要调用压缩能力更强的 bzip2 工具,只需把上述选项组合中的 z 换成 j 即可。以上这些选项组合请务必牢记。另外,如果要单独将一个文件压缩成后缀为.gz 的文件,可以使用 gzip 命令;反过来,要解压缩一个.gz 文件,可以使用 gunzip 命令,也可以使用带-d 选项的 gzip 命令。有关 gzip 和 gunzip 命令的具体使用这里不再展开,读者可查阅相关资料自行学习。

任务 12:安装以源码包形式发布的软件

由于源码包是将软件源代码打包并压缩后直接发布的,相比 RPM 包和 DPKG 包来说,其安装过程稍复杂一些,除了要完成解包工作外,通常还需要进行配置、编译、安装等几个步骤。源码包一般都不带有自动卸载程序,软件的升级、卸载等管理工作尤为困难。好在源码软件包的安装步骤几乎是固定的,所以也不难掌握。

任务 11 的最后对软件安装包 ltris-1.0.19.tar.gz 进行了解包,释放的文件及子目录都在新生成的 ltris-1.0.19 目录下,接下来按以下步骤完成软件的安装。

```
[root@localhost wbj]#cd ltris-1.0.19                    //进入解包后生成的目录
[root@localhost ltris-1.0.19]#ls
…  //显示的文件目录略,一般来说释放的软件目录中都会有一个用于软件配置的 configure
   //脚本文件
[root@localhost ltris-1.0.19]#./configure              //执行脚本进行软件配置
…  //显示的配置过程信息略,成功完成配置后将会生成用于编译的 Makefile 文件
[root@localhost ltris-1.0.19]#make                     //对软件进行编译
…  //显示的编译过程信息略
[root@localhost ltris-1.0.19]#make install             //对软件实施安装
…  //显示的安装过程信息略,至此安装完成
[root@localhost ltris-1.0.19]#make clean               //清除编译产生的文件
[root@localhost ltris-1.0.19]#make distclean           //清除配置产生的文件
[root@localhost ltris-1.0.19]#cd /usr/local/bin
[root@localhost bin]#ls ltris
ltris                              //该文件即为软件的可执行程序(显示为绿色)
[root@localhost bin]#
```

注意:有些源码软件包在解包生成目录后,configure 文件有可能存放在某个下级目

录中,如果没有 configure 文件而已有一个用于编译的 Makefile 文件,则可以跳过软件配置的步骤,直接执行编译和安装的步骤。还有一些俗称为绿色软件的软件包在解包后生成的目录中,直接就有该软件名称的一个可执行脚本,运行它即可启动软件,无须进行配置、编译和安装。但无论怎样,在解包后的软件目录中,通常都有一个 README 文件,读者可以根据该文件中描述的步骤来安装和使用软件。另外,很多初学者在安装后不知道运行软件的可执行程序是什么、放在哪个目录下。默认情况下可执行文件存放在/usr/local/bin 或/usr/bin 目录下,文件名就是软件安装包名称开头的那个单词。例如,前面安装的 ltris-1.0.19.tar.gz 软件包,安装后的可执行文件名是/usr/local/bin/ltris(该软件只能在图形界面下运行)。当然,也可以在配置时指定安装位置,如使用下面的配置命令。

```
[root@localhost ltris-1.0.19]#./configure --prefix=/usr/local/ltris
```

任务 13：安装和管理以 RPM 包形式发布的软件

RPM(Red Hat Packet Manager)是 Red Hat 公司开发的软件包管理器,而符合 RPM 规范的软件安装包就称为 RPM 包,其典型格式为：软件名-版本号-释出号.体系号.rpm。RPM 包其实是一个可执行程序形式的软件安装包,在终端字符界面下使用 rpm 命令就可以很方便地对软件进行安装、升级、卸载和查询等操作;而在图形界面下安装和管理软件则更为简便,如同在 Windows 中使用"添加/删除程序"那样。RPM 遵循 GPL 版权协议,用户可以在符合 GPL 协议的条件下自由使用和传播。

一般来说,软件包的安装就是把包内的各个文件复制到特定的目录。但 RPM 安装软件包不仅如此,在软件安装前、后还会做以下工作。

(1) 检查软件包的依赖。RPM 格式的软件包中通常包含有依赖关系的描述,如软件执行时需要什么动态链接库和其他程序以及版本号等。当 RPM 检查时发现所依赖的链接库或程序等不存在或不符合要求时,默认的做法是终止软件包的安装。

(2) 检查软件包的冲突。有的软件与某些软件不能共存,软件包的作者会将这种冲突记录到 RPM 包中。安装时若检测到有冲突存在,将会终止安装。

(3) 安装前执行脚本程序。此类程序由软件包的作者设定,需要在安装前执行,通常是检测操作环境、建立有关目录、清理多余文件等,为顺利安装作准备。

(4) 处理配置文件。用户往往会根据需要对软件的配置文件做相应的修改,rpm 命令对配置文件采取的措施是：将原配置文件先做一个备份(原文件名上再加.rpmorig 后缀),而不是简单地覆盖,这样用户可以根据需要恢复配置,避免了重新设置带来的麻烦。

(5) 解压软件包并存放到相应位置。这是安装软件包最关键的部分,rpm 命令将软件包解压缩,把释放的所有文件存放到正确的位置,并正确设置文件的操作权限等属性。

(6) 安装后执行脚本程序。这是为软件的正确执行设定相关资源。

(7) 更新 RPM 数据库。安装后 rpm 命令将所安装的软件及相关信息记录到其数据库中,以便于以后升级、查询、校验和卸载。

(8) 安装时执行触发脚本程序。触发脚本程序在软件包满足某种条件时才触发执行,用于软件包之间的交互控制。

rpm 命令的一般格式如下。

rpm [选项] [RPM 软件包名]

常用的选项说明如下。

-i:安装软件包。

-e:卸载(删除)软件。

-U:升级软件包。

-V:校验软件包。

-v:显示附加信息。

-h:显示安装进度的 hash 记号(♯)。

-q:查询软件包,常紧跟-a 选项以查询所有安装的软件。

注意:在下载 RPM 软件包的 FTP 站点上经常会看到两种目录:RPMS/和 SRPMS/。其中,RPMS/下存放的就是以上所说的以.rpm 结尾的软件安装包,它们是由软件的源代码编译成可执行文件再包装成 RPM 软件包的;而 SRPMS/下存放的都是以 .src.rpm 结尾的文件,是由软件的源代码直接包装而成的,要安装这类 RPM 软件包,必须使用"rpm --recompile 包名"命令把源代码解包、编译并安装,如果使用"rpm --rebuild 包名"命令,则不仅会把源代码解包、编译并安装,而且在安装完成后还会把编译生成的可执行文件重新包装成 RPM 软件安装包。

下面将安装中文终端软件 CCE,并对其进行查询、校验、安装和卸载。假设已得到 RPM 包 cce-0.51-1.i386.rpm,并存放在/wbj 目录下。

```
[root@localhost bin]#cd /
[root@localhost /]#rpm -qa |grep cce          //查询 CCE 软件包
[root@localhost /]#                           //无显示表示未安装
[root@localhost /]#rpm -V cce                 //检验 CCE 软件包
package cce is not installed                   //显示未安装
[root@localhost /]#cd /wbj
[root@localhost wbj]#ls
cce-0.51-1.i386.rpm  lost+found  ltris-1.0.19  ltris-1.0.19.tar.gz  soft
[root@localhost wbj]#rpm -ivh cce-0.51-1.i386.rpm    //安装 CCE 软件包
Preparing...            ###########################################[100%]
   1:cce                ###########################################[100%]
[root@localhost /]#rpm -qa |grep cce          //查询 CCE 软件包
cce-0.51-1.i386                                //显示已安装的该软件
[root@localhost wbj]#rpm -V cce               //检验 CCE 软件包
[root@localhost wbj]#                          //无显示表示已安装
[root@localhost wbj]#rpm -e cce               //卸载 CCE 软件
[root@localhost wbj]#
```

注意:管理员在安装软件时总是希望看到安装进度(hash 记号♯)和一些附加信息,所以用 rpm 命令安装软件时,-ivh 选项组合几乎是固定搭配,上述用于查询软件的命令也是一种习惯用法。这些选项组合务必牢记。另外,源自 Debian 的 Linux 发行版(如 Ubuntu、Knoppix)都使用 DPKG 软件包管理器,用于安装和管理后缀为.deb 的软件包。

任务 14:使用 yum 自动下载并安装 RPM 软件包

虽然 RPM 在一定程度上简化了 Linux 中的软件安装与管理,但它只能用于安装已经下载到本地的 RPM 包,而且 RPM 包有一个很大的缺点就是文件的依赖性(关联性)太大,有时安装一个软件就要安装很多依赖的其他软件包,而用户事先又不了解与哪些软件包具有怎样的依赖关系,这使得软件的搜寻、下载和安装还是非常麻烦。

yum(Yellow dog Updater Modified)能够自动处理 RPM 软件包之间的依赖关系,它是一个在 Fedora、Red Hat 以及 SUSE 中基于 RPM 的 Shell 前端软件包管理器,可以从指定的软件仓库中自动查找和下载要安装的软件及其所有与之依赖的 RPM 包,并自动完成安装。其中,软件仓库(Repository)也称为 yum 源,可以是由用户设定的本地软件池,也可以是网络服务器(HTTP 或 FTP 站点)。yum 起源于由 Yellow Dog 这一 Linux 发行版的开发者 Terra Soft 研发的 yup,后经杜克大学的 Linux@Duke 开发团队改进为 yum。

要使 yum 能够自动查找、下载和安装软件,关键就是要配置可靠的 yum 源,或者说正确搭建 yum 服务器。yum 源配置文件存放在/etc/yum. repos. d 目录下,其文件名必须以. repo 结尾。默认情况下,CentOS 已经有一些配置文件,用 vi 打开 CentOS-Base. repo 文件就可以看到 baseurl 路径为 CentOS 官网自身的一个 yum 源的路径。如果用户要创建和使用自己的 yum 源,可以将这些默认的配置文件先移到其他目录(如/opt)下,或者直接在/etc/yum. repos. d 目录下将配置文件重命名(如结尾再添加. bak)。当然,也可以先备份这些默认配置文件,然后用 vi 编辑 CentOS-Base. repo 文件,将其中的 baseurl 修改为自己需要的 yum 源的路径,如设置成国内的阿里云源 http://mirrors. aliyun. com/repo/Centos-6. repo。

注意:无论是在/etc/yum. repos. d 目录下建立自己的 yum 源还是修改系统原有的默认 yum 源,切记要对默认的配置文件进行备份。事实上凡是要修改系统配置文件,都要养成先备份原文件的习惯。

下面以建立本地 yum 源和外网 yum 源两个案例,来说明 yum 源的配置方法。

(1)建立本地 yum 源。在服务器无法上网的情况下,可以直接将 CentOS 安装光盘上存放所有 RPM 软件包中的/Packages 目录,或者将其中所有文件复制到本地某个目录作为 yum 源来使用。这里假设已将光盘上所有 RPM 软件包复制在/centos6 目录下,建立该本地 yum 源的方法如下。

```
[root@localhost wbj]#cd /
[root@localhost /]#mv /etc/yum.repos.d/ * /opt          //备份默认 yum 源
[root@localhost /]#vi /etc/yum.repos.d/local.repo       //创建 local.repo
//输入以下内容
[CentOS]                                                //资源标识,整个文本中唯一
name=CentOS                                             //资源名称,整个文本中唯一
baseurl=file:///centos6/                                //本地资源的路径
```

123

```
enabled=1                                    //打开仓库,若为 0 则关闭仓库
gpgcheck=1                                    //是否进行 GPG 检查,1 表示检查,0 表示不检查
    //GPG 检查是在使用 yum 安装软件时对软件输入公钥进行验证,看来源是否安全
    //若要检查,则设置 gpgkey,使用 file 协议导入公钥,其路径为系统自带的公钥存放位置
gpgkey=file:///etc/pki/rpm-gpg/RPM-GPG-KEY-CentOS-6    //保存退出
[root@localhost /]#
```

（2）建立外网 yum 源。以建立 http://mirrors.163.com/上的软件资源为例,建立此外网 yum 源的方法如下。

```
[root@localhost /]#vi /etc/yum.repos.d/163.repo           //创建 163.repo
//输入以下内容
[BASE]
name=centos6
baseurl=http://mirrors.163.com/centos/$releasever/os/$basearch
enabled=1
gpgecheck=1
gpgkey=http://mirrors.163.com/centos/RPM-GPG-KEY-CentOS-6  //保存退出
[root@localhost /] yum clean all                //清除缓存,通常在新建 yum 源后使用
```

接下来就可以使用 yum 来安装和管理软件了。yum 提供了查找、安装、更新、删除指定的一个或者一组甚至全部软件包的命令,而且命令非常简洁好记。这里仅给出常用的 yum 命令使用格式与功能。

（1）yum check-update：列出所有可更新的软件清单。

（2）yum update：安装所有软件更新。

（3）yum install package_name：安装指定的软件。

（4）yum update package_name：更新指定的软件。

（5）yum list package_name：列出指定可安装的软件清单。

（6）yum remove package_name：删除指定的软件。

（7）yum search package_name：查找指定的软件。

（8）yum list installed：列出所有已安装的软件包。

（9）yum list extras：列出所有已安装但不在 yum 源内的软件包。

（10）yum info package_name：列出指定软件包的信息。

（11）yum provides package_name：列出软件包提供哪些文件。

（12）yum clean all：清除缓存目录(/var/cache/yum)下的软件包及旧的 headers。

有些软件在安装过程中会出现一些提示信息,并要求用户输入 yes 或 no。为了简化安装过程,yum 命令在用于软件安装时还可以使用-y 选项,这样每当出现要求用户确认的提示时将全部自动选择为 yes,也就无须与用户交互了。

5.3.2　Shell 编程基础

Linux 的 Shell 除了可以交互式地解释和执行用户输入的命令外,还可以利用定义变

量和参数的手段以及丰富的程序控制结构,来设计功能复杂的程序。使用 Shell 编写的程序称为 Shell 脚本(Shell Script),又称为 Shell 程序或 Shell 命令文件。

如同学习一门其他计算机语言的程序设计一样,要完全掌握 Shell 编程技术不是一蹴而就的,这里只是通过几个简单任务的实施来引领读者入门 Shell 脚本的设计。

任务 15:建立和执行一个简单功能的 Shell 脚本

Shell 脚本实际上就是为实现特定目标或功能,将 Shell 命令按某种序列集合在一起的一个文本文件,可以用任何文本编辑器(如 vi/vim)来编写。由于 Shell 脚本是解释执行的,所以不需要编译成目标程序。Shell 脚本的第一行通常是 ♯!/bin/bash,其中 ♯ 表示该行是注释,!表示运行紧跟其后的/bin/bash 命令,并让/bin/bash 去执行 Shell 脚本的内容。

下面首先来编写一个功能非常简单的 Shell 脚本,文件名为 exam1.sh,其中的每一行都是前面学过的 Linux 命令,请读者自行分析。

```
[root@localhost /]#cd /wang
[root@localhost wang]#vi exam1.sh            //编写脚本,输入以下内容
#!/bin/bash
#this is a example
mkdir /wang/shem
echo -n "My name is " >/wang/shem/myself.txt
NAME="WANG Bao-jun."                         //定义变量 NAME 并赋初值
echo $NAME >>/wang/shem/myself.txt
date >>/wang/shem/myself.txt
cat /wang/shem/myself.txt                     //输入结束,保存退出
[root@localhost wang]#ls -l exam1.sh
-rw-r--r--.  1  root  root  202  Aug 16 12:24  exam1.sh
[root@localhost wang]#
```

执行 Shell 脚本有以下 3 种方法。

```
bash Shell 脚本名     //方法 1:调用一个新的 bash,将 Shell 脚本文件作为参数传递给它
bash <Shell 脚本名    //方法 2:利用输入重定向使 Shell 命令解释程序的输入来自脚本文件
Shell 脚本名          //方法 3:须将 Shell 脚本设置为可执行文件,才能直接执行脚本
```

一般来说,对于新建的 Shell 脚本的正确性还没有把握时,应当使用前两种方法来试着执行;而在 Shell 脚本调试好之后,应使用 chmod 命令将其设置为可执行文件(即添加执行权),以后就可以如同执行一个 Linux 命令那样,只要输入 Shell 脚本文件名即可执行,而且它还可以被其他的 Shell 脚本调用。

注意:虽然可以跟执行 Linux 命令那样,只输入文件名来执行一个具有可执行权的 Shell 脚本,但如果该 Shell 脚本不在 PATH 设定的那些路径下,则必须在文件名前指定路径,即使是存放在当前目录下,也要加上“./”的路径名称,否则就会提示 command not found 的出错信息。因此,如果希望任何情况下都只输入 Shell 脚本文件名就能执行,而无须指定路径,就必须将 Shell 脚本存放到 PATH 设定的默认路径下(如/bin、/usr/bin

等),也可以修改环境变量 PATH 的值,把存放 Shell 脚本的目录也添加到 PATH 包含的路径中。

下面使用两种方法来执行 exam1.sh,查看此 Shell 脚本的执行结果。

```
[root@localhost wang]#bash exam1.sh              //使用方法 1 执行脚本
My name is WANG Bao-jun.
Thu Aug 16 12:38:41 CST 2018
[root@localhost wang]#chmod a+x exam1.sh         //使用方法 3,先添加执行权限
[root@localhost wang]#ls -l exam1.sh
-rwxr-xr-x.    1    root    root   202    Aug 16 12:24  exam1.sh
[root@localhost wang]#./exam1.sh
mkdir: cannot create directory '/wang/shem': File exists
My name is WANG Bao-jun.
Thu Aug 16 12:54:14 CST 2018
[root@localhost wang]#
```

由于第一次执行时已建立了/wang/shem 目录,所以在第二次执行 exam1.sh 时提示该目录已经存在的出错信息,这正是需要通过程序控制结构来进一步优化的问题。

任务 16:认识 Shell 编程中的变量、内部命令和流程控制

1) Shell 中的变量

Shell 有 4 种变量:用户自定义变量、环境变量、预定义变量和位置变量。

(1) 用户自定义变量。这是用户按照下面的语法规则定义的变量。

```
变量名=变量值
```

为了区别于 Shell 命令,变量名习惯上使用大写字母。要引用变量值时须在变量名前加 $,在特定条件下还可以使用变量替换,这时变量名要用大括号{}括起来,例如:

```
[root@localhost wang]#MN=wangbaoj              //定义变量 MN 并赋值
[root@localhost wang]#echo $MN                 //引用变量 MN 的值
wangbaoj
[root@localhost wang]#MYNAME=${MN}un           //使用变量替换
[root@localhost wang]#echo $MYNAME
wangbaojun
[root@localhost wang]#unset MN                 //删除变量 MN
[root@localhost wang]#echo $MN

[root@localhost wang]#
```

(2) 环境变量。环境变量是一些已定义的与系统工作环境有关的变量,例如:

① CDPATH:用于 cd 命令的查找路径。

② HOME:用于保存注册目录的完全路径名。

③ PATH:保存用冒号分隔的目录路径,Shell 将按此顺序搜索可执行的命令。

④ PS1:主提示符,默认特权用户是#;普通用户是 $。

⑤ PS2：若输入命令行以\结尾并按 Enter 键，就显示这个辅助提示符(默认为>)。

⑥ PWD：当前工作目录的绝对路径名，其值随 cd 命令的使用而变化。

(3) 预定义变量。与环境变量类似，也是系统中已定义的变量，不同的是用户只能使用，而不能重新定义它们。这类变量都是由 $ 符和另一个符号组成的，例如：

① $0：当前执行的进程名。

② $!：后台运行的最后一个进程号。

③ $?：命令执行后的返回码，即检查上一命令是否正确执行，0 为正确，非 0 为出错。

④ $*：所有位置参数的内容。

⑤ $#：位置参数的数量。

⑥ $$：当前进程的进程号。

⑦ $-：使用 set 及执行时传递给 Shell 的标志位。

⑧ $@：所有参数，个别的用双引号括起来。

(4) 位置变量。这是在调用 Shell 程序的命令行中按照各自的位置决定的变量，是在程序名之后输入的参数。位置变量之间用空格分隔，Shell 取第 1 个位置变量替换程序文件中的 $1，第 2 个替换 $2，以此类推。注意 $0 是一个特殊变量，是当前 Shell 程序的文件名。

2) 测试命令 test

与传统语言不同的是，Shell 用于指定条件值的不是布尔表达式，而是 test 命令和测试表达式，即：

test 测试表达式

test 命令主要用于以下 4 种情况。

(1) 两个整数值的比较。常用比较符有：等于(-eq)、大于或等于(-ge)、大于(-gt)、小于或等于(-le)、小于(-lt)和不等于(-ne)。

(2) 字符串比较。常用比较或测试符有：相等(=)、不相等(!=)、字符串长度为零(-z 字符串)和字符串长度不为零(-n 字符串)。

(3) 文件操作。常用测试符有：文件存在且为块文件(-b)、文件存在且为字符型文件(-c)、文件存在且为目录(-d)、文件存在(-e)、文件存在且为普通文件(-f)、文件存在且可读(-r)、文件存在且至少有一个字符(-s)、文件存在且可写(-w)和文件存在且可执行(-x)。

(4) 逻辑操作。用于表达两个或多个命令之间在执行上的关系，有 && 和 || 两个测试符。这里假设 c1、c2 和 c3 为 3 个不同的命令，逻辑操作符的常见用法如下。

① c1 && c2：仅当 c1 执行成功时才执行 c2。

② c1 || c2：仅当 c1 执行出错时才执行 c2。

③ c1 && c2 && c3：仅当 c1 和 c2 执行成功时才执行 c3。

④ c1 && c2 || c3：仅当 c1 执行成功，c2 执行出错时才执行 c3。

test(测试)命令在 Shell 编程中起着十分重要的作用，为了能与其他编程语言一样便于阅读和组织，bash 在使用 test 时还可以采用另一种表达方法，即用方括号将整个 test 的内容括起来。下面通过一些实例来说明 test 的用法，读者自行分析显示的结果。

```
[root@localhost wang]#NUM1=55
[root@localhost wang]#NUM2=0055
[root@localhost wang]#test $NUM1 -eq $NUM2
[root@localhost wang]#echo $?                    //显示上一命令执行的返回码
0                                                //显示为 0,表示测试结果为真
[root@localhost wang]#test $NUM1 -ne $NUM2
[root@localhost wang]#echo $?
1                                                //显示为 1,表示测试结果为假
[root@localhost wang]#STR1=wangbaojun
[root@localhost wang]#STR2=wbj
[root@localhost wang]#test $STR1 = $STR2
[root@localhost wang]#echo $?
1
[root@localhost wang]#test -n $STR1
[root@localhost wang]#echo $?
0
[root@localhost wang]#test -d /etc/httpd
[root@localhost wang]#echo $?
0
[root@localhost wang]#test -d /wang/exam1.sh
[root@localhost wang]#echo $?
1
[root@localhost wang]#test -x /wang/exam1.sh
[root@localhost wang]#echo $?
0
[root@localhost wang]#test -w /wang/exam1.sh && test -d /root && echo OK!
OK!
[root@localhost wang]#test -w /wang/exam1.sh && test -d /root || echo OK!
[root@localhost wang]#                           //此时无显示,未能执行 echo 命令
[root@localhost wang]#[ -x /wang/exam1.sh ] && echo executable
executable
[root@localhost wang]#[ -w /wang/exam1.sh ] && [ !-d /root ] || echo OK!
OK!
[root@localhost wang]#
```

3) 其他常用的内部命令

在 Shell 编程中,除 test、echo 等命令外,还有以下几个常用的内部命令。

(1) expr。常用于计算给定表达式的值,包括算术、比较、关系等运算。

(2) eval。该命令后面往往跟一个命令(用 cmd 表示以便说明),eval 会对 cmd 进行两遍扫描。如果 cmd 是个普通命令,则 eval 第一遍扫描后就执行 cmd;如果 cmd 中含有变量的间接引用,则 eval 第一遍扫描时会进行所有的置换,第二遍扫描时才执行 cmd。读者可能觉得不好理解,但通过下一任务的实施会感受到 eval 命令的用处。

(3) readonly。用于将指定的变量定义为只读变量(赋值后就不再改变)。

(4) export。用于将指定的变量定义为全局变量,使该变量在之后运行的所有命令或程序中都可以访问到。

(5) read。read 后跟变量名列表,用于从键盘上接收一个或多个以空格或<Tab>间

隔的数据，依次赋给该命令变量列表中的各个变量。

　　4) Shell 编程中的流程控制

　　(1) 复合结构。bash 中可以使用一对花括号{}或圆括号()将多条命令复合在一起，使它们在逻辑上成为一条命令。其中，使用{}括起来的多条命令一般出现在管道符|的左边，bash 将从左到右依次执行各条命令，并将结果汇集在一起形成输出流，作为|后面的输入。执行()中的命令时，会创建一个新的子进程，由这个子进程去执行其中的命令。这样，在命令运行时对状态的改变不会影响下面语句的执行。

　　(2) 分支结构。有以下三种格式。

if 条件语句	elif-then 结构	case 条件选择结构
if 条件命令串 then 　　条件为真时的命令串 else 　　条件为假时的命令串 fi	if 条件命令串 then 　　命令串 elif 条件命令串 then 　　命令串 elif 条件命令串 then 　　命令串 fi	case string in 　　pattern1) 　　　　命令串;; 　　pattern2) 　　　　命令串;; 　　... 　　*)　其他命令串;; esac

　　(3) 循环结构。有以下三种格式。

for 循环	while 循环	until 循环
for 变量名 in 参数 1 参数 2 ... 参数 n do 　　命令串 done	while 条件命令串 do 　　命令串 done	until 条件命令串 do 　　命令串 done

　　(4) 无条件控制。有时候在编程中要用到一种以 true 或 false 作为条件命令串的无限循环技巧，在这种情况下，在循环体命令行中就需要用 break 或 continue 命令来退出循环。其中，遇到 break 命令则立即退出循环；而遇到 continue 命令则忽略本次循环中剩余的命令，继续下一次循环。

　　(5) 使用 shift 命令。由于 bash 的位置参数变量为 $1~$9，因此，通过位置变量只能访问前 9 个参数，如果要访问前 9 个参数之后的参数，就必须使用参数移位命令 shift。而且 shift 后可加整数实现一次多个移位，如 shift 3。

任务 17：利用分支和循环结构编写 Shell 脚本

　　下面通过几个实例，来进一步认识 Shell 编程的意义、方法和技巧。

　　(1) 为了使任务 1 建立的 exam1.sh 脚本不管执行多少次，都不会出现/wang/shem 目录已经存在的出错信息，需要对其做这样的改进：能判断/wang/shem 目录是否存在，若该目录已经存在，则无须创建；若不存在，则创建该目录。

```
[root@localhost wang]#vi exam1.sh              //修改 exam1.sh
#!/bin/bash
#this is a example
if [ !-d /wang/shem ]                          //修改了此处 4 行
then
    mkdir /wang/shem
fi
echo -n "My name is " >/wang/shem/myself.txt
NAME="WANG Bao-jun."
echo $NAME >>/wang/shem/myself.txt
date >>/wang/shem/myself.txt
cat /wang/shem/myself.txt                       //修改结束,保存退出
[root@localhost wang]#./exam1.sh
My name is WANG Bao-jun.
Thu Aug 16 23:14:25 CST 2018
[root@localhost wang]#./exam1.sh
My name is WANG Bao-jun.
Thu Aug 16 23:47:25 CST 2018                     //执行 2 次均无出错提示
[root@localhost wang]#
```

（2）编写一个 Shell 脚本（add.sh），将脚本执行时后面跟着的多个整数值求和，最后输出求和的结果值。

```
[root@localhost wang]#vi add.sh                 //编写脚本,输入以下内容
#!/bin/bash
#This is a summation script.
SUM=0
until [ $#-eq 0 ]
do
    SUM=` expr $SUM +$1 `
    shift
done
echo "sum is: $SUM"                             //脚本内容输入结束,保存并退出
[root@localhost wang]#bash add.sh 15 20 33
sum is: 68
[root@localhost wang]#
```

注意：Shell 脚本中经常用到 3 种引号：单引号、双引号和反引号。单引号（'）内的所有内容都原样输出，可以说是所见即所得；双引号（"）内如果有变量、特殊转义符或者反单引号中的命令，将解析或执行得到结果后再输出最终的内容；反单引号（`）一般用于执行命令，如 add.sh 脚本中 SUM=` expr $SUM + $1`命令就是将反单引号中命令的执行结果赋给 SUM 变量。

（3）编写一个 Shell 脚本（crus.sh），实现以下功能：创建登录名为 stu1801～stu1805 的 5 个用户，初始密码均设为 123456，用户全名（或备注）使用真实姓名的汉语简拼从键盘接收；同时在/home 目录下创建一个 userlist 文本文件，内容包括创建日期以及 5 个用户的登录名、用户姓名和初始密码列表。

130

```
[root@localhost wang]#vi crus.sh                    //编写脚本,输入以下内容
#!/bin/bash
#This example is used to create users automatically.
PASSWORD="123456"
if [ -e /home/userlist ]
then
    mv /home/userlist /home/userlist.old
fi
date >/home/userlist
echo "LG_NAME  ST_NAME  INIT_PW" >>/home/userlist
read NM1 NM2 NM3 NM4 NM5
for i in {1..5}
do
    LGNAME=stu180$i
    STNAME=`eval echo '$'"NM$i"`
    useradd -c $STNAME $LGNAME
    if [ $? -eq 0 ]
    then
        echo "$PASSWORD" | passwd --stdin $LGNAME
        echo "$LGNAME    $STNAME    $PASSWORD" >>/home/userlist
    else
        echo "User $LGNAME is created failly!!!"
    fi
done
cat /home/userlist                                  //脚本内容输入结束,保存退出
[root@localhost wang]#chmod a+x crus.sh
[root@localhost wang]#./crus.sh
wbj chf wjm zhy lxm                                 //此处为输入的 5 个用户全名
...
Fri Aug 17 19:59:23 CST 2018                        //此行开始为 userlist 文件内容
LG_NAME   ST_NAME   INIT_PW
stu1801    wbj      123456
stu1802    chf      123456
stu1803    wjm      123456
stu1804    zhy      123456
stu1805    lxm      123456
[root@localhost wang]#
```

注意：这是一个综合了分支结构和循环结构的 Shell 编程案例,其中较难理解的应该是 STNAME=`eval echo '$'"NM$i"` 命令,这是利用 eval 命令将变量值置换为变量名的典型用法,在 Shell 编程中经常会用到。

顺着 crus.sh 和 add.sh 这两个 Shell 脚本的编写思路,最后请读者自己来解决下面的两个问题：①编写一个 Shell 脚本,将 crus.sh 执行后建立的 5 个用户和 userlist 文件全部删除(包括每个用户的主目录)；②修改 crus.sh 脚本,使 5 个用户的全名不采用 read 命令读入,而是像 add.sh 脚本那样,在执行 crus.sh 时跟在后面作为参数输入。

第6章　组建 Linux 局域网

学习目的与要求

　　构建 Linux 局域网,通常是指使用 Linux 操作系统作为服务器,而客户机可以使用 Linux 或 Windows 等不同的操作系统及版本,这就存在如何实现 Linux 局域网中不同主机之间的资源共享问题。通过本章的学习,可以学会网络的基本配置与测试,在保证网络连通的前提下,能配置 Samba 服务器以实现不同系统的主机间的资源共享。

6.1　网络配置与测试

　　把 Internet 技术引入企业的局域网内部就构成了企业内部网(Intranet),或者说 Intranet 就是在私人或企业内部为用户提供信息服务的任何使用 TCP/IP 协议的网络。因此,正确配置 TCP/IP 网络参数、测试网络的连通性等,是系统或网络管理员都必须具备的基本能力,也是日常管理和维护网络正常运行的工作之一。

6.1.1　配置 TCP/IP 网络参数

　　Linux 的网络功能不仅非常强大和完善,而且与内核紧密结合在一起。无论 Linux 操作系统在 TCP/IP 网络中用作服务器还是客户机,要与其他主机连通并以域名方式使用各种信息服务,首先就要正确配置系统在网络上的主机名、IP 地址、子网掩码、默认网关、DNS 服务器地址等基本网络参数。

任务1：设置主机名

　　如果运行 Linux 系统的主机用作网络服务器,为了能让网络中的其他主机以 Internet 方式访问服务器,主机名一般都采用 DNS 命名方式,格式为"主机名.域名"。若安装 Linux 时未设置主机名,则默认主机名为 localhost.localdomain。当然,如果 Linux 系统只是用于个人或小型网络的客户机,其主机名也可以是简单的名称。

　　hostname 命令可用于查看和设置主机名,虽然它可以使设置立即生效,但只能用于临时设置,即重启后无效。如果要让设置的主机名永久有效,可以修改/etc/sysconfig/network 文件中的 HOSTNAME 配置项值。具体操作如下。

```
[root@localhost /]#hostname                              //查看主机名
localhost.localdomain
[root@localhost /]#hostname wbj                          //设置主机名为 wbj
[root@localhost /]#hostname
wbj
[root@localhost /]#vim /etc/sysconfig/network            //永久修改主机名
NETWORKING=yes                                           //启用网络
HOSTNAME=localhost.localdomain                           //设置主机名
    //将 localhost.localdomain 改为 wbj.zjic.com 后保存并退出
[root@localhost /]#reboot                                //重启系统并显示如下登录信息
CentOS release 6.5 (Final)
Kernel 2.6.32-431.el6.i686 on an i686
wbj login: root                                          //可见主机名修改已生效
Password:
Last login: Sat Aug 18 10:03:30 on tty1
[root@wbj ~]#                                            //提示符上的主机名已变为 wbj
[root@wbj ~]#hostname
wbj.zjic.com
[root@wbj ~]#
```

注意：在 CentOS 7 中新增了一个 hostnamectl 命令，不仅可以显示当前主机名信息，而且使用 hostnamectl set-hostname wbj.zjic.com 命令就可以直接将主机名永久设置为 wbj.zjic.com。

任务 2：配置网络接口（网卡）参数

只要在 Linux 系统安装时网络接口卡（NIC，简称网卡）被自动识别，并正确安装了网卡驱动程序，则在/etc/sysconfig/network-scripts 目录下就可以看到一个名为 ifcfg-ethN 的配置文件。其中，ethN 为网卡的设备名，N 是数字，如果计算机上只安装了一块网卡，则设备名通常是 eth0。网络接口 eth0 配置文件 ifcfg-eth0 的默认内容如下。

```
[root@wbj ~]#cd /etc/sysconfig/network-scripts
[root@wbj network-scripts]#ls ifcfg*
ifcfg-eth0       ifcfg-lo                //ifcfg-lo 为内部回送接口配置文件
[root@wbj network-scripts]#cat ifcfg-eth0 //查看 eth0 配置文件
DEVICE=eth0                              //此配置文件对应的设备名称
HWADDR=00:26:2D:FD:6B:5C                 //网卡的物理地址 (MAC 地址)
TYPE=Ethernet                           //网卡的类型
UUID=e662bd32-f9e2-47b0-9cbf-5154aa468931 //系统层的全局唯一标识符号
                                        //系统引导时是否激活该接口
ONBOOT=no                               //是否使用 NetworkManager 服务来控制接口
NM_CONTROLLED=yes
BOOTPROTO=dhcp                          //激活此接口时使用什么协议来配置属性
[root@wbj network-scripts]#
```

可以看到，ONBOOT 设置为 no，说明网络接口 eth0 没有随着 Linux 系统的启动而被激活；BOOTPROTO 指定为 dhcp，表示激活网络接口时使用 DHCP 协议来获取 IP 地址等网络参数，实际中根据需要还可以指定为 bootp、static 或 none，分别表示使用

133

BOOTP 协议(用于无盘工作站)、静态分配(即固定 IP)和不使用协议。

这里把 ONBOOT 设置为 yes、NM_CONTROLLED 设置为 no、BOOTPROTO 指定为 static,然后添加 IP 地址(假设为 172.20.1.70)、子网掩码、默认网关、DNS 服务器地址等网络参数的配置项。具体修改如下。

```
[root@wbj network-scripts]#vim ifcfg-eth0        //编辑 eth0 配置文件
DEVICE=eth0
HWADDR=00:26:2D:FD:6B:5C
TYPE=Ethernet
UUID=e662bd32-f9e2-47b0-9cbf-5154aa468931
ONBOOT=yes                                       //系统引导时激活该接口
NM_CONTROLLED=no
BOOTPROTO=static                                 //激活时使用静态 IP 配置
IPADDR=172.20.1.70                               //设置 IP 地址
NETMASK=255.255.255.0                            //设置子网掩码
BROADCAST=172.20.1.255                           //设置广播地址(可不设)
NETWORK=172.20.1.0                               //设置网络地址(可不设)
GATEWAY=172.20.1.254                             //设置网关地址
DNS1=210.33.156.5                                //设置主 DNS 服务器地址
DNS2=202.101.172.35                              //设置第二 DNS 服务器地址(可不设)
[root@wbj network-scripts]#
```

注意:在 Red Hat、Fedora 和 CentOS 等 Linux 系统中,还可以使用 setup 命令进入如图 6-1 所示的文本用户界面(TUI),选择 Network configuration 菜单项进入 Device configuration 界面来配置 IP 地址、子网掩码、默认网关和 DNS 服务器地址。setup 文本菜单中的每项配置又都可以使用命令直接进入对应配置项的文本菜单,如使用 system-config-network 命令即可进入网络配置界面等。

图 6-1   使得 setup 命令进入的文本菜单界面

任务 3:启动与查看网络接口配置

修改配置文件 ifcfg-eth0 或者使用 setup 命令在文本菜单界面中设置网络接口,都是永久性设置方法,但设置后并不会立即生效,而是需要启动或重启网络服务才会生效。用于启动(start)、关闭(stop)、重启(restart)网络的命令和方法还有很多,主要有以下几种。

```
service network start|stop|restart|status              //方法 1
/etc/init.d/network start|stop|restart|status          //方法 2
ifconfig eth0 up|down                                  //方法 3
ifup eth0                                              //方法 4
ifdown eth0
```

其中,前两种方法用于网络服务的启动、关闭、重启(restart 也可以用 reload)和状态查看,是针对所有网络接口的;后两种方法是用于指定网络接口的启动和关闭。下面对 service 和 ifconfig 这两个常用命令做进一步的说明。

(1) service 是启动、关闭、重启服务以及查看服务状态的一个通用命令,后面跟的是服务名称,如 network、smb、named、httpd 等。

(2) ifconfig 类似于 Windows 系统中的 ipconfig 命令,其完整格式中的可用选项非常多,这里仅给出实际使用较多的 3 种典型格式及对应的功能。

```
ifconfig [-a] [eth0]                           //格式 1:查看全部或指定接口配置参数
ifconfig eth0 up|down                          //格式 2:启动或关闭指定接口
ifconfig eth0 address [netmask <address>]      //格式 3:临时配置接口地址
```

下面通过一些实际操作来熟悉上述命令的用法。

```
[root@wbj network-scripts]#cd /
[root@wbj /]#service network start                     //启动网络服务
Bringing up loopback interface:                        [ OK ]
Bringing up interface eth0: Determining if ip address 172.20.1.70 is already in
use for device eth0...                                  [ OK ]
        //显示的前一行表示内部回送接口启动成功,后一行表示网络接口 eth0 启动并已使用 IP 地址
[root@wbj /]#ifconfig eth0                              //查看 eth0 的参数配置
eth0     Link encap:Ethernet      Hwaddr 00:26:2D:FD:6B:5C
         inet addr:172.20.1.70    Bcast:172.20.1.255    Mask:255.255.255.0
         inet6 addr: fe80::226:2dff:fefd:6b5c/64 Scope:Link
         UP BROADCAST MULTICAST   MTU:1500    Metric:1
         RX packets:87 errors:0 dropped:0 overruns:0 frame:0
         TX packets:13 errors:0 dropped:0 overruns:0 carrier:0
         collisions:0 txqueuelen:1000
         RX bytes:5822 (5.6 KiB)    TX bytes:1070 (1.0 KiB)
         Interrupt:20 Memory:f2400000-f2420000

[root@wbj /]#service network restart                    //重启网络服务
Shutting down interface eth0                             [ OK ]
Shutting down loopback interface                         [ OK ]
Bringing up loopback interface:                          [ OK ]
Bringing up interface eth0: Determining if ip address 172.20.1.70 is already in
use for device eth0...                                   [ OK ]
[root@wbj /]#ifdown eth0                                 //关闭网络接口 eth0
[root@wbj /]#ifconfig eth0                               //比较与前面显示的有何不同
eth0     Link encap:Ethernet      Hwaddr 00:26:2D:FD:6B:5C
```

```
                BROADCAST MULTICAST      MTU:1500      Metric:1
                RX packets:102 errors:0 dropped:0 overruns:0 frame:0
                TX packets:21 errors:0 dropped:0 overruns:0 carrier:0
                collisions:0 txqueuelen:1000
                RX bytes:6722 (6.5 KiB)      TX bytes:1622 (1.5 KiB)
                Interrupt:20 Memory:f2400000-f2420000

[root@wbj /]#ifup eth0                                    //启动网络接口 eth0
Determining if ip address 172.20.1.70 is already in use for device eth0...
[root@wbj /]#service network status                       //查看网络服务状态
Configured devices:
lo eth0
Currently active devices:
lo eth0 virbr0
[root@wbj /]#
```

注意：虽然目前大多数管理员仍一直在使用 ifconfig 命令来执行检查、配置网卡信息等相关任务，但官方已经多年不再维护和推荐使用，并且有些新的 Linux 发行版本中已经废除了包括 ifconfig 在内的一些比较陈旧的网络管理命令，取而代之的是功能更强大的 ip 命令。只需使用 ip 命令就可以完成显示或操纵 Linux 主机的路由、网络设备、策略路由和隧道等网络管理任务。下面给出 ip 命令的一般格式和常见用法，以供读者进一步学习。

一般格式如下。

```
ip [选项] 对象 {命令|help}
```

常用的选项说明如下。

-s：打印更多信息（如统计信息 RX/TX errors），可多次使用。

-f：指定协议集（inet/inet6/bridge/ipx/dnet/link），link 不涉及任何协议。

-r：使用系统的名字解析功能打印出 DNS 名字，而不是主机地址。

常用的对象如下。

address：设备上的协议（IP/IPv6）地址。

link：网络设备。

maddress：多播地址。

route：路由表项。

rule：路由规则。

命令是在指定的对象上执行的动作，常用的有 add、delete、show、list、help。

使用示例如下。

```
#ip link show                     //显示网络接口信息
#ip link set eth0 up              //开启网卡
#ip link set eth0 down            //关闭网卡
```

```
#ip link set eth0 promisc on                     //开启网卡的混合模式
#ip link set eth0 promisc off                    //关闭网卡的混合模式
#ip link set eth0 txqueuelen 1200                //设置网卡队列长度
#ip link set eth0 mtu 1400                       //设置网卡最大传输单元
#ip addr show                                    //显示网卡的 IP 信息
#ip addr add 192.168.0.1/24 dev eth0             //设置网卡的 IP 地址
#ip addr del 192.168.0.1/24 dev eth0             //删除网卡的 IP 地址
#ip route list                                   //查看路由信息
#ip route add 192.168.4.0/24 via 192.168.0.254 dev eth0
        //设置 192.168.4.0 网段的网关为 192.168.0.254,数据通过 eth0 接口传送
#ip route add default via 192.168.0.254 dev eth0 //设置默认网关
#ip route del 192.168.4.0/24                     //删除指定网段的网关
#ip route del default                            //删除默认路由
```

任务 4：配置 DNS 和 hosts 域名解析

基于 TCP/IP 的网络中的主机之间都是通过 IP 地址来进行通信的,或者说用户要访问网络上的某个主机就要指定该主机的 IP 地址,网络上传输的数据包中包含的源主机和目的主机地址也都是 IP 地址。虽然 IP 地址采用点分十进制表示已较为简单,但人们还是习惯使用容易记忆的用文字表达的地址,很难记住用一串数字表达的地址。于是,人们给网络上的每个主机赋予一个含有某种意义且便于记忆的名称,当用户要访问某个主机时只须使用其名称,然后由计算机系统自动、快速地将主机名称转换为对应的 IP 地址即可。这就是主机的"名称—IP 地址"转换方案。

早在 ARPANet 时代,由于网络规模较小,整个网络仅有数百台计算机,这时在本地主机上使用了一个名为 hosts 的纯文本文件,用来记录网络中各主机 IP 地址与主机名之间的对应关系,如同现在人们在自己的手机中建立了一个通讯录。这样,当用户要与网络中的主机进行通信(如访问某主机的主页)时,就可以在地址栏中输入要访问的主机名,由系统通过 hosts 文件将其转换为 IP 地址来实现通信,就像现在人们可以方便地通过手机通讯录找到对方姓名来拨打电话一样。

但是,早期的 hosts 文件的应用存在着许多不足。例如,一旦网络中有主机与 IP 地址的对应关系发生变化,所有主机的 hosts 文件内容都要随之修改。由管理员在各自的 hosts 文件中手工增加、删除和修改主机记录非常麻烦,而且随着网络互联规模的不断扩大,依靠管理员来维护 hosts 文件几乎难以做到,在庞大的 hosts 文本文件中搜索主机记录然后转换为 IP 地址的效率也十分低下。为此,人们设计了另一种称为域名系统(Domain Name System,DNS)的"名称—IP 地址"转换方案。DNS 制定了一套树状分层的主机命名规则,并采用分布式数据库系统以及客户/服务器(C/S)模式的程序来实现主机名称(即域名)与 IP 地址之间的转换。人们把存储 DNS 数据库并运行 DNS 服务程序(或称解析器)的计算机称为域名服务器或 DNS 服务器,它为客户端的主机提供 IP 地址的解析服务。

随着 Internet 的普及应用,现在都采用 DNS 的名称解析方案,所以只要你上网就必定要配置至少一个 DNS 服务器地址(也可以是自动获取)。但有时候在一个没有连接

Internet 的小型局域网内部,或者暂时不通过 DNS 服务器来解析域名的情况下,要用域名测试一个自己架设的内部站点,仍可以使用 hosts 文件来解析域名。

关于 DNS 域名结构、域名解析过程以及 DNS 服务器的配置将在第 7 章中予以详细的介绍和实施,这里主要说明作为网络客户端的 Linux 系统中,涉及主机名称解析的 3 个文件的配置方法。

(1) 在/etc/resolv.conf 文件中配置 DNS 服务器地址。/etc/resolv.conf 文件的配置内容很简单,就是用 nameserver 来指定 DNS 服务器地址。可以用多个 nameserver 语句来设置多个 DNS 服务器地址,解析域名时会按先后顺序来查找,所以第一个 nameserver 指定的地址称为首选 DNS,后面每个 nameserver 指定的地址都称为备用 DNS。

```
[root@wbj /]#vim /etc/resolv.conf                    //配置 DNS 服务器地址
#Generated by NetworkManager
#No nameservers found; try putting DNS servers into your
#ifcfg files in /etc/sysconfig/network-scripts like so:
#
# DNS1=xxx.xxx.xxx.xxx
# DNS2=xxx.xxx.xxx.xxx
# DOMAIN=lab.foo.com bar.foo.com
#
search zjic.com
nameserver 210.33.156.5
nameserver 202.101.172.35
[root@wbj /]#                                         //设置后保存退出
```

注意:因为前面的各项任务都在 CentOS 中实施,在网络接口配置文件 ifcfg-eth0 中使用 DNS1 和 DNS2 指定了两个 DNS 服务器地址后,就自动在 resolv.conf 文件中出现两个 nameserver 行的内容。实际上,在上述 resolv.conf 文件的注释中也告诉用户,可以在网络接口配置文件中使用 DNS1 和 DNS2 格式来指定 DNS 服务器地址。但是,在 Red Hat、Fedora 等 Linux 版本中,DNS 不在 ifcfg-eth0 中配置,必须在 resolv.conf 文件中进行配置。

(2) 配置/etc/hosts 文件。该文件包含了 IP 地址和主机名之间的映射,每行内容可分为 3 部分:IP 地址、主机名或域名、主机别名(可以有多个)。hosts 文件中默认已包含本机回送地址(IPv4 和 IPv6 共两行),下面添加一行本机 IP 地址和主机名的映射记录。

```
[root@wbj /]#vim /etc/hosts                    //配置 hosts 文件
127.0.0.1 localhost localhost.localdomain localhost4 localhost4.localdomain4
::1               localhost localhost.localdomain localhost6 localhost4.
                  localdomain6
172.20.1.70 wbj.zjic.com wbj
[root@wbj /]#
```

(3) 配置/etc/host.conf 文件。既然系统中同时存在 DNS 和 hosts 两种名称解析机制,那么其优先顺序就要通过配置/etc/host.conf 文件来确定,其中最重要的就是用于说明优先顺序的"order hosts,bind"配置行,这里表示先用本机 hosts 主机表进行名称解析,如果找不到该主机名称,再搜索 bind 名称服务器(DNS 解析)。

```
[root@wbj /]#vim /etc/host.conf          //配置 host.conf 文件
multi on                                 //允许主机有多个 IP 地址
nospoof on                               //禁止 IP 地址欺骗
order hosts,bind                         //名称解释顺序
[root@wbj /]#
```

为方便读者记忆,这里再把 Linux 中与网络环境相关的配置文件及其用途做一个简单的归纳,如表 6-1 所示。其中,最后两个文件与网络服务和协议的配置有关,虽已超出本书涉及的内容,但因其重要性也一并列于表中让读者知悉。

表 6-1　与网络环境相关的配置文件及其用途

配 置 文 件	用　　　途
/etc/sysconfig/network	设置网络主机名
/etc/sysconfig/network-scripts/ifcfg-ethN	配置第 N 个网络接口的各项网络参数
/etc/resolv.conf	配置 DNS 服务器地址
/etc/hosts	包含本地 hosts 解析所用的 IP 地址和主机名之间的映射
/etc/host.conf	设置本地 hosts 解析和 DNS 域名解析的优先顺序
/etc/services	设置可用的网络服务及其使用的端口
/etc/protocols	设定主机使用的协议及各个协议的协议号

6.1.2　测试网络连通性

在本地计算机上正确配置网络环境后,还要确保与网络上的其他主机正常连通,才有可能访问对方的资源。不仅如此,管理员通过测试本地计算机与不同 IP 地址、域名地址之间的连通性,还有助于分析、判断进而排除网络故障。用于测试网络是否连通的命令有很多,如 ping、traceroute、nslookup、mtr 等,其中 ping 是最简便也是最常用的命令。

任务 5：使用 ping 命令测试网络连通性

ping 命令是用于测试网络连接状况的 ICMP(Internet Control Message Protocol)工具程序之一。ICMP 是 TCP/IP 中面向连接的协议,用于向源节点发送"错误报告"信息。ping 命令通过发送 ICMP ECHO_REQUEST 数据包到网络主机,并显示响应情况,这样就可以根据它输出的信息来确定目标主机是否可以访问。

ping 命令会每秒向目标主机发送一个 ICMP 数据包,并且为每个接收到的响应打印一行输出。ping 命令的一般格式如下。

```
ping[选项]主机名或 IP 地址
```

Linux 和 Windows 系统中都有 ping 命令,但两者有一个细微的差别,就是 Windows

中的 ping 命令默认发送 4 个 ICMP 数据包,而 Linux 中的 ping 命令默认情况下会不停地发送 ICMP 数据包,需要按 Ctrl＋C 组合键才会终止。因此,在 Linux 中使用 ping 命令时,使用最多的选项就是-c $<n>$,n 为指定发送 ICMP 数据包的个数。

下面使用 ping 命令来测试网络连通性,中间省略了许多显示内容以节省篇幅。

```
[root@wbj /]#ping-c 4 127.0.0.1
//Ping 本机回送地址,以下显示表示 Ping 通
PING 127.0.0.1 (127.0.0.1) 56(84) bytes of data.
64  bytes from 127.0.0.1: icmp_seq=1 ttl=64 time=0.073 ms
64  bytes from 127.0.0.1: icmp_seq=2 ttl=64 time=0.027 ms
64  bytes from 127.0.0.1: icmp_seq=3 ttl=64 time=0.028 ms
64  bytes from 127.0.0.1: icmp_seq=4 ttl=64 time=0.027 ms

---127.0.0.1 ping statistics ---
4 packets transmitted, 4 received, 0%  packet loss, time 3006ms
rtt  min/avg/max/mdev = 0.027/0.038/0.073/0.021 ms
[root@wbj /]#ping-c 4 172.20.1.70
//Ping 本机 IP 地址,以下显示表示 Ping 通
PING 172.20.1.70 (172.20.1.70) 56(84) bytes of data.
64  bytes from 172.20.1.70: icmp_seq=1 ttl=64 time=0.077 ms
... //显示内容略
[root@wbj /]#ping-c 4 172.20.1.68
//Ping 网内其他主机 IP,以下显示表示 Ping 通
PING 172.20.1.68 (172.20.1.68) 56(84) bytes of data.
64  bytes from 172.20.1.68: icmp_seq=1 ttl=64 time=2.97 ms
... //显示内容略
[root@wbj /]#ping-c 4 172.20.1.254
//Ping 网关 IP,以下显示表示 Ping 通
PING 172.20.1.254 (172.20.1.254) 56(84) bytes of data.
64  bytes from 172.20.1.254: icmp_seq=1 ttl=64 time=2.97 ms
... //显示内容略
[root@wbj /]#ping-c 4 www.163.com
//Ping 外网站点域名,以下显示表示 Ping 通
PING www.163.com.lxdns.com (218.205.75.19) 56(84) bytes of data.
64  bytes from 218.205.75.19: icmp_seq=1 ttl=57 time=5.54 ms
... //显示内容略
[root@wbj /]#ping-c 2 172.20.1.69
//Ping 网内另一主机,以下显示表示未 Ping 通
PING 172.20.1.69 (172.20.1.69) 56(84) bytes of data.
From 172.20.1.70: icmp_seq=1 Destination Host Unreachable
From 172.20.1.70: icmp_seq=2 Destination Host Unreachable

---172.20.1.69 ping statistics ---
2 packets transmitted, 0 received, +2 errors, 100%  packet loss, time 3004ms
pipe 2
[root@wbj /]#
```

上述 ping 命令测试网络连通性的过程,正是管理员用来排查网络故障所遵循的"由

近及远、从 IP 地址到域名"的常见方法,每一步能否 Ping 通代表了不同含义。

（1）Ping 通内部回送地址,说明网卡及其驱动已正确安装。

（2）Ping 通本机 IP 地址,说明 TCP/IP 协议及 IP 地址和子网掩码配置正确。

（3）Ping 通同网段内相邻主机 IP 地址,说明内部网络线路连接正常。

（4）Ping 通网关 IP 地址,说明只要网关正常工作就可以访问外网。

（5）Ping 通外网的域名地址,说明 DNS 服务器配置正确,域名解析正常。

注意：根据能否 Ping 通来确定与目标主机（尤其是 Internet 上的服务器）之间的连通性并不是绝对的。有些服务器为了防止通过 Ping 探测到,通过防火墙设置了禁止 Ping 或者在内核参数中禁止 Ping,这样就不能通过能否 Ping 通来确定该主机是否还处于开启状态。

任务 6：使用 traceroute 命令测试网络连通性

ping 命令只能用于判断与目标主机是否连通,而 traceroute 命令可以追踪数据包在网络上传输时的全部路径。虽然每次数据包从同一个出发点（source）到达同一个目的地（destination）所经过的路径可能会不一样,但大部分时候所经过的路由是相同的。

traceroute 命令通过发送小的数据包到目的设备直至返回,来测量它所经历的时间。一条路径上的每个设备 traceroute 默认要测 3 次,输出结果中包括每次测试的时间（ms）和设备名称（如有的话）及其 IP 地址。Linux 中的 traceroute 命令相当于 Windows 中使用的 tracert 命令,虽然该命令有很多可用选项,但大多数情况下都直接在命令名后跟上目标主机名或 IP 地址来使用。

```
[root@wbj /]#traceroute www.163.com                    //跟踪到目标主机的路由
traceroute to www.163.com (218.205.75.19), 30 hops max, 60 byte packets
1  172.20.1.254 (172.20.1.254)  0.482 ms  0.438 ms  0.649 ms
2  10.104.0.1 (10.104.0.1)  4.278 ms  4.272 ms  4.707 ms
3  111.0.94.61 (111.0.94.61)  4.515 ms  4.722 ms  4.707 ms
4  112.11.232.49 (112.11.232.49)  5.402 ms 211.138.114.177 (211.138.114.177)
   5.766 ms *
5  211.138.119.58 (211.138.119.58)  6.658 ms 112.17.253.122 (112.17.253.122)
   6.301 ms 211.138.119.58 (211.138.119.58)  6.578 ms
6  * * *
7  218.205.72.190 (218.205.72.190)  5.237 ms  5.177 ms  5.178 ms
8  218.205.75.19 (218.205.75.19)  5.817 ms  6.276 ms  6.851 ms
[root@wbj /]#
```

从序号 1 开始,每个记录就是一跳,每跳表示一个网关。每行的三个时间（以 ms 为单位）就是 traceroute 默认的三次探测的时间,即探测数据包向每个网关发送三个数据包,并得到网关响应后返回的时间,也可以用-q 选项来指定发送数据包的个数。

有一些显示行上会出现星号（ * ）,可能是防火墙封掉了 ICMP 的返回信息,所以得不到相关的数据包返回数据。有时候在某一网关处会延时较长,可能是某台网关比较阻塞,也可能是物理设备本身的原因。同样地,如果某台 DNS 出现问题而不能解析域名时,也会有延时长的现象,这种情况可以加-n 选项来避免 DNS 解析,以 IP 格式输出数据。如果在局域网的不同网段之间,还可以通过 traceroute 来排查是主机还是网关出了问题。

任务 7:使用 nslookup 命令监测 DNS 服务器是否正常实现域名解析

虽然 nslookup 是用于监测网络中 DNS 服务器是否能正确实现域名解析的工具,但同样也可以用来诊断网络连通的故障。nslookup 命令的使用较为简单,在命令名后指定要解析的域名或 IP 地址即可。如果要求将指定的域名解析为 IP 地址,就是检测正向解析是否成功;如果要求将指定的 IP 地址解析为域名,就是检测反向解析是否成功。也可以不给定参数而直接执行简单的 nslookup 命令,这时会出现大于号(>)作为 nslookup 的命令提示符,然后再输入要求解析的域名或 IP 地址,要退出 nslookup 则输入 exit 命令。

```
[root@wbj /]#nslookup
>www.zjvtit.edu.cn              //以下显示表示正向解析成功
Server:        210.33.156.5
Address:       210.33.156.5#53

Name:   www.zjvtit.edu.cn
Address: 60.191.9.25
>210.33.156.5                   //以下显示表示反向解析成功
Server:        210.33.156.5
Address:       210.33.156.5#53

5.156.33.210.in-addr.arpa      Name =jtxx.zjvtit.edu.cn.
>exit
[root@wbj /]#
```

任务 8:使用路由分析工具 mtr 来判断网络连通性

在 Linux 中,mtr 是一个功能更加综合的网络连通性判断工具,它可以结合 ping、traceroute 和 nslookup 命令来判断网络的相关特性。mtr 命令较常用的选项如下。

(1) -n:不对 IP 地址做域名解析。

(2) -s:指定 Ping 数据包的大小。

(3) -i:设置 ICMP 返回时间要求,默认为 1 秒。

(4) -a:设置发送数据包的 IP 地址(用于主机有多个 IP 地址的情况)。

(5) -r:以报告模式显示。

(6) -c:每秒发送数据包个数,默认为 10 个。

```
[root@wbj /]#mtr -r jtxx.zjvtit.edu.cn
HOST: wbj.zjic.com              Loss%   Snt   Last   Avg   Best   Wrst StDev
  1. 172.20.1.254               0.0%    10    0.3    0.3   0.2    0.7   0.1
  2. 10.104.0.1                 0.0%    10    4.2    4.4   3.6    8.9   1.6
  3. 221.131.253.9              0.0%    10    4.0    3.9   3.2    4.4   0.4
  4. 211.138.127.25             0.0%    10   75.6   13.1   3.1   75.6  22.7
```

```
    ...
15. jtxx.zjvtit.edu.cn          0.0%   10  12.5   13.4  12.5  14.6  0.6
[root@ wbj /]#
```

在报告模式的显示中,第一列就是本机域名和每一跳网关的 IP 地址;后面的 Loss%
列是每一跳网关的丢包率,Snt 是每秒发送数据包的数量(默认为 10),Last 是最近一次
的返回时延,Avg 是发送 Ping 包的平均时延,Best 是最短时延(即最好的),Wrst 是最长
时延(即最差的),StDev 是标准偏差。

6.2 利用 Samba 实现资源共享

实现资源共享是组建网络的目标之一,如架设 FTP、Web 站点等都是 Internet 上共
享资源的方法。下面仅介绍在服务器使用 Linux 操作系统的局域网中,如何配置 Samba
服务器来实现 Linux 与 Windows 之间的资源共享。

6.2.1 配置 Samba 服务器

SMB(Server Message Block)是 1987 年由 Microsoft 和 Intel 共同制定的网络通信协
议,其目的和作用类似于 UNIX/Linux 下的 NFS(Network File System),都是让客户端
机器能够通过网络来分享文件系统,但 SMB 比 NFS 功能更加强大且复杂。Samba 将
Windows 使用的 SMB 通信协议通过 NetBIOS over TCP/IP 迁移到 UNIX/Linux 中。
正是由于 Samba 的存在,才使得 Linux 和 Windows 之间可以集成并且相互通信。

任务 9:认识 Samba 服务器及其默认配置

Samba 的核心是 smbd 和 nmbd 两个守护进程,从服务器启动到停止期间持续运行,
它们使用的全部配置信息都保存在/etc/samba/smb.conf 文件中,用于向 smbd 和 nmbd
说明共享哪些资源及如何实现共享。守护进程 smbd 的作用是处理接收的 SMB 数据包、
建立会话、验证客户和提供文件系统服务及打印服务等;而守护进程 nmbd 使得其他主机
能够浏览 Linux 服务器。

Samba 服务器的主配置文件/etc/samba/smb.conf 中包含了多个节(section),每节
开头是一个用方括号([ ])括起来的节名称或标识。该文件中还包含了大量的注释,其
中,以 ♯ 号开头的是一些说明性的文字;以“;”开头的是被注释的配置语句(当前无效),如
果要使其成为有效的配置行,只需去掉分号即可。下面显示的是去掉所有注释行后的
smb.conf 文件的默认内容,未列出的其他配置项的详细解读请参阅本书附录 A。

```
[root@ wbj /]#cd /etc/samba
[root@ wbj samba]#vim smb.conf
[global]                              //定义全局参数
workgroup =MYGROUP                    //设置服务器要加入的工作组名称
```

143

```
server string =Samba Server Version % v          //设置服务器主机的说明信息
log file =/var/log/samba/log.% m                 //为每台连接的机器设置单独的日志文件
max log size =50                                 //指定日志文件最大容量(KB),0 为无限制
security =user                                    //设置 Samba 服务器的安全等级
passdb backend =tdbsam                            //设置用户后台的方式
load printers =yes                                //设置是否加载打印机配置文件
cups options =raw                                 //设置打印机的选项

[homes]                                           //定义用户主目录共享
comment =Home Directories                         //设置共享资源的说明或注释
browseable =no                                    //设置用户是否可以浏览此共享目录
writable =yes                                     //设置共享的目录是否可写


[printers]                                        //定义打印机共享
comment =All Printers
path =/var/spool/samba                            //定义共享文件的路径
browseable =no
guest ok =no                                      //设置不允许 guest 访问资源
writable =no
printable =yes                                    //设置可打印
[root@ wbj samba]#
```

在默认配置中,以下两个配置项还需要进一步说明。

(1) security——用于指定 Samba 服务器的安全等级,也就是设置用户访问 Samba 服务器的验证方式。可根据安全等级由低到高设定为以下 4 种情况:share 表示无须验证,即用户不需要账户及密码即可登录 Samba 服务器;user 表示由提供服务的 Samba 服务器负责验证账户及密码,这也是默认设置;server 表示检查账户及密码的工作由另一台 Windows 或 Samba 服务器负责;domain 表示由 Windows 域控制服务器来验证用户账户及密码。

(2) passdb backend——用户后台,用于设置用户账户和密码的后台管理方式。目前有 3 种用户后台:ldapsam、smbpasswd 和 tdbsam,其中的 sam 是安全账户管理(Security Account Manager)的简写。ldapsam 方式是基于 LDAP 的账户管理方式来验证用户,首先需要建立 LDAP 服务,然后设置 passdb backend = ldapsam:ldap://LDAP Server,实际中使用得较少;smbpasswd 方式是使用 Samba 服务器自己的工具 smbpasswd 来给已存在的 Linux 系统用户设置一个 Samba 密码,客户端就用这个密码来访问 Samba 的资源,smbpasswd 文件(有时可能要手动建立)默认存放在/etc/samba 目录下;tdbsam 是默认用户后台,它采用数据库文件(默认为/etc/samba/passdb.tdb)来存放 Samba 用户的账号和密码,管理员可以使用 smbpasswd -a 或 pdbedit -a 命令将 Linux 系统用户添加到 Samba 用户数据库中。pdbedit 命令有很多可用选项,用于管理 Samba 用户数据库,常用的方法如下。

```
pdbedit -a username          //新建 Samba 账户
pdbedit -x username          //删除 Samba 账户
pdbedit -L                   //显示 Samba 用户列表(读取 passdb.tdb 数据库文件)
```

```
pdbedit -Lv                        //列出 Samba 用户列表的详细信息
pdbedit -c "[D]" -u username       //暂停该 Samba 用户的账号
pdbedit -c "[]" -u username        //恢复该 Samba 用户的账号
```

注意：修改 smb.conf 之类的系统配置文件时，切记以下两点：①编辑文件之前要先将其备份，通常是在同目录下复制为原文件名添加如.bak 或.old 等后缀的文件；②在修改文件内容时若要去掉某个配置行，应在行首加";"或#注释使其无效，不要删除配置行，以便今后需要时恢复配置行。

任务 10：配置 Samba 共享资源及用户

如果没有特殊需求，Samba 服务器的主配置文件/etc/samba/smb.conf 中默认的各项配置几乎无须修改，需要做的只是设置想要共享的文件目录与权限，以及建立允许访问 Samba 服务器的用户账号和密码。

（1）设置要共享的文件目录。这里将/wang 设置为共享目录（注意该目录必须是已经存在的目录），在/etc/samba/smb.conf 文件的最后添加如下所示内容。

```
[root@wbj samba]#cp smb.conf smb.conf.old        //备份配置文件
[root@wbj samba]#vim smb.conf
... //原有默认配置内容略，在末尾添加以下内容
[wang]
comment =wang share directory
path =/wang                                      //共享目录路径
guest ok =yes                                    //允许 guest 访问
browseable =yes                                  //可浏览
writable =yes                                    //可写
;valid users =wbj, wjm, @wbj                     //输入完毕，保存并退出
[root@wbj samba]#
```

其中，最后用";"注释的 valid users 配置行是一个样例，它用来设置允许访问该共享目录的用户，此处不做设置就表示允许所有 Samba 用户访问。若要设置为只允许指定的用户访问共享目录，则去掉 valid users 前面的";"号使其有效，后面指定的用户是以逗号(,)间隔的用户名或用户组名（前面加@符号）列表，然后把 guest ok 配置行加";"注释掉或者将其设置为 no，以禁止 guest 用户访问。

（2）设置共享目录的权限。由于把共享目录/wang 设置为可浏览、可写，但该目录本身对普通用户可能不具有写权限，所以还需要为其添加写权限。这里为方便起见，直接将共享目录/wang 的权限设置为 777。

```
[root@wbj samba]#ls -l / |grep wang
drwxr-xr-x.       5    root    root    4096    Aug 21 20:53    wang
[root@wbj samba]# chmod 777 /wang                              //设置共享目录权限
[root@wbj samba]#ls -l / |grep wang
drwxrwxrwx.       5    root    root    4096    Aug 21 20:53    wang
[root@wbj samba]#
```

145

（3）建立允许访问 Samba 服务器的用户和密码。在编辑配置文件 smb.conf 时没有修改 passdb backend 的值，这就是说用户后台采用默认的 tdbsam 方式。那么，要建立允许访问 Samba 服务器的用户，就必须首先创建 Linux 系统用户，然后将其添加到 Samba 用户数据库中。下面将 wbj 和 wjm 两个用户添加为 Samba 用户，他们都已经是 Linux 的系统用户（第 5 章中已经创建），所以只需直接使用 smbpasswd -a 命令添加用户，命令执行时会提示设置该用户的 SMB 密码，它可以与系统用户的密码相同，也可以不同。

```
[root@wbj samba]#smbpasswd -a wbj        //将系统用户 wbj 添加为 Samba 用户
New SMB password:                        //输入此用户访问 Samba 服务器的密码
Retype new SMB password:                 //再次输入密码确认
Added user wbj.                          //用户添加成功
[root@wbj samba]#smbpasswd -a wjm        //将系统用户 wjm 添加为 Samba 用户
…  //提示设置密码同上，略
[root@wbj samba]#
```

任务 11：启动 Samba 服务器以及处理 Linux 防火墙、SELinux 问题

至此，Samba 服务器已配置完毕，然后就可以启动 smb 服务。在启动之前，可以使用 testparm 命令来检查 smb.conf 文件中的语法是否正确。

```
[root@wbj samba]#testparm               //检查 smb.conf 配置语法是否正确
Load smb config files from /etc/samba/smb.conf
rlimit_max: increasing rlimit_max (1024) to minimum Windows limit (16384)
Processing section "[home]"
Processing section "[printers]"
Processing section "[wang]"
Loaded services file OK.
Server role: ROLE_STANDALONE
Press enter to see a dump of your service definitions
//上述内容表明语法正确，并提示按 Enter 键即可查看 smb.conf 中有效配置行，内容显示略
[root@wbj samba]#service smb start       //启动 Samba 服务器(smb 服务)
Starting SMB services:                                      [ OK ]
[root@wbj samba]#service smb status      //查看 smb 服务状态
smbd (pid    10320) is running...
[root@wbj samba]#
```

service 命令只是用于临时启动、关闭、重启服务以及查看服务状态，若要使 smb 服务随 Linux 系统加载而自动启动，在字符命令界面下通常有两种方法。

（1）执行 ntsysv 命令，打开用于选择或取消服务自动启动的文本菜单界面；然后将光标移至 smb 前面的方括号内，按空格键就会在方括号内显示一个星号（＊），如图 6-2 所示；最后按<Tab>键将光标移至 OK 按钮，按 Enter 键退出文本菜单。

（2）使用 chkconfig 命令来设置具体在哪些运行级别下开启或关闭服务。该命令有以下两种用法。

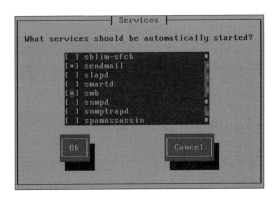

图 6-2　在使用 ntsysv 命令进入的文本菜单中设置 smb 服务自动启动

```
chkconfig [--list] [服务名称]                    //方法 1
chkconfig [--level n] [服务名称] [on|off]        //方法 2
```

方法 1 用于查看系统服务在各运行级别下是否自动启动；方法 2 用于设置系统服务在指定运行级别下是否自动启动，其中 n 为运行级别，指定多个运行级别时数字可以直接连在一起写。

以下就是查看和设置 smb 服务在 3 和 5 级别下自动启动的操作示例。

```
[root@wbj samba]#chkconfig --list smb          //显示 smb 服务是否自动启动
smb             0:off   1:off   2:off   3:off   4:off   5:off   6:off
[root@wbj samba]#chkconfig --level 35 smb on   //设置在 3 和 5 级别下自动启动
[root@wbj samba]#chkconfig --list smb          //再次查看
smb             0:off   1:off   2:off   3:on    4:off   5:on    6:off
[root@wbj samba]#
```

启动 Samba 服务器之后，在 Windows 客户端访问 Samba 共享资源时，可能还会受到 Linux 防火墙和 SELinux 的阻挡而被拒绝。关于 Linux 防火墙和 SELinux 的配置本书不再详细介绍，这里仅做简单的关闭处理。

（1）关闭 Linux 防火墙（即 iptables 服务）。可以如上述启动或关闭 smb 服务那样，使用 service 命令临时关闭 iptables 服务；也可以使用 ntsysv 或 chkconfig 来永久关闭 iptables 服务。

```
[root@wbj samba]#service iptables stop          //临时关闭 iptables
[root@wbj samba]#chkconfig --level 35 iptables off   //或者永久关闭 iptables
[root@wbj samba]#
```

（2）关闭 SELinux。可以执行 setenforce 0 命令来临时关闭 SELinux；也可以通过修改配置文件/etc/selinux/config，将其中的 SELINUX＝enforcing 改为 SELINUX＝disabled，这样在以后启动 Linux 系统时 SELinux 就会被禁用。

```
[root@wbj samba]#setenforce 0                    //临时关闭 SELinux
[root@wbj samba]#vim /etc/selinux/config         //或者修改 SELinux 的配置文件
```

```
#SELINUX=enforcing                                  //将此行加#注释
SELINUX=disabled                                    //添加此行
SELINUXTYPE=targeted                                //修改后保存退出
[root@wbj samba]#
```

6.2.2 客户端访问 Samba 共享资源

在使用 Linux 服务器架构的局域网中,客户机运行的可能是 Windows 系统,也可能是 Linux 系统。配置 Samba 服务器不仅可以使 Windows 和 Linux 之间能够相互通信并实现资源共享,还可以使 Linux 系统间进行相互访问。

任务 12:使用 Windows 客户端访问 Samba 共享目录并互传文件

这里以运行 Windows 7 操作系统的客户端为例,双击桌面上的"计算机"图标,在打开窗口的地址栏中输入\\172.20.1.70\wang,或者在"开始"菜单最下面的"搜索"框中直接输入\\172.20.1.70\wang,就会弹出"Windows 安全"对话框,要求输入用户名和密码,这里输入前面建立的 SMB 用户名 wbj 及其密码,如图 6-3 所示。

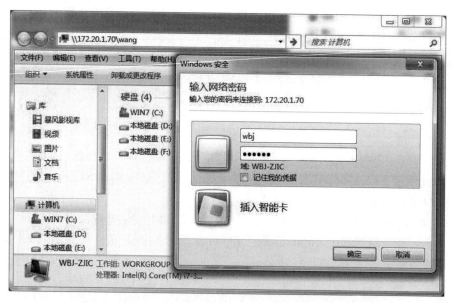

图 6-3 Windows 7 客户端访问 Samba 服务器时要求用户验证

单击"确定"按钮就可以看到 Samba 共享目录 wang 中的内容,此时可以将共享目录中的文件复制到本地磁盘中(即下载),也可以将本地磁盘上的文件复制到 Samba 服务器的 wang 目录中(即上传)。图 6-4 所示的是已经上传了 7 个 PPT 文件的情形。

任务 13:在 Linux 字符终端下使用命令访问 Windows 中的共享文件夹

(1) 在 Windows 7 中创建共享文件夹。右击桌面上"计算机"图标,在弹出的快捷菜

图 6-4　Windows 7 客户端访问 Samba 共享目录并实现文件的上传

单中选择"管理"命令打开"计算机管理"窗口,在左窗格中选择"系统工具"→"共享文件夹"→"共享"节点,在右窗格中就会显示已有的默认共享,如图 6-5 所示。

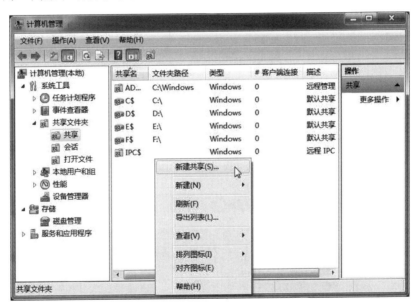

图 6-5　在"计算机管理"窗口中新建共享

　　在右击右窗格空白区域弹出的快捷菜单中,或者在主菜单中选择"操作"→"新建共享"命令就会打开"创建共享文件夹向导"对话框。该向导主要有 3 个步骤,如图 6-6～图 6-8 所示。其中,共享文件夹必须是一个已存在的文件夹,这里设置路径为 D:\netshare。共享名是指其他主机访问该共享文件夹时使用的名称,一般情况下只需使用默认的与共享文件夹相同的名称 netshare 即可。共享文件夹的权限有 4 个单选项,这里

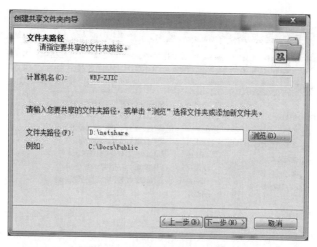

图 6-6 "创建共享文件夹向导"——设置文件夹路径

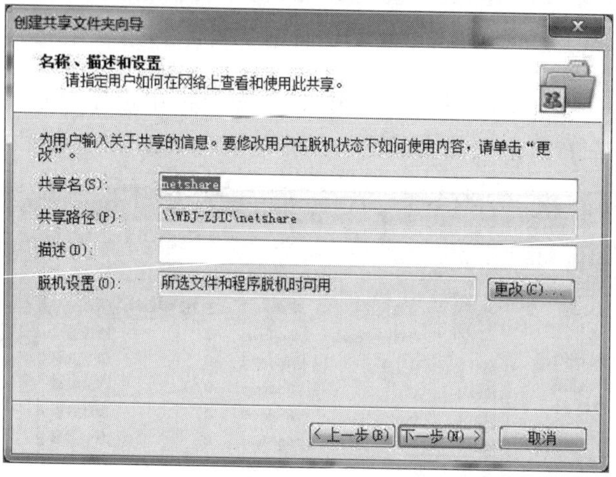

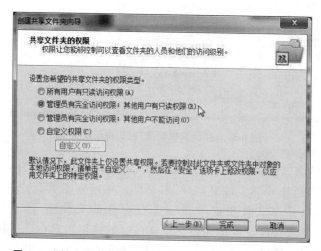

图 6-7 "创建共享文件夹向导"——设置共享名与描述

图 6-8 "创建共享文件夹向导"——设置共享文件夹的权限

选择"管理员有完全访问权限;其他用户有只读权限"。完成向导各步骤后,在"计算机管理"窗口的右窗格中就会列出所创建的共享名 netshare 及其信息。

注意:在"创建共享文件夹向导"中设置共享文件夹的权限,只是选择或控制哪些用户可以访问以及具有什么样的权限级别来访问共享文件夹,但用于共享的文件夹本身可能并不具有你所需要的权限。特别是要将 Linux 中的文件上传到 Windows 的共享文件夹时,还必须设置该文件夹本身的"更改"或"完全控制"权限。设置方法为:在计算机中找到已设置为共享的那个文件夹,右击该文件夹图标选择"属性"命令打开"netshare 属性"对话框;然后在"共享"选项卡中单击"高级共享"按钮,在"高级共享"对话框中单击"权限"按钮打开"netshare 权限"对话框,在"共享权限"选项卡中选择 Everyone 用户组,并设置 Everyone 的权限为"完全控制"和"更改",如图 6-9 所示;最后单击"应用"按钮,并单击"确定"按钮关闭各对话框。

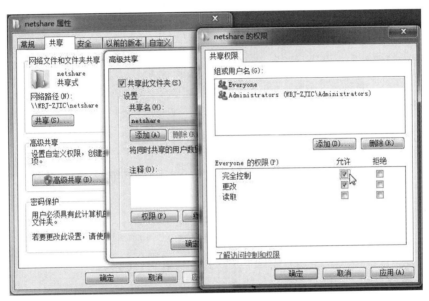

图 6-9　设置用于共享的文件夹自身权限

(2) 在 Windows 7 中创建用户。因为是在 Linux 中通过 SMB 协议来访问 Windows 的共享文件夹,所以需要在 Windows 7 系统中创建合法的用户。Windows 7 中创建用户的方法很简单,只需在"计算机管理"→"系统工具"→"本地用户和组"→"用户"文件夹中操作即可,具体步骤不再赘述,这里假设已创建一个管理员账号 WBJ。

(3) 在 Linux 字符终端下使用 smbclient 命令访问 Windows 的共享文件夹。smbclient 命令有以下两种使用方法。

```
smbclient -L //主机名或 IP 地址 -U 用户名         //方法 1
smbclient //主机名或 IP 地址/共享名 -U 用户名      //方法 2
```

方法 1 用于用户查看目标主机中的所有共享资源;方法 2 用于用户访问指定主机中的指定共享资源。这里因为是在 Linux 中通过 SMB 协议来访问 Windows 的共享文件夹,所以-U 后面指定的是 Windows 系统中的合法用户名。另外,为了测试文件的下载和上传,在 Windows 7 的共享文件夹 D:\netshare 中事先建立了一个 abc.txt 文本文件。

```
[root@wbj samba]#cd /
//以下命令将列出目标主机中的共享资源
//其中不带$符的为远程 Windows 主机中设置的共享目录
[root@wbj /]#smbclient -L //172.20.1.68 -U WBJ
Enter WBJ's password:                          //输入 Windows 中 WBJ 用户的密码
Domain=[WBJ-ZJIC] OS=[Windows 7 Ultimate 7601 Server Pack 1] Server=[Windows 7
Ultimate 6.1]
        Sharename           Type            Comment
        ---------           ----            -------
        ADMIN$              Disk            远程管理
        C$                  Disk            默认共享
        D$                  Disk            默认共享
        E$                  Disk            默认共享
        F$                  Disk            默认共享
        IPC$                IPC             远程 IPC
        netshare            Disk
... //其他显示内容略。若未安装中文终端,则上述显示中的汉字可能显示为方块 (■)
[root@wbj /]#mkdir /wbj/test                   //创建本地目录和用于上传的文件
[root@wbj /]#cd /wbj/test
[root@wbj test]#cat >myfile.txt
test samba server
^C                                             //文件内容输入结束按 Ctrl+C 组合键
[root@wbj test]#ls
myfile.txt
        //以下命令将访问远程 Windows 主机中设置的共享目录 netshare,并下载和上传文件
[root@wbj test]#smbclient //172.20.1.68/netshare -U WBJ
Enter WBJ's password:                          //输入 Windows 中 WBJ 用户的密码
Domain=[WBJ-ZJIC] OS=[Windows 7 Ultimate 7601 Server Pack 1] Server=[Windows 7
Ultimate 6.1]
smb: \>?                                       //列出 smbclient 的所有子命令
?               allinfo         altname         archive         blocksize
cancel          case_sensitive  cd              chmod           chown
close           del             dir             du              echo
exit            get             getfacl         geteas          hardlink
help            history         iosize          lcd             link
lock            lowercase       ls              l               mask
md              mget            mkdir           more            mput
newer           open            posix           posix_encrypt   posix_open
posix_mkdir     posix_rmdir     posix_unlink    print           prompt
put             pwd             q               queue           quit
readlink        rd              recurse         reget           rename
reput           rm              rmdir           showacls        setea
setmode         stat            symlink         tar             tarmode
translate       unlock          volume          vuid            wdel
logon           listconnect     showconnect     ..              !
```

```
smb: \>ls                                    //列出远程主机共享目录中的文件目录
  .                          D        0      Wed Aug 22 12:26:15 2018
  ..                         D        0      Wed Aug 22 12:26:15 2018
  abc.txt                    A        148    Wed Aug 22 12:29:57 2018
                33277 blocks of size 4194304. 13561 blocks available
smb: \>get abc.txt                           //从远程主机下载文件到本地当前目录
getting file \abc.txt of size 148 as abc.txt (48.2 KiloBytes/sec) (average 48.2
KiloBytes/sec)
smb: \>put myfile.txt                         //上传文件到远程主机的共享目录下
putting file myfile.txt as \myfile.txt (4.4 Kb/s) (average 4.4 Kb/s)
smb: \>ls                                    //可查看到已上传至远程主机中的文件
  .                          D        0      Wed Aug 22 12:26:15 2018
  ..                         D        0      Wed Aug 22 12:26:15 2018
  abc.txt                    A        148    Wed Aug 22 12:29:57 2018
  myfile.txt                 A        18     Wed Aug 22 16:26:03 2018
                33277 blocks of size 4194304. 13561 blocks available
smb: \>quit                                  //退出 smbclient
[root@wbj test]#ls -l
-rw-r--r--.       1    root    root    148    Aug 22 16:23    abc.txt
-rw-r--r--.       1    root    root    18     Aug 22 14:27    myfile.txt
[root@wbj test]#
```

注意：在执行 smbclient 命令时一定要留意当前目录位置，因为后面使用 get 下载文件时，如果不指明路径，则下载的文件默认就存放在当前目录下；使用 put 上传文件时，则默认上传当前目录下的文件。

（4）在 Linux 字符终端下使用 mount 命令挂载远程 Windows 主机上的共享文件夹。用于这种情况的 mount 挂载命令常见格式如下。

```
mount -t cifs //主机名或 IP 地址/共享名 挂载点 -o user=用户名,password=密码
```

其中，文件系统的类型用-t 选项指定为 cifs 类型；-o 选项后面如果只指定用户名，则在命令执行后会提示用户输入密码。将远程主机上的共享目录成功挂载到本地的某个目录后，就可以使用本地文件管理命令（如 ls、cp 等）来直接操作远程主机上共享的文件了。

```
[root@wbj test]#mkdir /mnt/wnsh                //创建用于挂载的目录(挂载点)
[root@wbj test]#mount -t cifs //172.20.1.68/netshare /mnt/wnsh -o user=WBJ
    //挂载远程 Windows 主机上的共享文件夹 netshare 到本地挂载点
Password:                                       //提示输入 WBJ 用户的密码
[root@wbj test]#ls /mnt/wnsh                     //列出挂载目录中的文件目录
abc.txt        myfile.txt                        //即为远程主机共享目录中的内容
[root@wbj test]#cp /mnt/wnsh/myfile.txt /wang    //相当于下载文件
[root@wbj test]#cat /wang/myfile.txt             //查看下载到本地的文件内容
test samba server
[root@wbj test]#cp /wang/crus.sh /mnt/wnsh       //相当于上传文件
[root@wbj test]#ls /mnt/wnsh
abc.txt        crus.sh        myfile.txt          //查看已上传的文件
```

153

```
[root@wbj test]#umount /mnt/wnsh                    //卸载文件系统
[root@wbj test]#ls /mnt/wnsh                        //显示为空
[root@wbj test]#
```

任务 14：在 Linux 字符终端下使用命令访问 Samba 服务器中的共享目录

在 Linux 字符终端下访问 Samba 服务器中的共享目录，使用的命令和方法与访问 Windows 系统中的共享文件夹完全相同，都可以使用 smbclient 命令和 mount 挂载两种方法。需要注意的是，因为是访问 Samba 服务器中的共享目录，所以 smbclient 命令中用-U 指定的是 Samba 服务器中建立的 SMB 合法用户。

这里使用另一台已连通网络的 Linux 客户机来访问 Samba 服务器中的共享目录，操作过程类似于任务 13，不同的只是访问主机的 IP 地址和共享目录不同。

```
[root@localhost ~]#cd /
//以下命令列出 Samba 服务器中的所有共享资源
[root@localhost /]#smbclient -L //172.20.1.70 -U wjm
Enter wjm's password:                               //输入 SMB 用户 wjm 的密码
Domain=[MYGROUP] OS=[Unix] Server=[Samba 3.6.9-164.el6]

    Sharename       Type        Comment
    ---------       ----        -------
    wang            Disk        wang share directory
    IPC$            IPC         IPC Service (Samba Server Version 3.6.9-164.el6)
    wjm             Disk        Home Directories
Domain=[MYGROUP] OS=[Unix] Server=[Samba 3.6.9-164.el6]

    Server                      Comment
    ---------                   -------

    Workgroup                   Master
    ---------                   -------
[root@localhost /]#mkdir /chf                       //创建本地目录和两个文件用来上传测试
[root@localhost /]#cd /chf
[root@localhost chf]#echo "aaaa" >a.txt
[root@localhost chf]#echo "bbbb" >b.txt
[root@localhost chf]#ls
a.txt    b.txt
//以下命令访问 Samba 服务器中设置的共享目录 wang，并下载和上传文件
[root@localhost chf]#smbclient //172.20.1.70/wang -U wjm
Enter wjm's password:                               //输入 SMB 用户 wjm 的密码
Domain=[MYGROUP] OS=[Unix] Server=[Samba 3.6.9-164.el6]
smb: \>get test2.txt                                //从 Samba 服务器下载文件到本地
getting file \test2.txt of size 2636 as test2.txt (8.0 KiloBytes/sec) (average
8.0 KiloBytes/sec)
smb: \>put a.txt                                     //上传文件到 Samba 服务器共享目录
putting file a.txt as \a.txt (2.4 Kb/s) (average 2.4 Kb/s)
smb: \>ls a.txt                                      //查看已上传的文件
  a.txt                         A        5     Wed Aug 22 21:54:36 2018
```

```
              37211 blocks of size 2097152. 31043 blocks available
smb:\>quit
[root@localhost chf]#ls -l                      //查看已下载的文件
total 12
-rw-r--r--       1   root    root     5     Aug 22 21:42    a.txt
-rw-r--r--       1   root    root     5     Aug 22 21:42    b.txt
-rw-r--r--       1   root    root     2636  Aug 22 21:52    test2.txt
[root@localhost chf]#mkdir /mnt/lnsh            //创建用于挂载的目录(挂载点)
[root@localhost chf]#mount -t cifs //172.20.1.70/wang /mnt/lnsh -o user=wjm
Password:                                       //提示输入 SMB 用户 wjm 的密码
[root@localhost chf]#cp /mnt/lnsh/add.sh .      //下载文件到当前目录
[root@localhost chf]#ls
add.sh  a.txt  b.txt  test2.txt
[root@localhost chf]#cp b.txt /mnt/lnsh         //上传文件
[root@localhost chf]#ls /mnt/lnsh
add.sh  a.txt  b.txt  crusd.sh  crus.sh  exam1.sh  inittab  myfile.txt  ...
[root@localhost chf]#umount /mnt/lnsh           //卸载文件系统
[root@localhost chf]#ls /mnt/lnsh               //显示为空
[root@localhost chf]#
```

第 7 章 Linux 网络服务器配置入门

学习目的与要求

　　企业内部网(Intranet)不仅是基于 IP 地址相互连通和共享访问的局域网,更重要的是为用户提供各种成熟可靠、普遍使用的 Internet 标准服务,如 DHCP、DNS、Web、FTP 和 E-mail 等。与前面学习 Linux 基本操作、系统管理不同,本章将选取实际的企业网络信息服务项目为案例,通过项目的组织实施(读者可分组分工协作完成),学会在 Linux 平台下架设 DHCP、DNS 和 Web 服务器以及配置客户端进行测试或访问的基本方法,目的是引领读者入门 Linux 网络服务器的配置与管理。

7.1 配置与测试 DHCP 服务器

　　在配置网络接口 eth0 的各项网络参数中,IP 地址的配置通常有两种情况:①采用固定 IP 地址;②通过 DHCP 服务器自动获取 IP 地址。一般来说,在网络中充当服务器的机器都设置为固定 IP 地址,而客户机则根据网络中是否提供了 DHCP 服务来选择设置为自动获取 IP 地址或是固定 IP 地址。

　　本节将在了解 DHCP 及其工作机制的基础上,以一家中小型民营企业——新源公司为案例,介绍 DHCP 服务的方案设计、Linux 平台下的 DHCP 服务器配置,以及配置客户端通过 DHCP 服务器自动获取 IP 地址。

7.1.1 DHCP 及其工作机制

1. DHCP 的概念与作用

　　DHCP(Dynamic Host Configuration Protocol,动态主机配置协议)是一个简化主机 IP 地址分配管理的 TCP/IP 标准协议。利用它可以给网络客户机分配动态的 IP 地址及进行其他相关的网络环境配置工作,如 DNS、WINS、Gateway 等的设置。

　　对于一定规模的局域网,特别是诸如酒店等客户流动量大的场合,往往使用 DHCP 服务器来动态处理客户机的 IP 地址配置,实现 IP 地址的集中式管理与自动分配。DHCP 服务主要有以下 3 个方面的作用。

　　(1)减轻管理员管理 IP 地址的负担,极大地缩短配置或重新配置网络中工作站所花费的时间,达到高效利用有限 IP 地址的目的。

(2) 避免因手动设置 IP 地址及子网掩码所产生的错误。

(3) 避免把一个 IP 地址分配给多台计算机,从而造成地址冲突的问题。

2. DHCP 服务的工作机制

DHCP 服务使用客户/服务器(Client/Server,C/S)工作模式。网络管理员建立一个 DHCP 服务器以维护一个或多个 TCP/IP 配置信息。当客户机启动时,即会自动地从服务器获得相关的 TCP/IP 配置参数。服务器数据库包含以下信息。

(1) 网络上所有客户端的有效配置参数。

(2) 在指派到客户端的地址池中维护有效的 IP 地址,以及用于手动指派的保留地址。

(3) 服务器提供的租约持续时间。

通过在网络上安装和配置 DHCP 服务器,启用 DHCP 的客户机可以在每次启动并加入网络时动态地获得其 IP 地址和相关配置参数。DHCP 服务器以地址租约的形式将该配置提供给发出请求的客户机。

在以下 3 种情况下,DHCP 客户机将申请一个新的 IP 地址。

(1) 客户机第一次以 DHCP 客户的身份启动。

(2) DHCP 客户机的 IP 地址由于某种原因(如租约期到了或断开连接了)已经被服务器收回,并提供给其他 DHCP 客户机使用。

(3) DHCP 客户机自行释放已经租用的 IP 地址,要求使用一个新的 IP 地址。

DHCP 客户机申请一个新的 IP 地址的总体过程如图 7-1 所示。

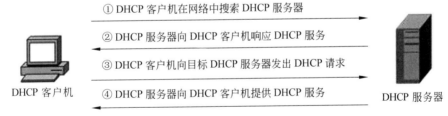

图 7-1　DHCP 客户机向 DHCP 服务器申请 IP 地址工作流程

具体过程如下。

(1) DHCP 客户机设置为"自动获得 IP 地址"后,因为还没有 IP 地址与其绑定,此时称为处于"未绑定状态"。这时的 DHCP 客户机只能提供有限的通信能力,如可接收广播消息,但因为没有自己的 IP 地址,所以自己无法发送广播消息。

(2) DHCP 客户机试图从 DHCP 服务器那里"租借"一个 IP 地址,这时 DHCP 客户机进入"初始化状态"。这个未绑定 IP 地址的 DHCP 客户机会向网络上发出一个源 IP 地址为广播地址(即 0.0.0.0)的 DHCP 探索消息(DHCPDISCOVER),寻找看哪个 DHCP 服务器可以为它分配一个 IP 地址。

(3) 子网上的所有 DHCP 服务器收到这个 DHCP 探索消息后,各 DHCP 服务器确定自己是否有权为该客户机分配一个 IP 地址。

（4）确定有权为对应客户机提供 DHCP 服务后,DHCP 服务器开始响应,并向网络广播一个 DHCP 提供消息(DHCPOFFER),该消息中包含了未租借的 IP 地址信息以及相关的配置参数。

（5）DHCP 客户机会评估收到的 DHCP 服务器提供的消息并进行两种选择:①认为该服务器提供的对 IP 地址的使用约定(简称租约)可以接受,就发送一个请求消息(DHCPREQUEST),该消息中指定了自己选定的 IP 地址并请求服务器提供该租约;②拒绝服务器的条件,发送一个拒绝消息,然后继续从第(1)步开始执行。

（6）DHCP 服务器在收到确认消息后,根据当前 IP 地址的使用情况以及相关配置选项,对允许提供 DHCP 服务的客户机发送一个确认消息(DHCPACK),其中包含了所分配的 IP 地址及相关的 DHCP 配置选项。

（7）客户机在收到 DHCP 服务器的消息后,绑定该 IP 地址,进入绑定状态。于是客户机有了自己的 IP 地址,就可以在网络上进行通信了。

7.1.2　设计企业 DHCP 服务方案

1. 项目需求分析

新源公司是一家中小型民营企业,公司总部设在杭州,设有行政部、开发部、财务部、销售部等部门。随着业务的拓展和规模的扩大,新源公司内拥有的计算机数量从 20 世纪 90 年代初的数十台增加到目前的数百台,从单机应用模式变为数百台的联网模式。但网络运行过程中出现了内部 IP 地址经常发生冲突、管理 IP 地址比较费时等问题,为此,公司决定重新规划和管理内部 IP 地址,以便实现高效的企业信息化管理。

为了减轻管理员管理 IP 地址的负担,避免因手动设置 IP 地址及子网掩码所产生的地址冲突等问题,公司内部所有工作站的 IP 地址均采用动态获得的方式取得,所以需要在公司内部安装 DHCP 服务器,以提供 IP 地址分配。

2. 设计网络拓扑结构

新源公司内部架设的 DHCP 服务项目的网络拓扑结构如图 7-2 所示。

DHCP 服务能自动为网络客户机分配 IP 地址、子网掩码、网关、DNS 服务器及 WINS 服务器的 IP 地址。

3. 规划 IP 地址

根据项目的需求,新源公司对 IP 地址的规划有以下要求。

（1）公司内部网络的 IP 地址使用 192.168.1.0/24 网段。

（2）公司网络需要连接 Internet,因此要为网关留出 IP 地址。

（3）公司网络不仅架设有 DHCP 服务器,还要为 DNS、Web、FTP、E-mail、CA、VPN 等服务器留出固定的 IP 地址。

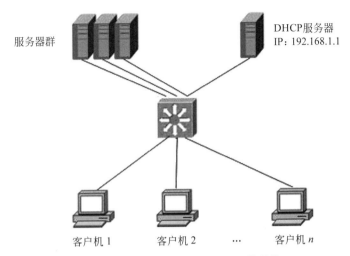

图 7-2 DHCP 服务项目的网络拓扑结构

（4）在可供分配的地址范围中间留出 10 个 IP 地址为网络管理人员等留作其他用途。

（5）公司经理需要保留一个如"188"的所谓的"吉祥"地址。

根据上述要求，新源公司内部网络 IP 地址详细规划见表 7-1。

表 7-1 新源公司内部网络 IP 地址规划

IP 地 址	用 途	说 明
192.168.1.1	DHCP、DNS 服务器	固定地址
192.168.1.2	Web 服务器	固定地址
192.168.1.3～9	保留	随着公司业务拓展可能需要增加服务器
192.168.1.10～109	可供分配	供客户机动态获取的 IP 地址
192.168.1.110～120	保留	为网络管理员等留作其他用途
192.168.1.121～220	可供分配	供客户机动态获取的 IP 地址
192.168.1.188	保留	公司经理的计算机每次自动获取该地址
192.168.1.221～253	保留	为 VPN 访问的客户端分配虚拟 IP 地址
192.168.1.254	网关	固定地址

7.1.3 企业 DHCP 服务项目的实施

1. 设置 DHCP 服务器自身的 IP 地址

根据新源公司内部网络的 IP 地址规划，DHCP 服务器和 DNS 服务器都架设在 IP 地址为 192.168.1.1 的机器上，网关地址为 192.168.1.254。具体设置如下。

```
#vim /etc/sysconfig/network-scripts/ifcfg-eth0          //编辑 eth0 配置文件
DEVICE=eth0
```

```
HWADDR=00:26:2D:FD:6B:5C
TYPE=Ethernet
UUID=e662bd32-f9e2-47b0-9cbf-5154aa468931
ONBOOT=yes
NM_CONTROLLED=no
BOOTPROTO=static
IPADDR=192.168.1.1
NETMASK=255.255.255.0
BROADCAST=192.168.1.255
NETWORK=192.168.1.0
GATEWAY=192.168.1.254
DNS1=192.168.1.1
DNS2=210.33.156.5                        //保存退出
# service network restart                //重启网络服务
#
```

注意：这里主 DNS 服务器地址暂且设置为自身，待配置 DNS 服务器后域名解析才起作用。另外，本章中叙述操作命令时均省略命令提示符前面的方括号部分（包括主机名和当前目录），仅保留一个♯号提示符。

2. 检查是否已安装 DHCP 软件包

```
# rpm -qa |grep dhcp                      //查询 DHCP 软件包
# rpm -qa dhcp*                           //或使用这种方式
dhcp-4.1.1-38.P1.el6.centos.i686
dhcp-common-4.1.1-38.P1.el6.centos.i686
#
```

如果有上述两个软件包显示，则表明 DHCP 软件已完整安装；如果没有显示或缺少软件包，则需要重新安装 DHCP 软件，具体安装这里不再赘述。

3. 配置 DHCP 服务器

(1) 生成 DHCP 服务器配置文件 dhcpd.conf。在 CentOS 6.5 中，DHCP 服务器的配置文件为/etc/dhcp/dhcpd.conf，其默认的文件内容如下。

```
# vim /etc/dhcp/dhcpd.conf
#
# DHCP Server Configuration file.
#   see /usr/share/doc/dhcp*/dhcpd.conf.sample
#   see 'man 5 dhcpd.conf'
#
```

可以看到，默认的/etc/dhcp/dhcpd.conf 文件仅包含 5 行注释，没有任何配置内容。但注释中告诉用户 DHCP 服务器配置文件可参考/usr/share/doc/dhcp*/dhcpd.conf.sample 文件，即系统提供了一个配置文件的样板。其中，星号（*）是版本号，读者可查看/usr/share/doc 目录下以 dhcp 开头的目录名称,然后使用以下命令把该样板文件复制为/etc/dhcp/dhcpd.conf 的配置文件,再对文件内容进行修改。

```
#mv /etc/dhcp/dhcpd.conf /etc/dhcp/dhcpd.conf.old          //备份原文件
#cp /usr/share/doc/dhcp-4.1.1/dhcpd.conf.sample /etc/dhcp/dhcpd.conf
#
```

(2) 修改 DHCP 服务器配置文件 dhcpd.conf。修改/etc/dhcp/dhcpd.conf 文件为以下内容。当然,如果没有复制上述 DHCP 配置样板文件,也可以直接在默认配置文件中输入配置内容。

```
#vim /etc/dhcp/dhcpd.conf                    //输入或修改 dhcpd.conf 文件的内容如下
#DHCP Server Configuration file.
ddns-update-style interim;                   //配置使用过渡性 DHCP-DNS 互动更新模式
ignore client-updates;                       //忽略客户端更新
default-lease-time 21600;                    //为 DHCP 客户设置默认的地址租期(单位:s)
max-lease-time 43200;                        //为 DHCP 客户设置最长的地址租期
option routers     192.168.1.1;              //为 DHCP 客户设置默认网关
option subnet-mask     255.255.255.0;        //为 DHCP 客户设置子网掩码
option domain-name     "xinyuan.com";        //为 DHCP 客户设置 DNS 域
option domain-name-servers     192.168.1.1;      //为 DHCP 客户设置 DNS 地址
option time-offset     -18000;               //设置与格林尼治时间的偏移
subnet 192.168.1.0 netmask 255.255.255.0 {   //设置子网声明
        range 192.168.1.10      192.168.1.109;
        range 192.168.1.121       192.168.1.220;
}                                            //允许 DHCP 服务器分配这两段地址范围给 DHCP 客户
host me {                                    //设置主机声明,为名为 me 的机器指定固定的 IP 地址
        option host-name "me.xinyuan.com";       //给客户指定域名
        hardware Ethernet 12:34:56:78:AB:CD;     //指定客户的 MAC 地址
        fixed-address 192.168.1.188              //给指定的 MAC 地址分配固定 IP 地址
}
#                                            //保存并退出
```

上述配置内容最重要的有两个部分:①subnet 子网声明,里面包含的每个 range 语句设置一个可供分配的 IP 地址范围;②host me 主机声明,里面设置了为某个 MAC 地址的机器保留的 IP 地址,也就是在新源公司内部网络 IP 地址规划时专为公司经理保留的地址,这样可以让他的主机每次启动都会自动获取 192.168.1.188 这个地址。

注意:在 Red Hat 或 Fedora Core 等 Linux 发行版本中,DHCP 服务器的配置文件 dhcpd.conf 在/etc 目录下,而不在/etc/dhcp 目录下,而且默认情况下该配置文件可能并不存在,这就需要将/usr/share/doc/dhcp * /dhcpd.conf.sample 样板文件复制为/etc/dhcpd.conf 文件,当然也可以自己新建该文件。

(3) 启动 DHCP 服务。在修改 DHCP 服务器配置文件并检查无误后,需要启动 dhcpd 服务才能使配置生效。

```
#service dhcpd start                         //启动 dhcpd 服务
```

161

```
Starting dhcpd:                                          [ OK ]
#
```

4. 客户端的配置与测试

无论是 Windows 客户端还是 Linux 客户端,只要把网络接口参数设置为"自动获得 IP 地址",在重启网络接口或重启计算机之后,查看是否已从 DHCP 服务器获取到 IP 地址。这里仅介绍 Linux 客户端的配置与测试步骤。

步骤 1 修改网络接口配置文件,将其中的 BOOTPROTO 配置项设置为 dhcp,并注释掉固定 IP 地址、子网掩码、默认网关、广播地址等参数配置(如果有的话)。

```
#vim /etc/sysconfig/network-scripts/ifcfg-eth0
# Intel Corporation 82545EM Gigabit Ethernet Controller (Copper)
TYPE=Ethernet
DEVICE=eth0
HWADDR=00:0C:29:13:5D:74
ONBOOT=yes
BOOTPROTO=dhcp                                    //启用动态地址协议
# IPADDR=192.168.1.11                             //此后 4 行若有则注释掉
# NETMASK=255.255.255.0
# GATEWAY=192.168.1.1
# BROADCAST=192.168.1.255                         //保存并退出
#
```

步骤 2 重新导入 ifcfg-eth0 网络配置文件,或者将网络接口关闭后再重新激活。

```
# service network restart
Shutting down interface eth0:                            [ OK ]
Shutting down loopback interface:                        [ OK ]
Bringing up loopback interface:                          [ OK ]
Bringing up interface eth0:                              [ OK ]
# ifdown eth0
# ifup eth0
#
```

步骤 3 查看是否已从 DHCP 服务器的地址池获取到 IP 地址。

```
# ifconfig    eth0
eth0      Link encap:Ethernet   HWaddr 00:0C:29:13:5D:74
          inet addr:192.168.1.10 Bcast:192.168.1.255  Mask:255.255.255.0
          inet6 addr: fe80::20c:29ff:fe13:5d74/64 Scope:Link
          UP BROADCAST RUNNING MULTICAST  MTU:1500  Metric:1
          RX packets:413 errors:0 dropped:0 overruns:0 frame:0
          TX packets:572 errors:0 dropped:0 overruns:0 carrier:0
          collisions:0 txqueuelen:1000
          RX bytes:47701 (46.5 KiB)  TX bytes:64842 (63.3 KiB)
```

```
        Base address:0x2000 Memory:d8920000-d8940000
#
```

可以看到客户端已获取 IP 地址 192.168.1.10 以及子网掩码等其他网络参数,表明 DHCP 服务器配置成功并正常运行。

注意:在 Windows 客户端测试 DHCP 服务器的方法较为简单,读者可以自行配置并查看所获取的 IP 地址。与 Linux 客户端不同的是,Windows 中查看网络接口参数时使用的命令是 ipconfig,与 Linux 中的 ifconfig 命令功能相似,但使用格式略有不同。使用 ipconfig /? 将会显示 ipconfig 命令用于不同功能的选项。

(1) ipconfig:当使用不带任何选项的 ipconfig 命令时,仅显示绑定 TCP/IP 的网络接口的 IP 地址、子网掩码和默认网关值。

(2) ipconfig/all:显示本地计算机上所有网络接口的 IP 地址、子网掩码和默认网关值,并能为 DNS 和 WINS 服务器显示它已经配置且所要使用的附加信息,如 IP 地址等,还可以显示本地网卡的物理地址(MAC)。如果 IP 地址是从 DHCP 服务器租用的,该命令还将显示 DHCP 服务器的 IP 地址和租用地址预计失效的日期。

(3) ipconfig /release 和 ipconfig /renew:这是两个附加选项,只能在向 DHCP 服务器租用 IP 地址的计算机上起作用。ipconfig /release 命令是将所有接口的租用 IP 地址重新交付给 DHCP 服务器(归还或释放 IP 地址)。ipconfig /renew 命令用于本地计算机重新与 DHCP 服务器联系,并租用一个 IP 地址。注意,在大多数情况下,网卡将被重新赋予相同的 IP 地址。

(4) ipconfig /flushdns:清除本地 DNS 缓存内容。

(5) ipconfig /displaydns:显示本地 DNS 内容。

(6) ipconfig /registerdns:DNS 客户端手动向服务器进行注册。

(7) ipconfig /showclassid:显示网络适配器的 DHCP 类别信息。

(8) ipconfig /setclassid:设置网络适配器的 DHCP 类别信息。

7.2　配置与测试 DNS 服务器

第 6 章已经介绍了通过 hosts 文件和 DNS(域名系统)来实现的两种"名称—IP 地址"的转换方案,以及作为网络客户端的 Linux 系统中涉及主机名称解析的 3 个文件的配置方法。现在无论是企业内部基于 TCP/IP 的网络中,还是通过 Internet 访问企业的网络服务器,都通过架设 DNS 服务器来实现域名解析。本节根据新源公司网络信息服务项目总体规划设计 DNS 服务方案,并为公司架设自己的 DNS 服务器,实现公司内部网络中多个服务器域名与 IP 地址之间的转换,使客户端能直接通过域名来访问这些服务器。下面首先介绍 DNS 的域名结构及域名解析过程。

7.2.1　域名结构与域名解析过程

1. DNS 的域名结构

完整的域名是由主机名、域名及"."组成,如 www.sina.com.cn 中,www 是这台 Web 服务器的主机名,sina.com.cn 是这台 Web 服务器所在的域名。为了提高查询 DNS 服务器的速度,同时便于记忆,整个 DNS 系统是由许多个域组成的,每个域又细分为很多的域,于是 DNS 域的层次就成了树状结构,如图 7-3 所示。

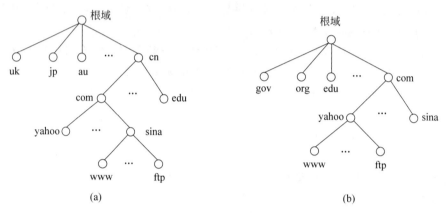

图 7-3　DNS 域结构

DNS 的域名结构自上而下分别是根域(Root Domain)、顶级域名、二级域名,最后是主机名。域名只是逻辑上的概念,并不反映计算机所在的物理地点。每个域最少由一台 DNS 服务器管辖,该服务器只需存储其管理域内的数据,同时向上层域的 DNS 服务器注册。例如,管辖 sina.com.cn 的 DNS 服务器就要向管辖 com.cn 的服务器注册,层层向上注册,直到位于树状的最高点的 DNS 服务器为止。

以下为各个域的不同特征。

(1)根域。这是 DNS 结构的最上层。理论上讲,只要所查找的主机已按规定注册,那么无论它位于何处,从根域的 DNS 服务器往下查找,一定可以解析出它的 IP 地址。一般根域用"."表示,用以定位,但并不包含信息。在书写域名时根域往往忽略不写,如新浪的 Web 服务器的域名一般写为 www.sina.com.cn。

(2)顶级域名。常见的顶级域名有两类。在美国以外的国家或地区,大多以 ISO 3116 所规定的"国家或地区级域名"来区分。例如,cn 表示中国,au 表示澳大利亚,jp 表示日本,uk 表示英国等。在美国,虽然也有 us 这个国家或地区级的域名,但很少作为顶级域名,而是以"组织性质"来区分,这些域名也叫通用的顶级域名。例如,com 表示商业机构,edu 表示教育机构,org 表示社会团体,gov 表示政府部门。由于因特网上用户的急剧增加,现在又增加了 7 个通用的顶级域名:firm 表示公司企业,sgop 表示销售公司和企业,web 表示突出万维网活动的单位,arts 表示突出文化、娱乐活动的单位,rec 表示突出消遣、娱乐活动的单位,now 表示个人,info 表示提供信息服务的单位。

（3）二级域名。在国家或地区顶级域名下注册的二级域名均由该国家或地区自行确定。我国将二级域名划分为"类别域名"和"行政区域名"两大类。其中类别域名 6 个,分别是:ac 表示科研机构,com 表示工、商、金融等企业,edu 表示教育机构,gov 表示政府部门,net 表示互联网络、接入网络的信息中心和服务提供商等,org 表示各种非营利性组织。行政区域名适用于我国的省、自治区、直辖市等,例如,zj 代表浙江省,bj 代表北京市,sh 代表上海市等。

我国顶级域名 cn 的管理及其下域名的注册管理工作由中国互联网信息中心(CNNIC)负责,包括域名注册、IP 地址分配、自治系统号分配、反向域名登记等。CNNIC 的域名系统管理工作以《中国互联网络域名注册暂行管理办法》和《中国互联网络域名注册实施细则》为基础。

2. 域名的解析过程

DNS 域名服务采用客户/服务器(Client/Server)工作模式,把一个管理域名的软件安装在一台主机上,该主机就称为域名服务器。在 Internet 上有许多域名服务器,分布在世界各地,每个地区的域名服务器以数据库形式将一组本地或本组织的域名与 IP 地址存储为映像表,它们以树状结构连入上级域名服务器。

当客户端发出将域名解析为 IP 地址的请求时,由解析程序(或称解析器)将域名解析为对应的 IP 地址。域名解析过程如图 7-4 所示。

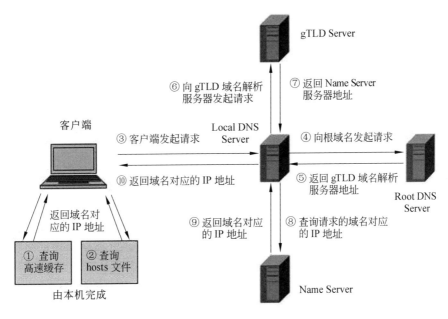

图 7-4　域名解析过程

下面以用户在浏览器中输入域名地址 www.abc.com 为例,详细介绍将域名解析为对应 IP 地址的完整过程。

165

步骤 1 查询高速缓存。浏览器自身和操作系统都会有一部分高速缓存,用于暂存曾经解析过的域名所对应 IP 地址的记录。因此,浏览器首先会检查自身的缓存,然后检查操作系统缓存,只要缓存中有这个域名对应的解析过的 IP 地址,操作系统就会把这个域名的 IP 地址返回给浏览器,则解析过程结束;如果两种缓存中都没有,则进入步骤 2。

注意:用于暂存曾经解析过的域名所对应 IP 地址的高速缓存,不仅缓存的大小有限制,而且缓存的时间也有限制,通常为几分钟到几小时不等。域名被缓存的时间限制可以通过 TTL 属性来设置。这个缓存时间不宜太长或太短,如果缓存时间设置太长,一旦域名被解析到的 IP 有变化,会导致被客户端缓存的域名无法解析到变化后的 IP 地址;如果缓存时间设置太短,会导致用户每次访问网站都要重新解析一次域名。

步骤 2 查询 hosts 文件。hosts 是一个用于记录域名和对应 IP 地址的文本文件(可以理解为是一个表),用户可以添加或删除其中的记录。在 Windows 系统中,hosts 文件存放在 C:\Windows\System32\drivers\etc 目录中;而在 Linux 系统中,该文件存放在 /etc 目录中。查询 hosts 文件是操作系统在本地的域名解析规程,如果在 hosts 文件中查到了这个域名所对应的 IP 地址,则浏览器会首先使用这个 IP 地址;如果未找到,则进入步骤 3。

注意:利用 hosts 文件来解析域名的方法常常用于服务器的测试。例如,要测试一个 Web 站点的配置是否正确,可以将 Web 站点的域名及对应 Web 服务器的 IP 地址添加到 hosts 文件中,然后通过浏览器用域名访问该站点,检查访问是否正常,这样可以暂时忽略 DNS 域名解析的问题,而仅仅测试 Web 服务器这一单独的业务逻辑是否正确。但是,也正是因为操作系统有查询本地 hosts 文件的域名解析规程,所以黑客就有可能通过修改用户计算机上的 hosts 文件,把特定的域名解析到指定的 IP 地址,导致这些域名被劫持。这在早期的 Windows 版本中出现过很严重的问题,所以在 Windows 7 系统中将 hosts 文件设置成只读属性,以防止这个文件被黑客轻易修改。其实,不仅是 hosts 文件,修改 DNS 域名解析相关的配置文件也能达到同样的目的,缓存域名失效时间设置过长也不利于安全,作为网络管理员必须注意这些问题。

前面两个步骤都是在客户机完成的,还没有涉及真正的域名解析服务器。如果在客户机中无法完成域名的解析,就会请求域名服务器来解析这个域名。

步骤 3 请求本地域名服务器(Local Domain Name Server,LDNS)解析。在客户机的网络参数配置中都会有"DNS 服务器地址"这一项,这个地址通常设置为提供本地互联网接入的一个 DNS 服务器。例如,你在学校接入互联网,那么你的 DNS 服务器应该就在你的学校;如果你是在一个小区接入互联网,那么这个 DNS 服务器就是提供给你接入互联网的服务供应商(Internet Service Provider,ISP),如电信或联通等,它会在你所在城市的某个角落。当客户机通过前两个步骤无法解析到这个域名所对应的 IP 地址时,操作系统会把这个域名发送到你所设置的 LDNS,由它来查询缓存和区域文件,如果找到则直接进入步骤 10,将这个域名所对应的 IP 地址返回给请求解析的客户机;如果 LDNS 仍然没有命中,即没有查找到这个域名,则由 LDNS 完成后面各个步骤的查询,从步骤 4 到步骤 9 是一个递归查询的过程。

注意:一般来说,LDNS 这个专门的域名解析服务器性能都会很好,当它解析到域名对应的 IP 地址后,也会缓存这个域名的解析结果,当然缓存时间是受域名失效时间控制的(通常缓存空间不是影响域名失效的主要因素)。大约 80% 的域名到这一步都能完成,所以 LDNS 承担了主要的域名解析工作。正因为如此,在为客户端设置 DNS 服务器地址时,应尽可能选择离客户机距离较近,并且高效、优质的 DNS 服务器作为首选 DNS,以提高域名解析效率。

步骤 4　由 LDNS 向根域名服务器(Root Domain Name Server,RDNS)发送域名解析请求。

注意:平常在描述一个域名(如 www.abc.com)时,最右边还缺省了一个".",它代表根域。全球仅有 13 个根域名服务器,以英文字母 A～M 依序命名,根域名称格式为"字母.root-servers.net"。其中,1 个主根服务器放置在美国;其余 12 个辅根服务器中有 9 个也在美国,2 个在欧洲的英国和瑞典,1 个在亚洲的日本,它们由互联网名字与编号分配机构 ICANN(The Internet Corporation for Assigned Names and Numbers)统一管理。在早期的 Red Hat Linux 系统中,用来记录每个根域名服务器名称和 IP 地址的列表文件是/var/named/named.root,而在 Fedora 和 CentOS 等系统中,该文件为/var/named/named.ca。

步骤 5　根域名服务器向 LDNS 返回一个查询域的通用顶级域名(gTLD)服务器地址,如.com、.org、.cn 等域名服务器地址。本例中返回.com 的域名服务器地址。

步骤 6　由 LDNS 向上一步返回的 gTLD 服务器发送域名解析请求。

步骤 7　接受请求的 gTLD 服务器查找并返回此域名对应的 Name Server(名称服务器)地址,这个 Name Server 通常就是你注册的域名服务器。例如,你在某个域名服务提供商那里申请了域名,那么这个域名解析任务就由这个域名提供商的服务器来完成。本例中,gTLD 服务器查找并返回 abc.com 域名服务器的 IP 地址。

步骤 8　由 LDNS 向上一步返回的 Name Server 发送域名解析请求。

步骤 9　接受请求的 Name Server 会查询存储的域名和 IP 的映像关系表,正常情况下根据域名都能得到目标 IP 记录,并连同一个 TTL 值返回给 LDNS。本例中,Name Server 查找并返回 www.abc.com 这个域名的 IP 地址及 TTL 值。

步骤 10　LDNS 接收到 Name Server 的解析结果后,会缓存这个域名和 IP 地址的对应关系,并将这一结果返回客户机。客户机的操作系统也会缓存这个域名和 IP 地址的对应关系,并提交给浏览器。域名缓存时间受 TTL 值控制。

7.2.2　设计企业 DNS 服务方案

1. 项目需求分析

随着新源公司网络规模的不断扩展,公司内部网上的各类服务器(如 Web 服务器、FTP 服务器、E-mail 服务器等)随着业务量的增加而迅速增多。在企业员工办公时,服务器的 IP 地址比较难记,也不便于网络维护与管理。企业员工希望管理员能够为服务器配置好记、有标识性的名字,实现服务器名称化访问,以便于企业信息化管理和提高工作效率。

为此，公司准备通过部署企业域名服务器系统 DNS 来实现容易理解的域名与 IP 地址之间的相互"翻译"与转换，方便公司整体机构的协作办公，保证公司各部门之间数据方便、顺利地传输。

2. 设计网络拓扑结构

新源公司内部架设的 DNS 服务项目的网络拓扑结构如图 7-5 所示。

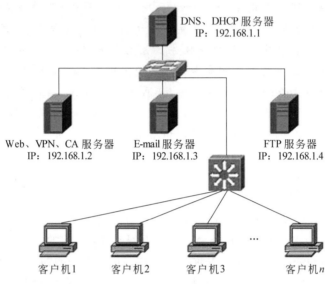

图 7-5　DNS 服务项目的网络拓扑结构

3. 域名方案设计

由于本书只介绍 DHCP、DNS 和 Web 服务器配置项目，因此表 7-2 仅列出网络拓扑结构中这 3 个网络服务器的域名与 IP 地址规划。

表 7-2　新源公司内部网络服务器域名与 IP 地址规划

服 务 器	域 名	IP 地 址
DHCP、DNS 服务器	dns. xinyuan. com	192.168.1.1
Web 服务器	www. xinyuan. com	192.168.1.2

7.2.3　DNS 服务相关配置文件及其语法

在 Linux 系统中，DNS 服务器所需的软件包名称均以 bind 开头，若在 CentOS 6.5 中完整安装 DNS 服务器则应包含 5 个软件包，如何查询和安装不再赘述。DNS 服务器的配置主要包括区域声明和资源记录两部分，由于其配置相对比较复杂，所以首先介绍相关的配置文件及其语法，然后针对新源公司的需求进行配置。

1. 默认的 DNS 服务器主配置文件

在 CentOS 6.5 中，默认的 DNS 服务器主配置文件是/etc/named.conf，用于配置全局选项和日志记录规范，同时声明了一个根区域，包括根区域的类型及其资源记录文件名等。默认的 DNS 服务器主配置文件内容如下。

```
#vim /etc/named.conf
// named.conf
// See /usr/share/doc/bind*/sample/ for example named configuration files.
//
options {                                              //全局配置选项
        listen-on port 53 { 127.0.0.1; };
        listen-on-v6 port 53 { ::1; };
        directory "/var/named";
        dump-file "/var/named/data/cache_dump.db";
        statistics-file "/var/named/data/named_stats.txt";
        allow-query { localhost; };

        recursion yes;
        dnssec-enable yes;
        dnssec-validation yes;
        dnssec-lookaside auto;
        /* Path to ISC DLV key */
        bindkeys-file "/etc/named.iscdlv.key";
        managed-keys-directory "/var/named/dynamic";
};

logging {
        channel default_debug {
                file "data/named.run";
                severity dynamic;
        };
};

zone "." IN {                                          //定义根域声明
        type hint;
        file "named.ca";
};
include "/etc/named.rfc1912.zones";                    //包含文件
include "/etc/named.root.key";
#
```

可以看到，默认的主配置文件 named.conf 中除了定义全局配置选项的 options 和日志记录规范的 logging 外，仅用 zone 声明了根域的类型和文件，但在文件的最后使用 include 语句包含了/var/named/chroot/etc/named.rfc1912.zones 文件，此文件中包含了 localhost.localdomain 等与默认本地主机名有关的区域声明。把全局配置与区域声明的内容分开存放，是为了使 DNS 服务器主配置文件 named.conf 的内容更为简洁。

169

2. 默认用于区域声明的配置文件

默认用于区域声明的/etc/named.rfc1912.zones 文件的默认内容如下。

```
#vim /etc/named.rfc1912.zones
zone "localhost.localdomain" IN {        //定义默认完整本地主机名的正向解析声明
        type master;
        file "named.localhost";
        allow-update { none; };
};

zone "localhost" IN {                    //定义默认本地主机别名的正向解析声明
        type master;
        file "named.localhost";
        allow-update { none; };
};

zone "1.0.0.0.0.0.0.0.0.0.0.0.0.0.0.0.0.0.0.0.0.0.0.0.0.0.0.0.0.0.0.0.ip6.arpa." IN {
        type master;                     //定义 IPv6 回送地址的反向解析区域声明
        file "named.loopback";
        allow-update { none; };
};

zone "1.0.0.127.in-addr.arpa" IN {       //定义 IPv4 回送地址的反向解析区域声明
        type master;
        file "named.loopback";
        allow-update { none; };
};

zone "0.in-addr.arpa." IN {              //定义反向解析本地网络的声明
    type master;
    file "named.empty";
    allow-update { none; };
};
#
```

3. DNS 服务器主配置文件及区域声明的语法

主配置文件 named.conf 中的配置语句、常用的全局配置子句和区域声明子句及其功能分别如表 7-3～表 7-5 所示。

表 7-3　named.conf 中的配置语句及其功能

配 置 语 句	功　　能
acl	定义 IP 地址的访问控制列表
controls	定义 rndc 命令使用的控制通道

续表

配　置　语　句	功　　能
include	将其他文件包含到该配置文件中
key	定义授权的安全密钥
logging	定义日志的记录规范
options	定义全局配置选项
server	定义远程服务器的特征
trusted-key	为服务器定义 DNSSEC 加密密钥
zone	定义一个区（域）

表 7-4　全局配置子句及其功能

子　　　句	功　　能
recursion yes ｜ no	是否使用递归式 DNS 服务器，默认值为 yes
transfer-format one-answer｜many-answer	是否允许在一条消息中放入多条应答信息，默认为 one-answer
directory	定义服务器区域配置文件的工作目录，默认为/var/named
forwarders	定义转发器

表 7-5　区域声明子句及其功能

子　　　句	功　　能
type master ｜ hint ｜ slave	master 指定一个区域为主 DNS hint 指定一个区域为启动时初始化高速缓存的 DNS slave 指定一个区域为辅助 DNS
file filename	指定一个区域的信息数据库文件名，即区域文件名

4. 默认本地主机名的正向和反向解析资源记录文件

通常在主配置文件 named.conf 或区域声明文件 named.rfc1912.zones 中定义了一个区域之后，接下来要为该区域建立两个用于正向解析和反向解析的资源记录文件（也称为域名数据库文件）。这两个文件位于/var/named/chroot/var/named 目录下，其文件名必须与区域声明时用 file 语句指定的文件名相同。因为在 named.rfc1912.zones 文件中默认已声明了本地主机名正向解析及其 IPv4 回送地址的反向解析区域声明，所以在/var/named/chroot/var/named 目录下已经有本地主机名的正向和反向解析的资源记录文件，分别是 named.localhost 和 named.loopback。这两个文件的默认配置内容如下。

```
#cat /var/named/named.localhost
//查看默认本地主机名的正向解析资源记录文件
$TTL 1D
@          IN SOA      @rname.invalid.  (
                       0          ; serial      //该区信息文件的版本号
                       1D         ; refresh     //检查 SOA 记录前等待的秒数
                       1H         ; retry       //重试对主 DNS 请求等待的秒数
```

```
                    1W         ; expire       //失败时丢弃区信息等待的秒数
                    3H )       ; minimum      //高速缓存中生存的秒数
        NS      @
        A       127.0.0.1
        AAAA    ::1
#
#cat /var/named/named.loopback
//查看默认本地主机名的反向解析资源记录文件
$TTL 1D
@           IN SOA    @rname.invalid.  (
                    0          ; serial
                    1D         ; refresh
                    1H         ; retry
                    1W         ; expire
                    3H )       ; minimum
        NS      @
        A       127.0.0.1
        AAAA    ::1
        PTR     localhost.
#
```

5. 正向和反向解析资源记录文件的语法

资源记录文件由若干个资源记录和区域文件指令组成,常用的标准资源记录及其功能如表 7-6 所示。

表 7-6　标准资源记录及其功能

记录类型	功　　能
A	将主机名转换为地址。这个字段保存点分十进制 IP 地址。任何给定的主机都只能有一个 A 记录,因为这个记录是授权信息。这个主机的任何附加地址或地址映射必须用 CNAME 类型给出
CNAME	给定一个主机的别名,主机的规范名字是在这个主机的 A 记录中指定的
HINFO	描述主机的硬件和操作系统
MX	建立邮件交换器记录。MX 记录通知邮件传送进程把邮件送到另一个系统,这个系统知道如何将它传送到它的最终目的地
NS	标识一个域的域名服务器。NS 资源记录的数据字段包括这个域名服务器的 DNS 名。还需要指定这个域名服务器的地址与主机名相匹配的 A 记录
PTR	将地址变换成主机名。主机名必须是规范主机名
SOA	告诉域名服务器它后面跟着的所有资源记录是控制这个域的,"(SOA)"表示授予控制权。其数据字段用"()"括起来并且通常是多行字段

其中,SOA(Start Of Authority)记录表示一个授权区域的开始,该记录中的数据字段及其功能如表 7-7 所示。

表 7-7　SOA 记录中的数据字段及其功能

数据字段	功　　能
contact	该域管理员的邮箱地址。因为@在资源记录中有特殊意义,所以用"."代表这个符号。例如,wbj@xinyuan.com 应写成 wbj.xinyuan.com
serial	该区域信息文件的版本号,它是一个整数,辅助域名服务器用它来确定这个区域信息文件是何时改变的。每次改变信息文件时都应该使这个数加 1
refresh	辅助域名服务器在试图检查主域名服务器的 SOA 记录之前等待的秒数
retry	辅助域名服务器在主域名服务器不能使用时,重试对主域名服务器的请求之前等待的秒数
expire	辅助域名服务器不能与主域名服务器取得联系时,在丢掉区域信息之前等待的秒数
minimum	如果资源记录栏没有指定 TTL 值,则以该值为准

DNS 资源记录的格式如下。

```
[domain][ttl][class] type rdata
```

其中,各个字段之间用空格或制表符分隔,这些字段的含义如表 7-8 所示。

表 7-8　资源记录中各字段的含义

字　　段	功　　能
domain	资源记录引用的域对象名。它可以是单台主机,也可以是整个域。作为 domain 输入的字符串除非不是以一个点结束,否则就与当前域有关系。如果该 domain 字段是空的,那么该记录适用于最后一个带名字的域对象
ttl	生存时间记录字段。以秒为单位定义该资源记录中的信息存放在高速缓存中的时间。通常该字段是空字段,这表示使用 SOA 记录中为整个区域设置的默认 TTL 值
class	指定网络的地址类别。对于 TCP/IP 网络使用 IN。若未给出类别,就使用前一资源记录的类别
type	标识这是哪一类资源记录
rdata	指定与这个资源记录有关的数据。这个值是必要的。数据字段的格式取决于字段的类型

在区域文件中使用的区域文件指令及其功能见表 7-9。

表 7-9　区域文件指令及其功能

区域文件指令	功　　能
$ INCLUDE	读取一个外部文件
$ GENERATE	创建一组 NS、CNAME 或 PTR 类型的资源记录
$ ORRIGIN	设置管辖源
$ TTL	为没有定义精确生存期的资源定义默认的 TTL 值

注意:在 CentOS、RHEL 和 Fedora 8 以上版本的 Linux 系统中,DNS 服务器的部署方法有两种:①在 chroot 环境中配置,即把/var/named/chroot 视为 DNS 服务器配置文件的根目录,主配置文件和区域声明文件放在 chroot 下的 etc 目录中,正向和反向解析资源记录文件放在 chroot 下的 var/named 目录中;②在非 chroot 环境中配置,即主配置文件和区域声明文件放在/etc 目录中,正向和反向解析资源记录文件放在/var/named 目录

中。在稍早的 Red Hat 和低版本 Fedora 等 Linux 系统中只能使用后一种部署方法。由于前一种方法把 DNS 服务器限制在系统中特定的/var/named/chroot 目录中,可以避免服务器具有系统级的访问权限,任何 DNS 服务器的安全漏洞不会导致整个系统的破坏,所以是现在较为推荐的、更安全且便于部署测试的方法。正因为如此,前面在介绍默认主配置文件、区域声明文件以及本地主机正向和反向解析资源记录文件时,特意使用了在 chroot 环境中的配置方法,使读者习惯于在 chroot 目录下完成后续的配置操作。但事实上,在 CentOS 等 Linux 系统中,默认的 DNS 服务器配置文件在 chroot 环境中可能并不存在,它仍然存放在非 chroot 环境中,读者可以使用以下命令将非 chroot 环境中的这些配置文件全部复制到 chroot 环境中,然后进行查看和配置。

```
#cp /etc/named.conf /var/named/chroot/etc/
//也可复制/usr/share/doc/bind-9.8.2/named.conf.default
//默认的 named.conf 文件,其中 bind 版本号 9.8.2 应根据读者安装的版本而定
#cp /etc/named.rfc1912.zones /var/named/chroot/etc/
//也可复制/usr/share/doc/bind-9.8.2/sample/etc/named.rfc1912.zones
#cp /var/named/ * /var/named/chroot/var/named/
//复制所有资源记录文件
#
```

7.2.4 企业 DNS 服务项目的实施

为了满足新源公司内部网络服务器的域名解析需求,按照事先设计的域名方案,现在开始具体实施公司 DNS 服务器的配置。

1. 根据新源公司的域名解析需求定义区域声明

为保持 DNS 服务器主配置文件 named.conf 内容的清晰简洁,用户需要解析的区域声明通常添加在/etc/named.rfc1912.zones 中。这里需要添加两个区域声明,即新源公司域名 xinyuan.com 的正向解析区域和 1.168.192 的反向解析区域。

```
#vim /etc/named.rfc1912.zones
//默认的文件内容前面已给出,只需在文件末尾添加以下两个 zone 区域声明
...
zone "xinyuan.com" IN {
      type master;
      file "xinyuan.com.zone";                //注意正向解析资源记录文件名
      allow-update { none; };
};

zone "1.168.192.in-addr.arpa" IN {
      type master;
      file "zone.xinyuan.com";                //注意反向解析资源记录文件名
      allow-update { none; };
```

```
};                                              //输入完毕,保存并退出
#
```

2. 建立新源公司域名正向和反向解析的资源记录文件

由于/var/named 目录下默认已有本地主机名的正向解析资源记录文件 named.
localhost 和本地回送地址的反向解析资源记录文件 named. loopback,所以为方便起见,
读者可以先把 named. localhost 文件复制为新源公司域名的正向解析资源记录文件 xinyuan.
com. zone,把 named. loopback 文件复制为反向解析资源记录文件 zone. xinyuan. com,然
后再对它们进行修改。当然,也可以直接新建这两个文件,然后输入下列内容。

```
#vim /var/named/xinyuan.com.zone
//编辑正向解析资源记录文件,修改或输入以下内容
$TTL 1D
@       IN      SOA     dns.xinyuan.com. admin.xinyuan.com. (
                        0       ; serial
                        1D      ; refresh
                        1H      ; retry
                        1W      ; expire
                        3H )    ; minimum
                IN  NS  dns.xinyuan.com.
dns             IN  A   192.168.1.1
www             IN  A   192.168.1.2
wbj             IN  CNAME www.xinyuan.com.
#                                              //输入完毕,保存并退出
#vim /var/named/zone.xinyuan.com
//编辑反向解析资源记录文件,修改或输入以下内容
$TTL 1D
@       IN      SOA     dns.xinyuan.com. admin.xinyuan.com. (
                        0       ; serial
                        1D      ; refresh
                        1H      ; retry
                        1W      ; expire
                        3H )    ; minimum
                IN  NS  dns.xinyuan.com.
1               IN  PTR dns.xinyuan.com.
2               IN  PTR www.xinyuan.com.
                                               //输入完毕,保存并退出
#
```

3. 修改 DNS 服务器主配置文件 named. conf 中的全局选项

DNS 服务器主配置文件 named. conf 的 options 一节中,默认仅在 IPv4 回送地址
127.0.0.1 和 IPv6 回送地址::1 上打开 DNS 服务默认的 53 端口,并只允许 127.0.0.1
客户端(即本机)发起查询。如果希望面向所有地址打开 53 端口,并允许网络中所有主机

查询,则还应再修改 options 节中以下 3 个配置行。

```
#vim /etc/named.conf
//默认的文件内容前面已给出,只须修改 options 节中的以下 3 个配置行
options {                                          //全局配置选项
        listen-on port 53{ any; };
        listen-on-v6 port 53{ any; };
        ...
        allow-query { any; };
        ...
};                                                 //修改完毕,保存并退出
#
```

4. 修改区域解析资源记录文件的权限和所属组

步骤 1   对 xinyuan.com 区域的正向和反向解析资源记录文件分别添加执行权(即 x 权限),或者将其权限设置为所有权限(777)。命令如下。

```
# chmod 777 /var/named/xinyuan.com.zone
# chmod 777 /var/named/zone.xinyuan.com
```

步骤 2   将 xinyuan.com 区域的正向和反向解析资源记录文件所属组更改为 named (该用户组在安装 named 服务时系统已自动建立),或者将这两个文件的文件主更改为 named 用户(该用户在安装 named 服务时系统也已自动建立)。命令如下。

```
# chgrp named /var/named/xinyuan.com.zone          //更改所属组
# chgrp named /var/named/zone.xinyuan.com
```

或者

```
# chown named /var/named/xinyuan.com.zone          //更改文件主
# chown named /var/named/zone.xinyuan.com
```

5. 启动或重新启动 named 服务

使用 rndc 命令启动或重新启动 named 服务。

```
#rndc reload
server reload successful
#
```

也可以使用 service 命令来启动或重新启动 named 服务。

```
# service named restart                            //重启 named 服务
Stopping named:                       [ OK ]
Starting named:                       [ OK ]
#
```

6. 关闭 iptables 防火墙和 SELinux

默认情况下,Linux 防火墙 iptables 是处于开启状态的,并且会阻挡 DNS 的访问,导致 DNS 域名解析失败。iptables 的使用不在本书的讨论范围内,有兴趣的读者可查阅相关资料自行学习,这里仅对 iptables 服务进行简单的关闭处理,操作方法如下。

```
#service iptables stop
//临时关闭 iptables 服务,如果要永久关闭可使用下面的命令
#chkconfig --level 35 iptables off
#
```

SELinux 是由美国国家安全局(NSA)在 Linux 社区的帮助下开发的一种强制访问控制(MAC)体系。在这种访问控制体系的限制下,进程只能访问它的任务中所需的文件。SELinux 有 3 种工作模式(或状态),即 disabled、permissive 和 enforcing,默认为 enforcing。简单地说,disabled 模式就是不装载(即关闭)SELinux 策略。后两种模式都是使 SELinux 策略有效,但其访问控制策略对用户操作的处理方式不同。permissive 模式下即使用户违反了策略也仍可以继续操作,只是把用户违反的内容记录下来;而 enforcing 模式下只要用户违反了策略就无法继续操作。关于 SELinux 的具体使用本书不再深究,这里仅对其进行简单的关闭处理,操作方法如下。

```
#getenforce                             //查看 SELinux 当前模式
Enforcing
#setenforce 0                           //临时关闭 SELinux 策略(即无效)
//也可以使用以下命令
#setenforce disabled
//如果要永久关闭 SELinux 策略,可以修改其配置文件/etc/selinux/config
#vim /etc/selinux/config
...//文件内容略,找到以下配置行
SELINUX=enforcing
//将该行内容修改为
SELINUX=disabled
#                                       //修改后保存并退出
```

7. 设置客户端并测试 DNS 服务器的正向和反向解析

无论是在 DNS 服务器本地还是在 Windows 或 Linux 客户端,要通过新源公司 DNS 服务器解析域名,只需将其网络参数配置中的 DNS 服务器地址改为 192.168.1.1 即可。由于在 Windows 或 Linux 客户端都可以使用 nslookup 命令来测试 DNS 服务器的域名解析是否成功,而且命令使用方法完全相同,所以以下面仅介绍设置 Linux 客户端并测试 DNS 服务器的正向和反向解析方法,Windows 客户端的设置请读者自行实施。

```
//------CentOS 客户端可以修改网络接口 eth0 配置文件中的 DNS1 配置行------//
#vim /etc/sysconfig/network-scripts/ifcfg-eth0
```

```
...                                          //其他配置内容略
IPADDR=192.168.1.8                           //设置 IP 地址
DNS1=192.168.1.1                             //设置主 DNS 服务器地址
#                                            //修改后保存并退出
# service network restart                    //重启网络接口
Shutting down interface eth0:                   [ OK ]
Shutting down loopback interface:               [ OK ]
Bringing up loopback interface:                 [ OK ]
Bringing up interface eth0: Determining if ip address 192.168.1.8 is already in
use for device eth0...                          [ OK ]
//-- RedHat、Fedora 等客户端应修改 resolv.conf 文件的 nameserver 语句-- //
# vim /etc/resolv.conf
nameserver 192.168.1.1                       //指定 DNS 服务器地址
#                                            //修改后保存并退出
//-------------------以下命令测试 DNS 域名解析---------------------//
# nslookup
> dns.xinyuan.com                            //测试域名正向解析 (A 记录)
Server:         192.168.1.1
Address:        192.168.1.1#53

Name:           dns.xinyuan.com
Address:        192.168.1.1
> www.xinyuan.com                            //测试域名正向解析 (A 资源记录)
Server:         192.168.1.1
Address:        192.168.1.1#53

Name:           www.xinyuan.com
Address:        192.168.1.2
> 192.168.1.1                                //测试反向解析 (PTR 资源记录)
Server:         192.168.1.1
Address:        192.168.1.1#53

1.1.168.192.in-addr.arpa        name = dns.xinyuan.com.
2.1.168.192.in-addr.arpa        name = www.xinyuan.com.
> set type=ns                                //测试 DNS 服务器 NS 资源记录
> xinyuan.com
Server:         192.168.1.1
Address:        192.168.1.1#53

xinyuan.com        nameserver = dns.xinyuan.com.
> set type=soa                               //测试起始授权机构 SOA 资源记录
> xinyuan.com
Server:         192.168.1.1
Address:        192.168.1.1#53

xinyuan.com
        origin = dns.xinyuan.com
        mail addr = admin.xinyuan.com
```

```
        serial = 0
        refresh = 86400
        retry = 3600
        expire = 604800
        minimum = 10800
> set type = cname                              //测试别名 CNAME 资源记录
> wbj.xinyuan.com
Server:          192.168.1.1
Address:         192.168.1.1#53

wbj.xinyuan.com canonical name = www.xinyuan.com.
> exit                                          //退出 nslookup
#
```

注意：上述是测试成功时显示的情况。如果 DNS 域名正向解析或反向解析测试不成功，则应仔细检查相关配置文件的位置和内容是否正确、资源记录文件的权限是否已正确设置、Linux 防火墙 iptables 和 SELinux 是否已关闭等。另外，可能会有读者认为反向解析没什么作用，因为在日常工作中使用最多的是正向解析，即域名到 IP 地址的转换。然而，有许多网络服务程序（如 HTTP、FTP 等）会以日志的形式记录客户端的连接请求，一旦收到客户端发来的 IP 数据包，就需要利用 DNS 的反向解析功能将 IP 地址转换成域名。这样，当管理员在查看日志文件时，就不用再面对令人费解的 IP 地址了，所以反向解析也是 DNS 一项非常重要的功能。

7.3　配置与访问 Web 服务器

Internet 上的信息发布是通过 Web 服务器上的 Web 站点来实现的，构建企业 Web 站点是企业用户信息化建设的重要环节，Web 服务器是 Intranet 网站的核心。本节为新源公司架设自己的 Web 服务器，并实现在同一台服务器上架设多个不同用途的站点，使公司员工能通过访问不同的 Web 站点完成不同的工作。

7.3.1　Web 服务器及其工作原理

1. Web 服务器概述

Web 服务器又称万维网（World Wide Web，WWW）服务器，它在网络中是为实现信息发布、资料查询、数据处理等诸多应用搭建基本平台的服务器。Web 服务器应用范围十分广泛，从个人、中小型企业到大型企业，用户需要根据 Web 服务器运行的应用、面向的对象以及用户的点击率等诸多因素来综合考虑其配置，同时还要综合考虑其性价比、安全性、易用性等各方面的因素。

伯纳斯•李发明了万维网技术及其协议，使分布在世界各地的科学家能通过

Internet 方便地彼此共享科研成果及其他信息。这个协议就是超文本传送协议（HyperText Transfer Protocol，HTTP），已成为今天的 Web 标准。由于 Web 技术对信息组织的灵活性和多样性，并使网上的用户不论在世界的任何地方都能使用浏览器快速、方便地浏览网页信息，因此 Web 应用很快成为一种使用最广泛、发展最迅速的网络应用。

Web 是通过超文本的方式，把分布在网络上的不同计算机上的文字、图像、声音、视频等多媒体信息利用超文本置标语言（HyperText Markup Language，HTML）有机地结合在一起，让用户通过浏览器实现信息的检索。超文本文件是一种以叙述某项内容为主体的文本文件，在 HTTP 的支持下，文本中的被选词可以扩充到所关联的其他信息，这种关联称为超链接。被链接的文档又可以包含其他文档的链接，而且文档可以分布在世界各地的其他计算机上。由于人们的思维通常是跳跃式、联想式的，因此使用超文本顺应了人们的思维习惯。

HTML 是用来创建超文本文档的简单置标语言，这些文档可以从一个操作平台移植到另一个操作平台。HTML 文件通常称为 Web 页或网页，是标准的 ASCII 文本文件，其中嵌入的标记表示文本格式和超链接，这些标记由客户机的浏览器解释。

Web 采用了统一资源定位符（Uniform Resource Locator，URL）来标识网络各种类型的信息资源，使每一个信息资源在 Internet 范围内都具有唯一的标识。这些资源可以是 Internet 上任何可被访问的对象，包括文件目录、文本文件、图像文件、声音文件以及电子邮件地址、USENET 新闻分组、BBS 中的讨论组等。URL 不仅要表示资源的位置，还要明确浏览器访问资源时采用的方式或协议。URL 由 3 部分组成，其格式一般如下。

> 协议类型://主机域名/[路径][文件名]

其中，协议类型有 HTTP、FTP、Telnet 以及访问本地计算机中文件资源的 File 等。

2. Web 服务器的工作原理

Web 采用浏览器/服务器（B/S）模式工作，浏览器与服务器之间的通信遵循 HTTP 协议。其中浏览器就是用户计算机上的客户程序；服务器是提供网页数据的分布在网络上的成千上万台计算机，这些计算机运行服务器程序，所以也被称为 Web 服务器。

Web 服务器的工作原理如图 7-6 所示。

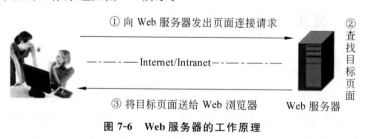

① 向 Web 服务器发出页面连接请求
② 查找目标页面
—— Internet/Intranet ——
③ 将目标页面送给 Web 浏览器　　Web 服务器

图 7-6　Web 服务器的工作原理

浏览器向 Web 服务器发出服务请求，而 Web 服务器具体负责数据处理、数据查询与更新、产生网页文件等操作，这些操作是由 CGI、ASP 等实现的，并向浏览器传送相应的 Web 超媒体文档如网页。客户端的浏览器能解释网页的各种标记或脚本以及 Java、

ActiveX 等语言,并在客户机上运行,如屏幕上显示动画等。

Web 浏览器是用户检索查询、采撷、获取 Web 服务器上各种信息资源的工具,不同的浏览器其功能有强有弱,但都具有以下基本功能。

(1) 检索功能。浏览器具有读入 HTML 文档或其他类型的超文本文件,解释 HTML 所描述的图表、声音、动画、表格以及进一步的链接信息,能利用 HTTP 链接并检索其他任何 Web 服务器上的数据和信息。

(2) 文件服务功能。可以实时阅读下载的文档,在查阅文档时可随时保存、打印或浏览,下载过程可随时中止。

(3) 编辑 Web 页。通过编辑器可查阅、编辑 Web 页的源文件。

(4) 提供其他 Internet 服务,如用作 FTP、Telnet、E-mail 等服务的客户端软件。

3. Apache 简介

Apache 源自美国国家超级技术计算应用中心的 Web 服务器项目,目前已在 Internet 中占据了主导地位,几乎所有的 Linux 发行版都自带 Apache。Apache 不仅快速、可靠,而且完全免费和源代码开放。如果需要创建一个每天有数百万次访问的 Web 站点,Apache 会是较好的选择。当然,Apache 需要经过精心配置,才能适应高负荷、大吞吐量的 Internet 工作。

Apache 的主要特性有:几乎可以运行在所有的计算机平台上;支持 HTTP/1.1 协议;简单而强大的 httpd.conf 配置文件;支持通用网关接口;支持虚拟主机;支持 HTTP 验证;集成 Perl;集成代理服务器;可以通过 Web 浏览器监视服务器的状态并自定义日志;支持服务器端包含命令;支持安全 Socket;具有用户会话过程的跟踪能力;支持 FASTCGI;支持 Java Servlets;支持 PHP;实现了动态共享对象并允许在运行时动态装载功能模块;支持第三方软件开发商提供的大量功能模块。

7.3.2　设计企业 Web 服务方案

1. 项目需求分析

应用电子商务可使企业获得在传统模式下无法获得的大量商业信息,在激烈的市场竞争中领先对手。因此,为了树立全新的企业形象,进一步强化公司与客户的互动性,优化公司内部管理,完善产品展示、新闻发布、售后服务、企业论坛等功能,从而使公司同合作伙伴、经销商、客户和浏览者之间的关系更加密切,增强竞争力,最终达到优化企业经营模式,提高企业运营效率的总目标,新源公司决定配置一台符合自己需求的 Web 服务器,形成一个最新的技术架构和应用系统平台。

由于新源公司规模不是很大,目前在整个企业信息化项目中仅构架一台单网卡 Web 服务器,而且对 Web 服务器的点击率要求并不高。但是,新源公司在这台 Web 服务器上至少要构架以下 4 个站点。

(1) 公司主网站(外网站点),即在外网上可访问的公司网站,主要用于产品展示、新闻发布、售后服务、企业论坛等。

（2）用于公司员工业绩考核的站点。

（3）公司员工培训和考试的专用站点。

（4）仅限于公司内部访问的站点，除外网站点具备的功能外，还包括公司内部资料、内部通知、内部公告等内容。

2. 设计网络拓扑结构

新源公司内部架设的 Web 服务项目的网络拓扑结构如图 7-7 所示。

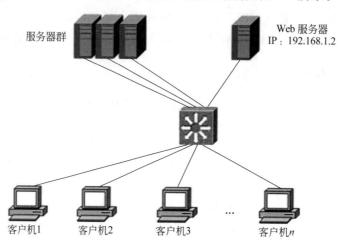

图 7-7　Web 服务项目的网络拓扑结构

3. 设计 Web 站点方案

根据项目需求，同时也为了让读者能学会在同一台服务器上采用多种不同方法来架设多个 Web 站点，我们对新源公司需要架设的 4 个 Web 站点规划与设计如表 7-10 所示。

表 7-10　新源公司 Web 站点规划与设计

站点名称	站点域名	IP 地址	端口	网站目录	实施方案
公司外网站点	www.xinyuan.com	192.168.1.2	80	/var/www/html	默认站点
业绩考核站点	yjkh.xinyuan.com	192.168.1.5	80	/var/www/site2	不同 IP 地址
培训考试站点	study.xinyuan.com	192.168.1.2	8080	/var/www/site3	不同端口号
公司内网站点	www2.xinyuan.com	192.168.1.2	80	/var/www/site4	不同主机头

7.3.3　企业 Web 服务项目的实施

按照新源公司的 IP 地址规划以及 DNS 服务项目的实施，Apache 安装在 IP 地址为 192.168.1.2 的 Linux 系统上，其软件包和服务名称均为 httpd，如何查询、安装以及配置服务器 IP 地址在前几个项目中已有详细介绍,这里不再赘述。

1. 使用 Apache 默认配置来架设公司的第一个站点

Apache 的主配置文件为/etc/httpd/conf/httpd.conf,它包含了针对服务器自身及架设 Web 站点的全部配置信息。因此,只要通过修改 httpd.conf 文件中的配置项,就可以对 Apache 以及架设的 Web 站点实现高效、精准和安全的配置。

httpd.conf 文件中的可配置项非常多,其含义和作用的详细解释可参阅本书附录 A。对于初学者来说,应首先掌握几个最基本也最重要的配置项,包括设置服务器根目录、监听端口号、运行服务器的用户和组、根文档路径、Web 站点默认文档等。

```
#vim /etc/httpd/conf/httpd.conf
//这里仅列出如下几个最基本也是最重要的配置项的默认配置
ServerRoot "/etc/httpd"                         //默认的服务器根目录
Listen 80                                       //默认监听的端口号
User apache                                     //运行服务器的用户名
Group apache                                    //运行服务器的组名
ServerAdmin root@localhost                      //默认的管理员邮箱地址
DocumentRoot "/var/www/html"                    //默认的根文档路径
DirectoryIndex index.html index.html.var        //Web 站点的默认文档
...
#
```

事实上,使用 Apache 主配置文件 httpd.conf 的默认配置,就已经能满足一个基本的 Web 站点需求。因此,架设新源公司第一个默认的外网站点,无须对 httpd.conf 文件做任何修改,只要在/var/www/html/目录下创建一个文件名为 index.html 的首页,并启动 httpd 服务即可。如何设计一个符合企业需求、布局合理美观的 Web 站点首页不是本书讨论的范畴,这里仅给出一个简单的 index.html 样本,供读者测试时参考使用。

```
#vim /var/www/html/index.html                        //编辑主页,输入以下内容
<HTML>
<HEAD>
    <TITLE>新源公司</TITLE>
</HEAD>
<BODY LANG="zh-CN" DIR="LTR">
<P ALIGN=CENTER STYLE="margin-bottom: 0cm"><FONT SIZE=6 STYLE="font-size:
32pt">新 源 公 司</FONT></P>
<P ALIGN=CENTER STYLE="margin-bottom: 0cm"></P>
<P ALIGN=CENTER STYLE="margin-bottom: 0cm"><FONT SIZE=5 STYLE="font-size:
20pt">第一个网站:可供外网访问的默认主站点</FONT></P>
</BODY>
</HTML>
                                                     //输入完毕,保存并退出
#service httpd start                                 //启动 httpd 服务
Starting httpd:                                      [ OK ]
#
```

成功启动 httpd 服务后,在客户端浏览器的地址栏中输入 http://www.xinyuan.com 或 http://192.168.1.2 就可以访问站点的主页,如图 7-8 所示。

图 7-8　客户端测试浏览公司第一个网站

2. 使用虚拟主机在同一台服务器上架设多个 Web 站点的方法

接下来还要在同一台物理服务器上架设 3 个 Web 站点,这可以通过配置虚拟主机的方法来实现。用 Apache 设置虚拟主机的方法主要有 IP 地址法、TCP 端口法和主机头名法(也称为基于域名的虚拟主机),这 3 种方法都是通过配置 VirtualHost 容器来实现的。VirtualHost 容器中包含以下 5 条指令。

(1) ServerAdmin:指定虚拟主机管理员的 E-mail 地址。

(2) DocumentRoot:指定虚拟主机的根文档目录。

(3) ServerName:指定虚拟主机的名称和端口号。

(4) ErrorLog:指定虚拟主机的错误日志存放路径。

(5) CustomLog:指定虚拟主机的访问日志存放路径。

注意:每个虚拟主机都会从主服务器继承相关的配置,例如,DirectoryIndex 配置项设置了主页文件名查找顺序,因此当使用 IP 地址或域名访问虚拟站点时也将按此顺序查找主页,从而浏览 index.html 主页内容。

当然,如果希望新源公司其余 3 个 Web 站点都能使用域名访问,则在实施这些站点配置之前,还需要为其域名配置相应的 DNS 解析记录,此项工作可参考 7.2 节通过修改资源记录文件来自行实施。另外,对于新源公司其余 3 个 Web 站点用于测试的首页文档,读者可在第一个站点的 HTML 文档基础上适当修改文字内容,只要使浏览的页面内容有所不同即可,以下不再给出主页文档 index.html 的参考样本。

3. 采用不同 IP 地址配置虚拟主机来架设公司的第二个站点

这种方式需要为服务器的网络接口绑定多个 IP 地址来为多个虚拟主机服务。根据本项目的设计方案,业绩考核站点是通过采用一个网卡绑定另一个 IP 地址 192.168.1.5 来架构的。站点域名地址为 yjkh.xinyuan.com,主页文件存放在目录/var/www/site2/中。实施步骤如下。

步骤 1　用以下命令为一块网卡配置子接口并绑定一个(或多个)新的 IP 地址。

```
#ifconfig eth0:1 192.168.1.5 up          //配置 eth0:1 子接口并绑定 IP 地址
#ifconfig                                //显示所有网络接口的配置情况
#
```

注意：使用 ifconfig 命令只能对网络接口做临时配置，这些配置信息在计算机重新启动后将会丢失。如果要对网络接口参数做永久性配置，可以使用下面的方法创建并编辑新的子接口参数。

```
#cd /etc/sysconfig/network-scripts        //进入 network-scripts 目录
#cp ifcfg-eth0 ifcfg-eth0:1
//将网络接口 eth0 配置文件复制为子接口 eth0:1 的配置文件
#vim ifcfg-eth0:1                         //打开子接口 eth0:1 配置文件进行修改
//内容略,仅需将 ifcfg-eth0 复制过来的内容修改接口名称和 IP 地址即可
...
DEVICE=eth0:1                             //改为子接口名 eth0:1
...
IPADDR=192.168.1.5                        //改为新的 IP 地址 192.168.1.5
...                                       //修改完毕,保存并退出
#ifconfig eth0:1 up
# service network restart                 //重启网络配置
#
```

步骤 2　配置 DNS 服务器，在正向解析资源文件中添加一行主机记录（A 记录），设置域名 yjkh. xinyuan. com 指向 IP 地址 192.168.1.5，并重新启动 named 服务。

步骤 3　在/var/www/目录下创建一个子目录 site2，然后在 site2 子目录下创建一个文件名为 index. html 的网站首页。

步骤 4　修改主配置文件 httpd. conf，在文件最后添加以下内容，然后保存文件，重新启动 httpd 服务。

```
#vim /etc/httpd/conf/httpd.conf          //编辑 httpd.conf 文件,添加以下内容
<VirtualHost 192.168.1.5>                //或者<VirtualHost 192.168.1.5:80>
    DocumentRoot /var/www/site2
</VirtualHost>
                                         //添加完毕,保存并退出
#service httpd restart                   //重启 httpd 服务
#
```

步骤 5　打开客户端浏览器，在地址栏中输入 http：//yjkh. xinyuan. com，即可在浏览器中显示步骤 3 中创建的主页内容，如图 7-9 所示。

4. 采用不同端口号配置虚拟主机来架设公司的第三个站点

根据本项目的设计方案，新源公司培训考试站点就是使用特殊的 TCP 端口号（8080）来与其他站点区分的。该站点与另外两个站点都绑定了 192.168.1.2 的 IP 地址，站点域名地址为 study. xinyuan. com，网站存放目录为/var/www/site3/。

图 7-9　客户端浏览测试新源公司第二个网站

步骤 1　配置 DNS 服务器,在正向解析资源文件中添加一行主机记录(A 记录),设置域名 study. xinyuan. com 指向 IP 地址 192.168.1.2,并重新启动 named 服务。

步骤 2　在/var/www/目录下创建一个子目录 site3,然后在 site3 子目录下创建一个文件名为 index. html 的网站首页。

步骤 3　修改主配置文件 httpd. conf,在文件最后添加以下内容,然后保存文件,重新启动 httpd 服务。

```
#vim /etc/httpd/conf/httpd.conf          //编辑 httpd.conf 文件,添加以下内容
Listen 8080
<VirtualHost 192.168.1.2:8080>
    DocumentRoot /var/www/site3
</VirtualHost>
                                         //添加完毕,保存并退出
#service httpd restart                   //重启 httpd 服务
#
```

步骤 4　打开客户端浏览器,在地址栏中输入 http://study. xinyuan. com:8080,即可在浏览器中显示步骤 2 中创建的主页内容,如图 7-10 所示。

图 7-10　客户端浏览测试新源公司第三个网站

5. 采用不同主机头名配置虚拟主机来架设公司的第四个站点

基于域名的虚拟主机(即主机头名法)是中小型企业网络中实现一台服务器上架设多

个 Web 站点较为适合的一种解决方案,因为它不需要更多的 IP 地址,而且配置简单,也无须特殊的软、硬件支持。

　　根据本项目的设计方案,新源公司内网站点就是使用不同的主机头名(也就是主机域名不同)来与其他站点区分的。该站点与另外两个站点(供外网访问的主站点和员工培训考试站点)都绑定了同一个 IP 地址 192.168.1.2,并且都使用默认的 80 端口,只是该站点的主机头名为 www2,即站点域名为 www2.xinyuan.com,其主页文件存放的目录为 /var/www/site4/。配置该站点的具体实施步骤如下。

　　步骤 1　配置 DNS 服务器,在正向解析资源文件中添加一行主机记录(A 记录),设置域名 www2.xinyuan.com 指向 IP 地址 192.168.1.2,并重新启动 named 服务。

　　步骤 2　在 /var/www/ 目录下创建一个子目录 site4,然后在 site4 子目录下创建文件名为 index.html 的首页默认文档。

　　步骤 3　修改主配置文件 httpd.conf,在文件最后添加以下内容,然后保存文件,重新启动 httpd 服务。

```
#vim /etc/httpd/conf/httpd.conf        //编辑 httpd.conf 文件,添加以下内容
NameVirtualHost 192.168.1.2            //或 NameVirtualHost 192.168.1.2:80
<VirtualHost 192.168.1.2>              //或 <VirtualHost 192.168.1.2:80>
    ServerName www2.xinyuan.com
    DocumentRoot /var/www/site4
</VirtualHost>
                                       //添加完毕,保存并退出
#service httpd restart                 //重新启动 httpd 服务
#
```

　　步骤 4　打开客户端浏览器,在地址栏中输入 http://www2.xinyuan.com,即可在浏览器中显示步骤 2 中创建的主页内容,如图 7-11 所示。

图 7-11　客户端浏览测试新源公司第四个网站

7.3.4　深入配置 Web 服务器

　　Web 服务器的主配置文件 httpd.conf 包含了针对服务器自身及架设 Web 站点的全部配置信息,可以实现 Web 站点的高效、精准和安全配置,满足企业的各种需求。在上述

187

已为新源公司架设的符合项目基本需求的多个 Web 站点的基础上,下面介绍为每个用户配置 Web 站点、基于主机的授权、基于用户的验证等配置以及组织和管理 Web 站点的方法,仅作为学习的附加任务,以引领读者深入配置 Web 服务器。

1. 为每个用户配置 Web 站点

为每个用户配置 Web 站点,可以使 Web 服务器上拥有有效账号的每个用户都能够架设自己单独的 Web 站点。这里在为新源公司架设第一个 Web 站点的基础上,以 wbj 用户为例,介绍为该用户配置单独的 Web 站点的操作步骤。

步骤 1 打开主配置文件/etc/httpd/conf/httpd.conf,找到如下配置内容。

```
#vim /etc/httpd/conf/httpd.conf
...                                     //找到如下一节内容
<IfModule mod_userdir.c>
    UserDir disable
    #UserDir public_html
</IfModule>
...
```

将上述内容修改为

```
<IfModule mod_userdir.c>
    UserDir disable root
    UserDir public_html
</IfModule>                             //修改后保存并退出
#
```

其中,UserDir disable root 表示禁止 root 用户使用自己的个人站点,这主要是出于安全性考虑;UserDir public_html 是对每个用户 Web 站点目录的设置。

步骤 2 在主配置文件/etc/httpd/conf/httpd.conf 中找到如下配置内容。

```
#vim /etc/httpd/conf/httpd.conf
...                                     //找到如下一节内容
#<Directory "/home/*/public_html">
#       AllowOverride None
#       Options MultiViews Indexes SymLinksIfOwnerMatch IncludesNoExec
#       <Limit GET POST OPTIONS>
#               Order allow,deny
#               Allow from all
#       </Limit>
#       <LimitExcept GET POST OPTIONS>
#               Order deny,allow
#               Deny from all
#       </LimitExcept>
#</Directory>
...
#
```

将该节内容每行前面的 ♯ 去掉,即让配置项生效。该节用来设置每个用户 Web 站点目录的访问权限。保存 httpd.conf 文件后,使用下面的命令重启 httpd 服务。

```
# service httpd restart
```

步骤 3　为每个用户的 Web 站点目录配置访问控制。以 wbj 用户为例,命令如下。

```
# su wbj                       //临时切换为 wbj 用户身份
$ cd ~                         //回到 wbj 用户的主目录
$ mkdir public_html            //在 wbj 目录下创建 public_html 目录
$ cd ..                        //回到 wbj 目录的上级目录,即 home 目录
$ chmod 711 wbj                //修改 wbj 目录的权限为 711
```

步骤 4　编辑一个主页文件/home/wbj/public_html/index.html。

步骤 5　访问用户 wbj 的主页,即在浏览器的地址栏中输入 http://192.168.1.2/~wbj/或者 http://www.xinyuan.com/~wbj/,按 Enter 键即可浏览出上一步所编辑的页面。

注意:一定不要忘记修改 wbj 目录的权限,即 $ chmod 711 wbj,若不执行该命令,将会出现标题为 Forbidden 的错误提示页面。另外,对 httpd.conf 文件修改后,必须重启 httpd 服务才能使修改生效。

2. 配置基于主机的授权

Apache 的管理员需要对一些关键信息进行保护,即只能是合法用户才能访问这些信息。Apache 提出了两种方法:基于主机的授权和基于用户的验证。

基于主机的授权是通过修改 httpd.conf 文件实现的,操作步骤如下。

步骤 1　前面已经在/var/www/site4/目录下创建了基于域名的虚拟主机,即新源公司内网站点 www2.xinyuan.com。首先在/var/www/site4/目录中创建一个 secret 子目录,然后在这个目录中创建 index.html 主页文件,其内容是"您是基于主机授权的合法用户"。

步骤 2　修改主配置文件 httpd.conf,在其中添加以下内容,保存 httpd.conf 文件,重启 httpd 服务。

```
# vim /etc/httpd/conf/httpd.conf           //编辑 httpd.conf 文件,添加以下内容
<Directory "/var/www/site4/secret/">
    Allow from 192.168.1.22                 //允许 IP 为 192.168.1.22 的主机访问
    Deny from 192.168.1.0/255.255.255.0     //拒绝该子网中的其他主机访问
    Order deny,allow
</Directory>
#                                           //修改后保存并退出
# service httpd restart                     //重启 httpd 服务
```

步骤 3　在服务器上打开浏览器,在地址栏中输入 http://www2.xinyuan.com/secret,结果访问被拒绝,显示"Authentication required! ... Error 401"的错误页面。因

189

为服务器本身的 IP 地址为 192.168.1.2，而 secret 目录仅允许 IP 地址为 192.168.1.22 的主机访问。

步骤 4　重新修改主配置文件 httpd.conf，在步骤 2 添加的内容中，把允许访问的主机 IP 地址改为 192.168.1.2，保存 httpd.conf 文件，重启 httpd 服务。这样，在服务器上打开浏览器，在地址栏中输入 http://www2.xinyuan.com/secret，就会打开前面创建的主页。

注意：Order 指令后面的 Deny，Allow 或 Allow，Deny 之间不能有空格。Allow、Deny、Order 指令的使用说明如表 7-11 所示。

表 7-11　Allow、Deny、Order 指令的使用说明

指　令	使　用　说　明	
Order	指定执行允许访问规则和执行拒绝访问规则的先后顺序，该指令有以下两种形式。 ① Order Allow，Deny：先执行允许访问规则，再执行拒绝访问规则，默认情况下将会拒绝所有没有明确被允许的客户 ② Order Deny，Allow：先执行拒绝访问规则，再执行允许访问规则，默认情况下将会允许所有没有明确被拒绝的客户	
Deny	定义拒绝访问列表	Deny 和 Allow 指令后面跟以下几种形式的访问列表。 All：表示所有客户； IP 地址：指定完整的 IP 地址或部分 IP 地址； 域名：表示域内的所有客户； 网络/子网掩码：例如 192.168.1.0/255.255.255.0； CIDR 规范：例如 192.168.1.0/24
Allow	定义允许访问列表	

3. 配置基于用户的验证

对于安全性要求较高的场合，一般采用基于用户验证的方法，该方法与基于主机的授权方法有一定关系。当用户访问 Web 服务器的某个目录时，会先根据 httpd.conf 文件中 Directory 的设置，来决定是否允许用户访问该目录。如果允许，还会继续查找该目录或其父目录中是否存在 .htaccess 文件，它用来决定是否需要对用户进行身份验证。

基于用户的验证可以在 httpd.conf 文件中配置，也可以在 .htaccess 文件中配置。

（1）在主配置文件 httpd.conf 中配置验证和授权，操作步骤如下。

步骤 1　修改主配置文件 httpd.conf，将前面"配置基于主机授权"时添加的内容修改成以下内容。然后保存 httpd.conf 文件，重启 httpd 服务。

```
#vim /etc/httpd/conf/httpd.conf          //编辑 httpd.conf 文件，添加以下内容
<Directory "/var/www/site4/secret/">
    AllowOverride None
    AuthType Basic
    AuthName "secret"
    AuthUserFile /etc/httpd/conf/htpasswd
    Require user friend me
</Directory>                             //修改后保存并退出
#
```

注意：AllowOverride None 的作用是不使用.htaccess 文件，直接在 httpd.conf 文件中进行验证和授权的配置。

步骤 2　创建 Apache 用户，只有合法的 Apache 用户才能访问相应目录下的资源，Apache 软件包中有一个用于创建 Apache 用户的工具 htpasswd，执行如下命令就可以添加一个名为 wbj 的 Apache 用户。

```
#htpasswd -c /etc/httpd/conf/htpasswd wbj
New password:
Retype new password:                    //提示输入密码
Adding password for user wbj            //提示再次输入密码
#
```

htpasswd 命令的选项-c 表示创建一个新的用户密码文件，这只是在添加第一个 Apache 用户时是必需的，此后再添加 Apache 用户或修改 Apache 用户密码时就可以不加该选项了。按此方法再为 Apache 添加两个用户：friend 和 me。

步骤 3　将/var/www/site4/secret/index.html 文件的内容修改为"您是基于用户验证和授权的合法用户"。然后，在客户端浏览器的地址栏中输入 http://www2.xinyuan.com/secret，浏览器会弹出"请为'secret'@www2.xinyuan.com 输入用户名和密码"的提示信息，此时输入合法的 Apache 用户名和密码，单击"确定"按钮后就会显示设置的主页。

（2）在.htaccess 文件中配置验证和授权，操作步骤如下。

步骤 1　修改主配置文件 httpd.conf，将方法（1）步骤 1 中的内容修改为以下内容。然后保存 httpd.conf 文件，重启 httpd 服务。

```
<Directory "/var/www/site4/secret/">
    AllowOverride AuthConfig
</Directory>
```

注意：AllowOverride AuthConfig 的作用是允许在.htaccess 文件中使用验证和授权指令。所有的验证配置指令都可以出现在主配置文件的 Directory 容器中，也可以出现在.htaccess 文件中。该文件中常用的配置命令如表 7-12 所示。

表 7-12　.htaccess 文件中常用的配置命令

配 置 命 令	作　　用
AuthName	指定验证区域名称，该名称是在访问时弹出的"提示"对话框中向用户显示的
AuthType	指定验证类型
AuthUserFile	指定一个包含用户名和密码的文本文件
AuthGroupFile	指定包含用户组清单和这些组成员清单的文本文件
Require	指定哪些用户或组能被授权访问，例如： Require user wbj me——只有用户 wbj 和 me 可以访问 Require group wbj——只有组 wbj 中的成员可以访问 Require valid-user——在 AuthUserFile 指定文件中的任何用户都可以访问

步骤 2 按方法(1)的步骤 2 创建 3 个 Apache 用户：wbj、friend 和 me。然后，在/war/www/site4/secret/目录中生成.htaccess 文件,输入以下内容并保存文件。

```
#vim/var/www/site4/secret/.htaccess          //编辑.htaccess 文件,输入以下内容
AuthName"www"
AuthType basic
Require user wbj me
AuthUserFILE/etc/httpd/conf/htpasswd          //输入完毕后保存并退出
#
```

步骤 3 按方法(1)的步骤 3 修改/var/www/site4/secret/index.html 文件。在客户端浏览器的地址栏中输入 http://www2.xinyuan.com/secret,并输入用户名 wbj 或 me 及其相应的密码后,同样可以显示设置的主页。但如果使用 friend 用户,则无法访问该主页,因为此时是使用.htaccess 文件来验证和授权的,而 friend 用户并未被授权访问。

4. 组织和管理 Web 站点

Web 服务器中的内容会随着时间的推移越来越多,这就会给服务器的维护带来一些问题,比如在根文档目录空间不足的情况下,如何继续添加新的站点内容？ 在文件移动位置之后,如何使用户仍然能够访问？ 下面给出解决这些问题的方法。

(1) 符号链接。在 Apache 的默认配置中已经包含了以下有关符号链接的配置项。

```
<Directory />
    Options FollowSymLinks
    AllowOverride None
</Directory>
<Directory "/var/www/html">
    Options Indexes FollowSymLinks
    AllowOverride None
    Order allow,deny
    Allow from all
</Directory>
```

其中,Options FollowSymLinks 就是符号链接的配置项。因此只需在根文档目录下使用下面的命令创建符号链接即可。

```
#cd /var/www/html                    //进入根文档目录
#ln -s /mnt/wbj SymLinks              //创建/mnt/wbj 目录的符号链接
```

此后,在客户端浏览器的地址栏中输入 http://192.168.1.2/SymLinks,就会在浏览器窗口中显示出/mnt/wbj/目录下的文件列表。

(2) 别名。使用别名也是一种将根文档目录以外的内容加入站点的方法。在 Apache 的默认配置中,error 和 manual 这两个目录都被设置成别名访问,同时还使用 Directory 容器对别名目录的访问权限进行了配置。设置别名访问的方法可参阅主配置文件 httpd.conf 默认配置项中的相关内容。

（3）页面重定向。当用户经常访问某个站点的目录时，便会记住这个目录的 URL，如果站点进行了结构更新，那么用户在使用原来的 URL 访问时，就会出现"页面没有找到"的错误提示信息。为了让用户可以继续使用原来的 URL 访问，就需要配置页面重定向。例如，一个静态站点中用目录 years 存放当前季度的信息，如春季 spring，当到了夏季，就将 spring 目录移到 years.old 目录中，此时 years 目录中存放 summer，这时就应该将 years/spring 重定向到 years.old/spring。

首先，使用下面的命令在/var/www/html 中创建两个目录：years 和 years.old，然后在 years 中创建目录 spring，并在 spring 中创建一个 index.html 网页文件。

```
#cd /var/www/html                    //进入根文档目录
#mkdir years years.old               //创建 years 和 years.old 两个目录
#mkdir years/spring                  //在 years 下创建 spring 目录
#vim years/spring/index.html         //编辑网页文件，输入内容后保存并退出
```

在浏览器地址栏中输入 http://192.168.1.2/years/spring，即可浏览刚才创建的网页。若到了夏季，spring 被移到 years.old 中，则应修改 httpd.conf 文件，在文件尾添加以下配置行。

```
Redirect 303/years/spring http://192.168.1.2/years.old/spring    //重定向
```

重启 httpd 服务后，在浏览器地址栏中输入 http://192.168.1.2/years/spring，则同样会显示刚才创建的网页，且地址栏中内容自动变为 http://192.168.1.2/years.old/spring。

5. 搭建动态网站环境简介

在前面的项目实施中所架构的网站都只包含了一个简单的静态首页 index.html，也是默认情况下只支持的静态网站。但是，现在的网站一般都采用动态技术实现，可以运行动态交互式网页，这就需要搭建动态网站环境。

在 Linux 平台下，通常采用 Apache＋MySQL＋PHP 开放资源网络开发平台，它们已成为架构动态 Web 网站的"黄金组合"，所以业内将 Linux、Apache、MySQL 和 PHP 的首字母连在一起，把这种组合简称为 LAMP。也就是说，基于 Linux 操作系统，以最通用的 Apache 架设 Web 服务器，用带有基于网络管理附加工具的关系型数据库 MySQL 充当后台数据库，用流行的对象脚本语言 PHP 或 Perl、Python 作为开发 Web 程序的编程语言。

这种"黄金组合"因为都是开源代码软件，其免费和开源的方式对于全世界用户都具有很强的吸引力，无论企业和个人开发者，无须再付费购买"专业"的商用软件。特别是在互联网方面，不需要为软件的发布支付任何许可证费就可以开发和应用基于 LAMP 的项目。这种架构具有系统效率高、灵活、可扩展、稳定和安全等优点，可运行于 Windows、Linux、UNIX、Mac OS 等多种操作系统。

有关 MySQL 和 PHP 的安装、配置和管理本书不再深入介绍，有兴趣的读者可参阅相关资料进一步学习。

参 考 文 献

[1] 颜彬. 计算机操作系统[M]. 西安：西安电子科技大学出版社，2001.

[2] 张尧学，史美林. 计算机操作系统教程[M]. 2 版. 北京：清华大学出版社，2000.

[3] 潘红，张同光. Linux 操作系统[M]. 北京：高等教育出版社，2006.

[4] 吴庆菊. 操作系统[M]. 北京：科学出版社，2003.

[5] 王宝军. 微型计算机磁盘操作系统[M]. 2 版. 北京：中国劳动社会保障出版社，2006.

[6] 刘振鹏，李亚平，王煜，等. 操作系统[M]. 北京：中国铁道出版社，2004.

[7] 刘振鹏，王煜，张明，等. 操作系统习题解答与实验指导[M]. 北京：中国铁道出版社，2004.

[8] William Stallings. 操作系统——内核与设计原理[M]. 魏迎梅，译. 4 版. 北京：电子工业出版社，2001.

[9] Andrew S. Tanenbaum. 现代操作系统[M]. 陈向群，译. 北京：机械工业出版社，1999.

[10] Peter Baer Galvin. 操作系统概念[M]. 郑扣根，译. 6 版. 北京：高等教育出版社，2004.

[11] J. Archer Harris. 操作系统习题与解答[M]. 须德，译. 北京：机械工业出版社，2003.

[12] 王宝军. 网络服务器配置与管理项目化教程(Windows Server 2008＋Linux)[M]. 北京：清华大学出版社，2015.

[13] SmarTraining 工作室，梁如军，丛日权. Red Hat Linux 9 网络服务[M]. 北京：机械工业出版社，2006.

[14] 何世晓. Linux 网络服务配置详解[M]. 北京：清华大学出版社，2011.

[15] 倪继利. Linux 安全体系分析[M]. 北京：电子工业出版社，2007.

[16] 施威铭研究室. Linux 命令详解词典[M]. 北京：机械工业出版社，2008.

[17] 江锦祥，王宝军. 计算机网络与应用[M]. 2 版. 北京：科学出版社，2009.

[18] 陈忠文，周志敏. Linux 操作系统实训教程[M]. 2 版. 北京：中国电力出版社，2009.

附录 A   GRUB、Samba 和 Apache 配置详解

A.1   GRUB 配置与命令详解

第 2 章介绍了 GRUB 的基本概念、设备命名和默认配置，并对默认引导的操作系统和延迟时间进行了简单设置。这里进一步详细介绍 GRUB 配置文件 grub. conf 中各配置行的说明、控制台应用以及可用命令。

1. GRUB 的用户界面

GRUB 的用户界面有 3 种：命令行模式、菜单模式和菜单编辑模式。

（1）命令行模式。进入命令行模式后，GRUB 会给出一个命令提示符"grub＞"，此时就可以输入命令，按 Enter 键执行。此模式下可执行的命令是在 menu. lst 中可执行命令的一个子集，允许类似于 Bash Shell 的命令行编辑功能。

（2）菜单模式。当存在/boot/grub/menu. lst 文件时，系统启动后会自动进入该模式。菜单模式下用户只需用上、下箭头来选择要引导的操作系统或者执行某个命令块。菜单定义在 menu. lst 文件中，也可以从菜单模式按 C 键进入命令行模式，并且可以按 Esc 键从命令行模式返回菜单模式。菜单模式下按 E 键将进入菜单编辑模式。

（3）菜单编辑模式。菜单编辑模式用来对菜单项进行编辑，其界面和菜单模式的界面十分相似，不同的是菜单中显示的是对应某个菜单项的命令列表。如果在菜单编辑模式下按 Esc 键，将取消所有当前对菜单的编辑，并回到菜单模式下。在编辑模式下选中一个命令，就可以对它进行修改，修改完毕按 Enter 键，GRUB 将会提示用户确认。

2. 文件名称及 GRUB 的根文件系统

当在 GRUB 中输入包括文件的命令时，文件名必须直接在设备和分区后指定。绝对文件名的格式为如下。

```
(.)/path/to/file
```

大多数时候可以通过在分区上的目录路径后加上文件名来指定文件。另外，也可以将不在文件系统中出现的文件指定给 GRUB，比如在一个分区最初几块扇区中的链式引导装载程序。为了指定这些文件，需要提供一个块列表，由它来逐块地告诉 GRUB 文件

在分区中的位置。当一个文件是由几个不同的块组合在一起时,需要有一个特殊的方式来写块列表。每个文件片段的位置由一个块的偏移量以及从偏移点开始的块数来描述,这些片段以一个逗号分界的顺序组织在一起。

例如,块列表 0＋50、100＋25、200＋1 告诉 GRUB 使用一个文件,这个文件起始于分区的第 0 块,使用了第 0 块到第 49 块,第 99 块到 124 块,以及第 199 块。

当使用 GRUB 装载诸如 Windows 这样采用链式装载方式的操作系统时,知道如何写块列表是相当有用的。如果从第 0 块开始,那么可以省略块的偏移量。作为一个例子,当链式装载文件在第一个硬盘的第一个分区时可以命名为:(hd0,0)＋1。

下面给出一个带类似块列表名称的 chainloader 命令。它是在设置正确的设备和分区作为根后,在 GRUB 命令行中给出的是:chainloader＋1。

GRUB 的根文件系统是用于特定设备的根分区,与 Linux 的根文件系统没有关系。GRUB 使用这个信息来挂载这个设备并从它载入文件。在 Red Hat Linux 中,一旦 GRUB 载入它自己的包含 Linux 内核的根分区,那么 kernel 命令就可以将内核文件的位置作为一个选项来执行。一旦 Linux 内核开始引导,它就设定自己的根文件系统,此时的根文件系统就是用户用来与 Linux 联系的那个根文件系统。然而最初的 GRUB 根文件系统以及它的挂载都将被去掉。

3. GRUB 配置文件 grub.conf 中各配置项说明

(1) default＝n,用来指定默认引导的操作系统项,n 表示默认启动第 $n＋1$ 个 title 行所指定的操作系统。

(2) timeout＝n,用来指定默认的等待时间(以秒为单位),表示 GRUB 菜单出现后,用户在 n 秒内没有做出选择,将自动启动由 default 指定的默认操作系统。

(3) splashimage,用来指定开机画面文件所存放的路径和文件名。

(4) title,后面的字符串用来指定在 GRUB 菜单上显示的选项,通常是注明操作系统的名称和描述信息,如 CentOS 7.3、Windows 10 等。

(5) root(hd0,7),用来指定 title 所对应的操作系统的安装位置,此处是表示第 1 块硬盘的第 8 个分区。

(6) kernel,用来指定 title 所对应的操作系统内核的路径和文件名,以及传递给内核的参数,其中常用的参数有:ro 表示内核以只读方式载入;root＝LABEL＝/表示载入 kernel 后的根文件系统,此处表示 LABEL(标签)为"/"的那个分区。

(7) initrd,用来初始化 Linux 映像文件,并设置相应的参数。

(8) rootnoverify(hd0, 0),与 root 配置项类似,也是用来指定 title 所对应的操作系统的安装位置,此处是表示第 1 块硬盘的第 1 个分区。在安装的 Windows 操作系统项中默认使用的是 rootnoverify,但有时候会出现 Windows 无法启动的情况,此时可以在 GRUB 中引导 Windows 项那段中,把 rootnoverify 改为 root。root 的意思是根,在这里是让 Linux 知道自己所处的位置,也就是 Linux 的根分区"/"所在的位置。

(9) chainloader＋1,表示装入一个扇区的数据,然后把引导权交给它。GRUB 使用了链式装入器(chainloader),由于它创建了从一个引导装入器到另一个引导装入器的链,所以这种技术被称为链式装入技术,可用于引导任何版本的 DOS 或 Windows 操作系统。

4. GRUB 控制台应用

下面以安装 GRUB 到硬盘上的过程为例,说明 GRUB 控制台的使用方法。

步骤 1　在 Linux 命令提示符(♯)下执行 grub 命令,即可进入 GRUB 控制台,在提示符 grub> 后可以执行 GRUB 的命令。

```
[root@localhost ~]#grub
grub>
```

步骤 2　指定哪个硬盘分区将成为 GRUB 根分区,在这个分区的/boot/grub 目录下要有 stage1 和 stage2 两个文件,将它们复制到 hda8 的/boot/grub 目录中。执行以下命令。

```
grub>root (hd0,7)
```

步骤 3　指定将 GRUB 安装到 MBR 还是安装到 Linux 根分区。执行以下命令。

```
grub>setup (hd0)        #指定安装到 MBR,即指定整个硬盘而不必指定分区
grub>setup (hd0,4)      #指定安装到/dev/hda5 的引导记录中
```

步骤 4　退出控制台。命令如下:

```
grub>quit
```

步骤 5　重启系统,即可进入 GRUB 菜单界面,通过菜单来选择进入相应的操作系统。

提示:GRUB 控制台与 Shell 一样也具有命令行的自动补齐功能。

5. GRUB 可用命令详解

表 A-1 列出了 GRUB 的可用命令及其说明。其中,序号 1～4 是仅用于菜单的命令,不包括菜单项内部的启动命令;序号 5 是在菜单(不包括菜单项内部)和命令行模式下都可用的命令;序号 6 以后的是仅用于命令行模式或者菜单项内部的命令。

表 A-1　GRUB 可用命令及其说明

序号	命　　令	说　　明
1	default num	设置菜单中的默认选项为 num(默认为 0,即第一个选项),超时将启动该选项
2	fallback num	如果默认菜单项启动失败,将启动这个 num 的后备选项
3	password passwd new-config-file	关闭命令行模式和菜单编辑模式,要求输入密码,如果密码输入正确,将使用 new-config-file 作为新的配置文件代替 menu. lst,并继续引导
4	timeout sec	设置超时,将在 sec 秒后自动启动默认选项
5	title name …	开始一个新的菜单项,并以 title 后的字符串作为显示的菜单名
6	bootp	以 bootp 协议初始化网络设备

续表

序号	命　令	说　明
7	color normal [highlight]	改变菜单的颜色,normal 用于指定菜单中非当前选项的行的颜色,highlight 用于指定当前菜单选项的颜色。如果不指定 highlight,GRUB 将使用 normal 的反色来作为 highlight 颜色。指定颜色的格式是"前景色/背景色",前景色和背景色的选择如下：black、blue、green、cyan、red、magenta、brown、light-gray。下面的颜色只能用于背景色：dark-gray、light-blue、light-green、light-cyan、light-red、light-magenta、yellow、white
8	device drive file	在 GRUB 命令行中,把 BIOS 中的一个驱动器 drive 映射到一个文件 file。可以用这条命令创建一个磁盘映像或者当 GRUB 不能正确判断驱动器时进行纠正
9	dhcp	用 DHCP 协议初始化网络设备。这条指令其实是 bootp 的别名,两者效果一样
10	rarp	用 RARP 协议初始化网络设备
11	setkey to_key from_key	改变键盘的映射表,将 from_key 映射到 to_key,注意这条指令并不是交换键映射,如果要交换两个键的映射,需要用两次 setkey 命令,例如： grub> setkey capslock control grub> setkey control capslock
12	unhide partition	仅对 DOS/Windows 分区有效,清除分区表中的"隐藏"位
13	blocklist file	显示文件 file 所占磁盘块的列表
14	boot	仅在命令行模式下需要,当参数都设置完成后,用这条指令启动操作系统
15	cat file	显示文件 file 的内容,可用来得到某个操作系统的根文件系统所在的分区,例如： grub> cat /etc/fstab
16	chainloader ['--force'] file	把 file 装入内存进行 chainloader,除了能够通过文件系统得到文件外,这条指令也可以用磁盘块列表的方式读入磁盘中的数据块,如'+1'指定从当前分区读出第一个扇区进行引导。如果指定了'--force'参数,则无论文件是否有合法的签名都强迫读入
17	cmp file1 file2	比较文件的内容,如果文件大小不一致,则输出两个文件的大小;如果两个文件的大小一致但在某个位置上的字节不同,则输出不同的字节和它们的位置;如果两个文件完全一致,则什么都不输出
18	configfile file	将 file 作为配置文件替代 menu.lst
19	embed stage1-2 device	如果 device 是一个磁盘设备的话,将 stage1-2 装入紧靠 MBR 的扇区内;如果 device 是一个 FFS 文件分区的话,将 stage1-2 装入此分区的第一个扇区。如果装入成功,则输出写入的扇区数
20	displaymem	显示系统所有内存的地址空间分布图
21	find filename	在所有的分区中查找指定的文件 filename,输出所有包含这个文件的分区名。参数 filename 必须使用绝对路径

序号	命　　令	说　　明
22	fstest	启动文件系统测试模式。打开这个模式后，每当有读设备请求时，输出向底层程序读请求的参数和所有读出的数据。输出格式为：先是由高层程序发出的分区内的读请求，输出"<分区内的扇区偏移，偏移（字节数），长度（字节数）>"；之后是由底层程序发出的扇区读请求，输出"[磁盘绝对扇区偏移]"。可以用 intall 或者 testload 命令关闭文件系统测试模式
23	geometry drive [cylinder head sector [total_sector]]	输出驱动器 drive 的信息
24	help [pattern…]	在线命令帮助，列出符合 pattern 的命令列表。如果不给出参数，则显示所有的命令列表
25	impsprobe	检测 Intel 多处理器，启动并配置找到的所有 CPU
26	initrd file…	为 Linux 格式的启动映像装载初始化的 ramdisk，并且在内存中的 Linux setup area 中设置适当的参数
27	nstall stage1_file ['d'] dest_dev stage2_file [addr] ['p'] [config_file] [real_config_file]	这是用来完全安装 GRUB 启动块的命令，一般很少用到
28	ioprobe drive	探测驱动器 drive 使用的 I/O 接口，这条命令将会列出所有 drive 使用的 I/O 接口
29	kernel file…	装载内核映像文件。文件名 file 后可跟内核启动时所需要的参数，如果使用了这条命令，所有以前装载的模块都要重新装载
30	makeactive	使当前的分区成为活跃分区，这条指令的对象只能是 PC 上的主分区，不能是扩展分区
31	map to_drive from_drive	映射驱动器 from_drive 到 to_drive。这条指令在装载一些操作系统的时候可能是必需的，这些操作系统如果不是在第一个硬盘上可能不能正常启动，所以需要进行映射。使用示例如下： grub>map (hd0) (hd1) grub>map (hd1) (hd0)
32	module file…	对于符合 multiboot 规范的操作系统可以用这条指令来装载模块文件 file，file 后可以跟 module 所需的参数。注意，必须先装载内核，再装载模块，否则装载的模块无效
33	modulenounzip file…	与 module 命令类似，唯一的区别是不对 module 文件进行自动解压
34	pause message…	输出字符串 message，等待用户按任意键继续
35	quit	退出 GRUB Shell。GRUB Shell 类似于启动时的命令行模式，不过它是在用户启动系统后执行/sbin/grub 而进入的，两者差别不大
36	read addr	从内存的地址 addr 处读出 32 位的值，并以十六进制显示出来
37	root device [hdbias]	将当前根设备设为 device。参数 hdbias 是用来告诉 BSD 内核在当前分区所在磁盘的前面还有多少个 BIOS 磁盘编号。例如，系统有一个 IDE 硬盘和一个 SCSI 硬盘，而用户的 BSD 安装在 IDE 硬盘上，此时就需要指定 hdbias 参数为 1

续表

序号	命　令	说　明
38	rootnoverify　device〔hdbias〕	和上一条 root 命令类似,但是不 mount 该设备。这个命令用在当 GRUB 不能识别某个硬盘文件系统但是仍然必须指定根设备时
39	setup install_device〔image_device〕	安装 GRUB 引导程序在 install_device 上。这条指令实际上调用的是更加灵活、但也更加复杂的 install 指令。如果 image_device 也指定了,则将在 image_device 中查找 GRUB 的文件映像,否则在当前根设备中查找
40	testload file	用来测试文件系统代码,它以不同的方式读取文件 file 的内容,并将得到的结果进行比较。如果正确,则输出的"i=X, filepos=Y"中的 X 和 Y 的值应该相等,否则就说明有错误。通常这条指令如果正确执行,之后就可以正确无误地装载内核
41	uppermem kbytes	强迫 GRUB 认为高端内存只有千字节的内存,GRUB 自动探测到的结果将变得无效。这条指令很少使用,可能只在一些古老的计算机上才有必要,通常 GRUB 都能够正确地得到系统的内存数量

A.2　Samba 配置文件 smb.conf 详解

通过本书第 6 章的学习,读者已经能够配置最基本的 Samba 服务器,并通过 SMB 协议实现 Linux 与 Windows 之间的资源共享。这里对 Samba 服务器主配置文件 smb.conf 的结构、参数以及设置值进行详细解读,供读者深入学习和配置。

说明:配置文件 smb.conf 的配置参数有以下几点共性。

① 参数配置基本采用"参数＝值"的方式,如果参数有多个值时,多个参数之间用空格分隔。

② 当使用用户和组作为参数时,值为组时需在组名前加@字符。

③ 以";"或♯开始的是注释行。

④ 方括号标识表示为节标志,比如[global]为全局配置标识。

⑤ 一般当全局配置与某个共享资源配置发生冲突时,共享资源配置优先。

⑥ 关键字不区分大小写。

另外,配置文件 smb.conf 在格式上并不要求参数缩进,但为了增强可读性,推荐参数缩进,并将用户自定义的共享资源配置内容放在文件的末尾。

1. 全局配置(Global Settings)

```
[global]                                              // 全局配置节标识
```

(1) 网络相关选项(Network Related Options)

```
workgroup =MYGROUP
```

设置 Samba 服务器所在工作组或域的名称,该名称会出现在 Windows 的"网上邻居"中,默认为 MYGROUP。

```
server string =Samba Server Version %v
```

设置 Samba 服务器的描述信息,在 Windows 的"网上邻居"中打开 Samba 设置的工作组时,会列出"名称"和"备注"栏,"名称"栏显示 Samba 服务器的 NetBIOS 名,而"备注"栏则显示此处设置的描述信息。服务器的描述信息中还可以使用 Samba 设定的变量(如默认为 Samba Server Version ％v),这些变量如表 A-2 所示。

表 A-2　Samba 设定的变量

变量	说　明	变量	说　明
％S	当前服务名(如果存在)	％L	Samba 服务器的 NetBIOS 名
％P	当前服务的根目录(如果存在)	％N	NIS 服务器主机名
％u	当前服务的用户名(如果存在)	％p	NIS 服务器 Home 目录
％g	当前用户的初始组	％R	采用协议等级
％U	当前连接的用户名	％d	Samba 服务的进程 ID
％G	当前连接用户的初始组	％a	访问 Samba 服务器的客户端系统
％D	当前用户所属域或工作组名称	％I	访问 Samba 服务器的客户端 IP 地址
％H	当前服务用户的家目录	％M	访问 Samba 服务器的客户端主机名
％v	Samba 服务器的版本	％m	访问 Samba 服务器的客户端 NetBIOS 名
％h	Samba 服务器的主机名	％T	Samba 服务器日期及时间

```
netbios name =Samba Server
```

设置 Samba 服务器的 NetBIOS 名称(出现在 Windows"网上邻居"的主机名),默认使用该服务器的 DNS 名称的第一部分。

```
interfaces =lo eth0 192.168.10.1/24
```

设置服务器监听本地网络接口(网卡),若有多个网络接口必须使用该参数指定,推荐保留 lo(本地回送地址)。

```
hosts allow =127. 192.168.12. 192.168.13.1
```

设置允许连接到 Samba 服务器的客户端,可以指定网络,也可以指定单个主机 IP 地址,缺省时表示允许 192.168.12.0/24 网络中的所有主机和 IP 地址为 192.168.13.1 的主机及本机访问 Samba 服务器,注意表示一个网络时后面的"."号,各个网络或主机 IP 之间用空格隔开,记得把本机回送地址也加进去。与该参数相对应的是 hosts deny 参数,用于设置禁止连接到 Samba 服务器的客户端。

```
use sendfile =no
```

当设置为 yes 时,将直接由 kernel 命令读取数据后发给客户端,大大提高了效率;默

201

认为 no。

```
getwd cache =yes
```

指定是否启用 cache 功能,默认为 yes。

```
max connectons =0
```

设置允许连接到服务器的最大连接数,0 表示无限制。

```
max open files =16404
```

设置同一个客户端最多能打开的文件数目。

```
deadtime =0
```

设置断开一个没有打开任何文件的连接的时间,以分钟为单位,0 表示无限制。

```
keepalive =60
```

设置服务器每隔多少秒向客户端发送 keepalive 包用于确认客户端是否工作正常。

```
time server =yes/no
```

设置让 nmbd 成为 Windows 客户端的时间服务器。

```
guest account =nobody
```

设置 guest 账号名称。

```
fstype = Samba FileSystem
```

定义 Windows 客户端显示的文件系统。

```
username map =</usr/local/samba/etc/smbusers    //或 /etc/smaba/smbusers>
```

定义用户映射关系的文件。

```
config file =</usr/local/samba/etc/smb.conf.% m>
```

使用另外的配置文件来覆盖默认的配置文件。

（2）日志相关选项（Logging Options）

```
log level =8
```

设置日志记录等级,值越大越详细,参数设置： 0～10。

```
log file =/var/log/samba/log.%m
```

定义 Samba 日志文件的位置及名称，默认为每一个与服务器连接的客户端定义一个单独的日志文件。

```
max log size = 50
```

设置最大的日志文件大小，单位为 KB。

（3）独立服务器选项（Standalone Server Options）

使用独立服务器作为 Samba 服务器验证用户来源，也就是当访问 Samba 服务器时输入的用户名和密码的验证工作由 Samba 服务器本机系统内账户完成。

```
security = user
```

指定 Samba 服务器的安全等级，也就是设置用户访问 Samba 服务器的验证方式。可根据安全等级由低到高设定为以下 5 种情况。

① share：访问 Samba 服务器共享资源时不需要输入用户名和密码，属于匿名访问（不推荐）。

② user：访问 Samba 服务器共享资源时需要输入用户名和密码，验证用户来源为 Samba 服务器本机（默认）。

③ server：访问 Samba 服务器共享资源时需要输入用户名和密码，验证用户来源为另一台 Samba 服务器或 Windows 服务器。

④ domain：Samba 服务器在一个基于 Windows NT Server 的域中，访问共享资源时需要输入用户名和密码，验证用户来源为 Windows 域。

⑤ ads：Samba 服务器在一个基于 Windows 20×× Server 的活动目录中，访问共享资源时需要输入用户名和密码，验证用户来源为 Windows 活动目录。

```
passdb backend = tdbsam
```

指定用户后台，即设置用户账户和密码的后台管理方式，目前有 4 种后台（默认为 tdbsam，一般无须修改）。

① ldapsam：基于 LDAP 的账户管理方式来验证用户，需要先建立 LDAP 服务，再设置 passdb backend = ldapsam:ldap://LDAP Server，一般很少使用。

② smbpasswd：使用 Samba 服务器自己的工具 smbpasswd 为已存在的 Linux 系统用户设置一个 Samba 密码，客户端就用这个密码来访问 Samba 的资源，smbpasswd 文件默认存放在/etc/samba 目录下。

③ tdbsam：采用数据库文件（默认为/etc/samba/passdb.tdb）存放 Samba 用户的账号和密码，管理员可以使用 smbpasswd -a 或 pdbedit -a 命令将 Linux 系统用户添加到 Samba 用户数据库中。

④ mysql：该方式将 Samba 服务器的用户名和密码存储到 MySQL 数据库中。

```
encrypt passwords = yes/no
```

设置验证密码在传输过程中是否加密。

（4）域成员选项（Domain Members Options）

本部分将 Samba 服务器加入 Windows NT 平台域或 Windows 20×× Server 活动目录中，即当访问 Samba 服务器时输入的用户名和密码的验证工作由域控制器完成。

```
security =domain
```

在此部分中该参数只能设置为 domain、ads。

```
passdb backend =tdbsam
```

默认为 tdbsam，一般不用修改。

```
realm =MY_REALM
```

这是当 Samba 服务器设置为 ads 模式时专用的一个语句，用于指定 Windows 20×× Server 网络中进行身份验证的 Kerberos 服务域名称。

```
password server =<NT-Server-Name>
```

指定进行身份验证的域控制器 IP 地址或主机名。

（5）域控制器选项（Domain Controller Options）

本部分将 Samba 服务器配置为一台域控制器。

```
security =user
```

在此部分中该参数只能设置为 user。

```
passdb backend =tdbsam
```

默认为 tdbsam，一般不用修改。

```
domain master =yes
```

让 Samba 成为主域控制器（PDC），在此处必须为 yes。

```
domain logons =yes
```

允许旧的 Windows 客户端提交验证信息。

```
logon script =%m.bat/%u.bat
```

当用户登录到域时执行的脚本，依据机器名或用户名加载脚本（相当于 Windows 组策略中用户开机脚本）。

```
logon path =\\%L\Profiles\%u
```

当用户登录到域后配置文件存放的位置,用来初始化工作环境(相当于 Windows 中的漫游配置文件)。

```
add user script =/usr/sbin/useradd "%u" -n -g users
```

指定 Windows 与 Linux 的用户信息同步脚本,当 Windows 域中新建用户后指定脚本会将该用户的信息复制到 Linux 中。

```
add group script =/usr/sbin/groupadd "%g"
```

指定 Windows 与 Linux 的组信息同步脚本,当 Windows 域中新建组后指定脚本会将该组信息复制到 Linux 中。

```
add machine script =/usr/sbin/useradd -n -c "Workstation (%u)" -M -d /nohome
-s /bin/false "%u"
```

指定 Windows 与 Linux 的计算机信息同步脚本,当 Windows 域中加入新的计算机后指定脚本会将计算机信息复制到 Linux 中。

```
delete user script =/usr/sbin/userdel "%u"
```

指定 Windows 与 Linux 的用户信息同步脚本,当 Windows 域中删除用户后指定脚本会将该用户信息复制到 Linux 中。

```
delete user from group script =/usr/sbin/userdel "%u" "%g"
```

指定 Windows 与 Linux 的用户信息同步脚本,当 Windows 域中将用户从组中删除后指定脚本会将信息复制到 Linux 中。

```
delete group script =/usr/sbin/groupdel "%g"
```

指定 Windows 与 Linux 的组信息同步脚本,当 Windows 域中删除组后指定脚本会将该组的信息复制到 Linux 中。

注意:上述独立服务器选项(Standalone Server Options)、域成员选项(Domain Members Options)和域控制器选项(Domain Controller Options)三部分均与 Samba 的验证方式及工作角色有关,需要配置合适的 security(安全级别,用于配置 Samba 的认证方式),作为服务器的三种角色。

(6) 浏览器控制选项(Browser Control Options)

本部分配置浏览器控制选项。

```
local master =yes/no
```

设置是否允许 Samba 服务器作为主浏览服务器。

```
os level = 33
```

该数字越大被选举为主浏览服务器的可能性越高。

```
preferred master = yes
```

设置为 yes 时被选为主浏览服务器的可能性越高。

注意：主浏览服务器的功能主要是实现 Windows 中的网上邻居。计算机浏览服务是一系列含有可用的网络资源列表，这些列表分布在一些计算机上，提出浏览请求的计算机充当浏览工作站，而提供浏览列表的计算机充当浏览服务器。该操作通过计算机从同一个子网中的主浏览服务器获得浏览列表副本来完成。浏览服务器有域主浏览服务器、主浏览服务器、备份浏览服务器、潜在浏览服务器、非浏览服务器之分。

（7）名称解析选项（Name Resolution Options）

本部分包括 Samba 服务器名称解析方式的相关配置。

```
wins support = yes
```

设置 nmbd 进程支持 WINS 服务器。

```
wins server = w.x.y.z
```

设置 WINS 服务器 IP 地址。

```
wins proxy = yes
```

设置 Samba 服务器是否可作为 WINS 代理。

```
dns proxy = yes
```

设置 Samba 服务器是否在无法联系 WINS 服务器时通过 DNS 解析主机的 NetBIOS 名。

```
name cache timeout = 660
```

设置 Samba 服务器解析主机名缓存的保存时间，单位是秒；默认值为 660。

```
name resolve order = lmhosts host wins bcast
```

设置 Samba 服务器名称解析的方式及顺序，可指定一个或多个值。

① lmhosts：使用/etc/samba/lmhosts 文件对 NetBIOS 名称与 IP 地址对应关系进行解析，此方式用于解析 NetBIOS 名。

② host：使用主机名方式解析 IP 地址，该方式可以使用 NIS、DNS 及/etc/hosts 文件三种方式完成解析，这三种方式的使用顺序由/etc/nsswitch.conf 文件中的 hosts 参数定义。

③ wins：使用 WINS 服务器进行名称解析，使用此方式时 wins server 参数必须指明

WINS 服务器的 IP 地址(使用 WINS 代理是为了解决跨网段的非 WINS 客户端与 WINS 客户端的 NetBIOS 名称解析的问题)。

④ bcast：使用广播的方式进行名称解析。

(8) 打印选项(Printing Options)

本部分包括 Samba 服务器打印机相关设置。

```
load printers = yes
```

设置是否自动共享打印机,不根据[printer]标签内的配置。

```
cups options = raw
```

设置打印机的选项。

```
printcap name = /etc/printcap
```

设置获取打印机描述信息的文件位置,默认为/etc/printcap。

```
printing = cups
```

定义打印机的系统类型,可选项有 bsd、sysv、plp、lprng、aix、hpux、qnx、cups。

(9) 文件系统选项(File System Options)

本部分包括 Samba 服务器如何保留从 Windows 客户端复制或移动到 Samba 服务器共享目录文件的 Windows 文件属性的相关配置。

```
map archive = no
```

当 Windows 客户端将文件复制或移动到 Samba 服务器共享目录时,是否保留文件在 Windows 中的存档属性,默认为 yes。

```
map hidden = no
```

当 Windows 客户端将文件复制或移动到 Samba 服务器共享目录时,是否保留文件在 Windows 中的隐藏文件属性,默认为 yes。

```
map read only = no
```

当 Windows 客户端将文件复制或移动到 Samba 服务器共享目录时,是否保留文件在 Windows 中的只读属性,默认为 yes。

```
map system = no
```

当 Windows 客户端将文件复制或移动到 Samba 服务器共享目录时,是否保留文件在 Windows 中的系统文件属性,默认为 no。

```
store dos attributes = yes
```

当 Windows 客户端将文件复制或移动到 Samba 服务器共享目录时，是否保留文件在 Windows 中的相关属性（只读、系统、隐藏、存档属性），默认为 no。

```
display charset = utf8
unix charset = utf8
dos charset = utf8
```

这三个选项用于设置显示 UNIX、DOS 使用的字符集。建议设置与系统使用的字符集相同，若系统字符集是 zh_cn. utf-8，则设置为 utf8；若系统字符集是 zh_cn. gbk 或 zh_cn. gb2312，则设置为 cp936。

（10）服务器性能优化选项（Performance Options）

```
read raw = yes
write raw = yes
```

这两个选项用于系统性能效益的调整，控制服务器在向客户端传送数据时是否支持原始读/写。默认为 yes，允许原始读/写 65535B 数据包。但有些客户端可能不支持更大的块大小，这种情况应禁用原始读/写。

```
aio read size = 16384
aio write size = 16384
```

如果 Samba 支持异步 I/O，并且该参数被设置为非零值，则当请求的大小大于该值时，Samba 将采用异步存取文件，这只发生在不使用高速缓存的情况。

```
write cache size = 262144
```

该选项设置缓存允许 Samba 将客户端成批写入 RAID 磁盘的有效大小，可以提高磁盘子系统的性能。如果该选项被设置为非零值，Samba 将为每个操作锁定文件创建一个内存缓存。

```
max xmit = 16644
```

该选项控制 SMB 协议的最大数据包大小，默认值为 16644，与 Windows 20×× 相匹配。一般不需要修改，而且低于 2048 很可能会出现问题。

```
getwd cache = yes
```

这是一个调整选项，默认为 yes，将使用缓存算法来减少 getwd() 调用所花费的时间。这会对性能产生重大影响，特别是当 smbcodoptions 参数设置为 no 时。

```
strict locking = no
```

控制服务器上文件锁定的处理。如果设置为 yes，则每次访问服务器都会检查文件是否锁定，若锁定则拒绝访问，但这样会降低访问速度。如果设置为 no，服务器仅在客户端明确请求文件锁定时才执行文件锁定的检查。默认设置为 auto，服务器只对非锁定文件执行文件锁定的检查，这对于提高性能来说是一个很好的折中。多数情况下应设置为 auto 或 no。

2. 共享定义（Share Definitions）

本部分主要涉及 Samba 服务器需要共享的资源。默认已设置用户主目录（从［homes］标识开始）、打印机共享（从［printers］标识开始）、登录脚本及登录域中有关用户 Home 目录的配置，用户自定义的共享信息通常在此后定义。

```
[homes]                                    //用户主目录共享名
comment =Home Directories
```

设置共享目录的描述信息，该选项不是必需的。

```
browseable =no
```

设置用户是否可以浏览此共享目录。

```
writable =yes
```

设置共享的目录是否可写。

```
; valid users =%S
; valid users =MYDOMAIN\%S
```

指定允许访问共享目录的用户或用户组。

注意：共享名就是客户端访问 Samba 服务器时浏览到的目录名，该名称不要求与本地目录名相同，但在当前 Samba 服务器上必须唯一。

```
[printers]                                    // 打印机共享名
comment =All Printers
path =/var/spool/samba
```

设置需要共享的本地目录路径，必须使用绝对路径。

```
browseable =no
guest ok =no
```

设置是否允许来宾账户（Guest）访问共享资源。

```
writable =no
printable =yes
```

209

设置是否允许访问用户打印机。

```
[cdrom]                                          // 光驱共享名
commnet =this is cdrom
path =/mnt/cdrom
root preexec =/bin/mount –t iso9660 /dev/cdrom /mnt/cdrom
```

连接时必须用 root 用户运行 mount 命令。

```
root postexec =/bin/umount /mnt/cdrom
```

断开时必须用 root 用户运行 umount 命令。

以下给出一个较完整的共享定义示例。

```
[wang]
comment =wang share directory
path =/wang
guest ok =yes
browseable =yes
writable =yes
; valid users =wbj, wjm, @wbj
; public =yes
//设置是否允许匿名访问
;read only =yes
//设置只读的权限,yes 为只读,no 为可读/写
;writable =yes
//设置是否要允许写入的权限,yes 为允许写入;no 为禁止写入,但仍有读取权限
;create mask =0604
//设置用户对在此共享目录下创建的文件的默认访问权限。通常是以数字表示
//如 0604 表示文件所有者对该文件具有可读可写权限,所属组成员不具有任何访问权限
//其他用户具有可读权限。
;directory mask =0765
//设置用户对在此共享目录下创建的子目录的默认访问权限。通常也是以数字表示
//如 0765 表示目录所有者对该子目录具有可读可写可执行权限,所属组成员具有可读可写权限
//其他用户具有可读和可执行权限。
```

注意：在 Linux 系统中,匿名访问和来宾访问是不同的。只要 public 选项设置为允许匿名访问,就可以无须密码验证来访问 Samba 共享资源;但如果把 guest ok 选项设置为 yes,即允许来宾账户访问,还要在全局设置中使用 guest account 选项来指定具体的来宾账户名称,使用来宾账户访问时仍需用户名和密码验证,实际属于 user 工作模式。

A.3　Apache 配置文件 httpd.conf 详解

Apache 的主配置文件/etc/httpd/conf/httpd.conf 中包含了许多默认配置信息，下面说明该文件中各配置项的含义和作用。对于初学者来说，首先应掌握几个最重要的配置项，如设置服务器根目录、监听端口号、运行服务器的用户和用户组、根文档路径、根目录访问权限、Web 服务器默认文档等。

```
ServerTokens OS
```

ServerTokens 用于当服务器响应主机头信息时，显示 Apache 的版本和操作系统的名称。

```
ServerRoot"/etc/httpd"
```

ServerRoot 用于指定守护进程 httpd 的运行目录，httpd 启动后会自动将进程的当前目录改变为这个目录。因此，如果设置文件中指定的文件或目录是相对路径，那么真实路径就位于这个 ServerRoot 定义的路径之下。

```
ScoreBoardFile /var/run/httpd.scoreboard
```

httpd 使用 ScoreBoardFile 来维护进程的内部数据，因此通常不需要改变这个选项，除非管理员想在一台计算机上运行几个 Web 服务器，这时每个 Web 服务器都需要独立的配置文件 httpd.conf，并使用不同的 ScoreBoardFile。

```
#ResourceConfig conf/srm.conf
#AccessConfig conf/access.conf
```

这两个选项用于与使用 srm.conf 和 access.conf 配置文件的旧版本 Apache 兼容。如果没有兼容的需要，可以将对应的配置文件指定为/dev/null，表示不存在其他配置文件，而仅使用 httpd.conf 文件来保存所有的设置。

```
PidFile /var/run/httpd.pid
```

PidFile 指定的文件将记录 httpd 守护进程的进程号，由于 httpd 能自动复制其自身，因此系统中有多个 httpd 进程，但只有一个进程为最初启动的进程，它作为其他进程的父进程，对这个进程发送信号，将影响所有的 httpd 进程。

```
Timeout 300
```

Timeout 定义客户程序和服务器连接的超时（单位为秒），超过这个时间后服务器将断开与客户端的连接。

```
KeepAlive On
```

在 HTTP 1.0 中，一次连接只能请求一次 HTTP 传输，KeepAlive 选项用于支持 HTTP 1.1 版本的一次连接、多次传输功能，即保持连接功能，这样就可以在一次连接中传送多个 HTTP 请求。虽然只有较新的浏览器才支持这个功能，但建议设置为保持连接。

```
MaxKeepAliveRequests 100
```

在使用保持连接功能时，可以设置客户的最大请求次数。将其值设为 0 则支持在一次连接内进行无限次传送请求。事实上没有客户程序在一次连接中请求太多的页面，通常达不到这个上限就完成连接了。

```
KeepAliveTimeout 15
```

在使用保持连接功能时，可以设置一次连接中的多次传输请求之间的时间间隔，如果服务器已经完成了一次请求，但一直没有接收到客户程序的下一次请求，在超过这个时间之后，服务器就会断开连接。

```
<IfModule prefork.c>
    StartServer              8
    MinSpareServers          5
    MaxSpareServers          20
    MaxClients               150
    ThreadsPerChild          50
    MaxRequestsPerChild      1000
</IfModule>
```

以上代码设置 prefork MPM 运行方式的参数，此运行方式是 Red Hat 的默认方式。其中，StartServer 设置服务器启动时运行的进程数。MinSpareServers 表示 Apache 在运行时会根据负载自动调整空闲子进程的数目，若存在 5 个以下的空闲子进程，就创建一个新的子进程准备为客户提供服务。MaxSpareServers 表示若存在多于 20 个空闲子进程，就逐一删除子进程来提高系统性能。MaxClients 用于限制同一时间的连接数的最大值。ThreadsPerChild 用于设置服务器使用进程的数目，这是以服务器的响应速度为准的，数目太大则会变慢。MaxRequestsPerChild 用于限制每一个子进程在结束处理请求之前能处理的连接请求设置值为 1000。

还需要说明的是，使用子进程的方式提供服务的 Web 服务，常用的方式是一个子进程为一次连接服务，这样造成的问题就是每次连接都需要生成、退出子进程的系统操作，使得这些额外的处理过程消耗了计算机大量的处理能力。因此，最好的方式是一个子进程可以为多次连接请求服务，这样就避免了生成、退出进程的系统消耗，Apache 就采用了这样的方式。在一次连接结束后，子进程并不退出，而是停留在系统中等待下一次服务请求，这样就极大地提高了系统性能。

在处理过程中子进程要不断地申请和释放内存,次数多了就会造成一些内存垃圾,从而影响系统的稳定性和系统资源的有效利用。因此,在一个副本处理过一定次数的请求之后,就可以让这个子进程副本退出,再从原始的 httpd 进程中重新复制一个干净的副本,这样就能提高系统的稳定性。每个子进程处理服务请求的次数由 MaxRequestPerChild 定义,默认值为 30,这对于具备高稳定性特点的系统来说是过于保守的设置,可以设置为 1000 甚至更高。如果设置为 0,则表示支持每个副本进行无限次的服务处理。

```
<IfModule worker.c>
    ...
</IfModule>
```

以上代码设置使用 work MPM 运行方式的参数。

```
<IfModule perchild.c>
    ...
</IfModule>
```

以上代码设置使用 perchild MPM 运行方式的参数。

```
#Listen 3000
#Listen 12.34.56.78:80
#BindAddress *
```

Listen 选项用于设置服务器的监听端口号,即指定服务器除了监视标准的 80 端口之外,还监视其他端口的 HTTP 请求。由于 FreeBSD 系统可以同时拥有多个 IP 地址,因此也可以指定服务器只听取对某个 BindAddress</B>的 IP 地址的 HTTP 请求。如果没有配置这一项,则服务器会回应对所有 IP 的请求。

虽然使用 BindAddress 选项使服务器只回应对一个 IP 地址的请求,但是通过使用扩展的 Listen 选项,仍然可以让 HTTP 守护进程响应对其他 IP 地址的请求。

```
Include conf.d/* .conf
```

Include 用于将/etc/httpd/conf.d 目录下所有以 conf 结尾的配置文件包含进来。

```
LoadModule access_module modules/mod_access.so
LoadModule auth_module modules/mod_auth.so
...
LoadModule proxy_http_module modules/mod_proxy_http.so
LoadModule proxy_connect_module modules/mod_proxy_connect.so
```

LoadModule 用于动态加载模块。

```
<IfModule prefork.c>
    LoadModule cgi_module modules/mod_cgi.so
</IfModule>
```

以上代码表示当使用内置模块 prefork.c 时动态加载 cgi_module。

```
<IfModule worker.c>
    LoadModule cgid_module modules/mod_cgid.so
</IfModule>
```

以上代码表示当使用内置模块 worker.c 时动态加载 cgid_module。

```
User apache
```

User 用于设置运行 Apache 的用户,默认用户名为 apache。

```
Group apache
```

Group 用于设置运行 Apache 的用户组,默认用户组名为 apache。

```
#ExtendedStatus On
```

Apache 可以通过特殊的 HTTP 请求来报告自身的运行状态,设置 ExtendedStatus 为 On,可以让服务器报告更全面的运行状态信息。

```
ServerAdmin root@localhost
```

ServerAdmin 设置 Web 服务器管理员的 E-mail 地址。这将在 HTTP 服务出现错误 的情况下传送信息给浏览器,以便让 Web 使用者和管理员联系,报告错误。习惯上使用 服务器上的 webmaster 作为 Web 服务器的管理员,通过邮件服务器的别名机制,将发送 到 webmaster 的电子邮件发送给真正的 Web 管理员。

```
UseCanonicalName Off
```

若关闭此项(Off),当 Web 服务器需连接自身时,将使用 ServerName:port 作为主机 名,例如 www.xinyuan.com:80;若打开此项(On),将使用 www.xinyuan.com port 80 作 为主机名。

```
ServerName localhost
```

默认情况下,并不需要指定 ServerName,服务器将自动通过名字解析过程来获得自 己的名称,但如果服务器的名称解析有问题,通常为反向解析不正确,或者没有正式的 DNS 名字,也可以在这里指定 IP 地址。当 ServerName 设置不正确的时候,服务器不能 正常启动。

通常一个 Web 服务器可以有多个名称,客户浏览器可以使用所有这些名称或 IP 地 址来访问这台服务器,但在没有定义虚拟主机的情况下,服务器总是以自己的正式名称响 应浏览器。ServerName 定义了 Web 服务器自己承认的正式名称,例如一台服务器名称 (在 DNS 中定义了 A 类型)为 freebsd.example.org.cn,同时为了方便记忆还定义了一个别名(CNAME 记录)为 www. example. org. cn,那么 Apache 自动解析得到的名称就为 freebsd. example. org. cn,这样不管客户浏览器使用哪个名称发送请求,服务器总是告诉客户程序自己为 freebsd. example. org. cn。虽然这一般并不会造成什么问题,但是考虑到某一天服务器可能迁移到其他计算机上,而只想通过更改 DNS 中的 www 别名配置就完成迁移任务,所以若不想让客户在其书签中使用这个服务器的地址,就必须使用 ServerName 来重新指定服务器的正式名称。

```
DocumentRoot"/var/www/html"
```

设置对外发布的超文本文档存放的路径,客户程序请求的 URL 就被映射为这个目录下的网页文件。这个目录下的子目录以及使用符号链接指出的文件和目录都能被浏览器访问,只是要在 URL 上使用同样的相对目录名。注意,符号链接虽然逻辑上位于根文档目录下,但实际上它也可以位于计算机上的任意目录中,因此可以使客户程序能访问那些根文档目录之外的目录,这样做虽然增加了灵活性,但同时也降低了安全性。Apache 在目录的访问控制中提供了 FollowSymLinks 选项来打开或关闭支持符号链接的特性。

```
<Directory />                        //设置 Web 服务器根目录的访问权限
    Options FollowSymLinks           //允许符号链接跟随,访问不在本目录下的文件
    AllowOverride None               //禁止读取.htaccess 配置文件内容
</Directory>
```

Apache 可以针对目录进行文档的访问控制,然而访问控制可以通过两种方式来实现:①在配置文件 httpd. conf 或 access. conf 中针对每个目录进行设置;②在每个目录下设置访问控制文件,通常访问控制文件名称为. htaccess。虽然使用这两种方式都能用于控制浏览器的访问,但使用配置文件的方式要求每次改动后都要重新启动 httpd 守护进程,这样做相对不够灵活。因此,它主要用于配置服务器系统的整体安全控制策略,而使用每个目录下的. htaccess 文件设置具体目录的访问控制会更为灵活方便。

Directory 是用来定义目录的访问限制的。上例的这个设置是针对系统的根目录进行的,设置了允许符号链接的选项 FollowSymLinks,以及使用 AllowOverride None 禁止读取这个目录下的访问控制文件。

由于 Apache 对目录的访问控制设置能够被下级目录继承,因此对根目录的设置将影响到它的下级目录。由于 AllowOverride None 的设置,Apache 没必要查看根目录下的访问控制文件,也没必要查看以下各级目录下的访问控制文件。如果在 httpd. conf 或 access. conf 文件中为某个目录指定了允许 AllowOverride,即允许查看访问控制文件,Apache 就可以直接从 httpd. conf 中具体指定的目录向下搜寻,从而减少了搜寻的级数,提高了系统性能。因此,对于系统根目录设置 AllowOverride None 不但对系统安全有帮助,也有益于系统的性能。

```
<Directory "var/www/html">
    Options Indexes FollowSymLinks
    AllowOverride None
```

```
        Order allow,deny              //先执行 allow 访问规则后执行 deny 规则
        Allow from all                //设置 allow 访问规则,允许所有连接
</Directory>
```

这里设置的是系统对外发布文档目录的访问权限。Options 选项用于定义该目录的特性。配置文件和每个目录下的访问控制文件都可以设置访问限制。设置文件是由管理员设置的,而每个目录下的访问控制文件是由目录的属主设置的,因此,管理员可以规定目录的属主是否能覆盖系统在配置文件中的设置,要实现这一目标就需要使用 AllowOverride 进行设置。

(1) All:默认值,使访问控制文件可以覆盖系统配置。

(2) None:服务器忽略访问控制文件的设置。

(3) Options:允许访问控制文件中可以使用 Options 定义目录的选项。

(4) FileInfo:允许访问控制文件中可以使用 AddType 等选项。

(5) AuthConfig:允许访问控制文件使用 AuthName、AuthType 等针对每个用户的验证机制,这使目录属主能用密码和用户名来保护目录。

(6) Limit:允许对访问目录的客户机的 IP 地址和名字进行限制。

Options 选项用于设置服务器的特性,使每个目录具备一定的特性,以下为常用的特性选项。

(1) All:所有的目录特性都有效,这是默认状态。

(2) None:所有的目录特性都无效。

(3) FollowSymLinks:允许使用符号链接,这将使浏览器有可能访问文档根目录(DocumentRoot)之外的文档。

(4) SymLinksIfOwnerMatch:只有符号链接的目标与符号链接本身为同一用户所拥有时才允许访问,这个设置将增加一些安全性。

(5) ExecCGI:允许这个目录下的 CGI 程序执行。

(6) Indexes:允许浏览器可以生成这个目录下所有文件的索引,使得这个目录下没有 index.html(或其他索引文件)时能向浏览器发送这个目录下的文件列表。

此外,上例中还使用了 Order、Allow、Deny 等选项,这是 AllowOverride 设置为 Limit 时用来根据浏览器的域名和 IP 地址控制访问的一种方式。其中,Order 定义处理 Allow 和 Deny 的顺序,而 Allow、Deny 则针对名称或 IP 地址进行访问控制设置。上例使用 Allow from all,表示允许所有的客户端访问这个目录,而不进行任何限制。

```
<LocationMatch "^/$">
    Options -Indexes
    ErrorDocument 403 /error/noindex.html
</LocationMatch>
```

以上选项设置对 Web 服务器的访问不生成目录列表,同时指定错误输出页面。

```
<IfModule mod_userdir.c>
    UserDir disable
```

```
</IfModule>
```

以上选项设置不允许为每个用户进行服务器的配置。

```
DirectoryIndex index.html index.html.var
```

很多情况下，URL 中并没有指定文档的名字，只是给出了一个目录名，此时 Web 服务器会自动返回这个目录中由 DirectoryIndex 定义的文件。可以在 DirectoryIndex 选项中指定多个文件，系统会按顺序搜索。如果所有指定的文件都不存在，Web 服务器将根据系统设置，生成这个目录下的所有文件列表，供用户选择。此时该目录的访问控制选项中的 Indexes 选项必须打开，以使服务器能够生成目录列表；否则将拒绝访问。

```
AccessFileName .htaccess                    //指定保护目录配置文件的名称
```

AccessFileName 定义每个目录下的访问控制文件的文件名，默认为. htaccess，可以通过更改这个文件，来改变不同目录的访问控制限制。

```
<Files ~ "^\.ht">         //拒绝访问以.ht 开头的文件，保证.htaccess 文件不被访问
    Order allow,deny
    Deny from all
</Files>
```

除了可以针对目录进行访问控制之外，还可以根据文件来设置访问控制，这就是 Files 选项的任务。使用 Files 选项，不管文件处于哪个目录，只要名称匹配，就必须接受相应的访问控制。这个选项对系统安全比较重要，例如，上例将拒绝所有的使用者访问 .htaccess文件，这样就避免了. htaccess 中的关键安全信息不至于被客户获取。

```
TypesConfig /etc/mime.types
```

TypesConfig 指定负责处理 MIME 格式的配置文件的存放位置，在 Red Hat Linux 中默认设置为/etc/mime. types。

```
DefaultType text/plain
```

DefaultType 指定默认的 MIME 文件类型为纯文本文件或 HTML 文件。如果 Web 服务器不能决定一个文件的默认类型，这通常是因为文件使用了非标准的后缀，那么服务器就使用 DefaultType 定义的 MIME 类型将文件发送给客户浏览器。因此，将 MIME 类型设置为 text/plain 的问题是，如果服务器不能判断出文档的 MIME 类型，通常会认为这个文档为一个二进制文档，但使用 text/plain 格式发送回去，浏览器将只能在内部打开它，而不会有保存提示，因此，建议将这个设置更改为 application/octet-stream，这样浏览器将提示用户进行保存。

```
<IfModule mod_mime_magic.c>
    MIMEMagicFile conf/magic
</IfModule>
```

以上选项设置当 mod_mime_magic 模块被加载时 Magic 信息码配置文件的存放位置。除了通过文件的后缀判断文件的 MIME 类型外，Apache 还可以进一步分析文件的一些特征，来判断文件的真实 MIME 类型。这个功能是由 mod_mime_magic 模块来实现的，它需要一个记录各种 MIME 类型特征的文件，以进行分析判断。上面的设置是一个条件语句，如果载入这个模块，就必须指定相应的标志文件 magic 的位置。

```
HostnameLookups Off
```

通常服务器仅仅可以得到客户机的 IP 地址，如果要想获得客户机的主机名以进行日志记录和提供给 CGI 程序使用，就需要使用 HostnameLookups 选项。将其设置为 On，可打开 DNS 反向查找功能，但是这将使服务器对每次客户请求都进行 DNS 查询，增加了系统开销，使得反应变慢，因此默认设置为 Off。关闭选项之后，服务器就不会获得客户机的主机名，而只能记录客户机的 IP 地址。

```
ErrorLog /var/log/httpd-error.log
LogLevel warn
LogFormat "%h %l %u %t \"%r\" %>s %b \"%{Referer}i\" \"%{User-Agent}i\""
combined
LogFormat "%h %l %u %t \"%r\" %>s %b" common
LogFormat "%{Referer}i ->%U" referer
LogFormat "%{User-agent}i" agent
#CustomLog /var/log/httpd-access.log common
#CustomLog /var/log/httpd-referer.log referrer
#CustomLog /var/log/httpd-agent.log agent
CustomLog /var/log/httpd-access.log combined
```

以上选项定义了系统日志的形式。对于服务器错误记录，由 ErrorLog、LogLevel 来定义不同的错误日志文件及其内容。

对于系统的访问日志，默认使用 CustomLog 参数定义日志的位置。默认使用 combined 指定将所有的访问日志放在一个文件中。也可以通过在 CustomLog 中指定不同的记录类型将不同种类的访问日志放在不同的日志记录文件中，common 表示普通的对单页面请求的访问记录；referer 表示每个页面的引用记录，由此可以看出一个页面中包含的请求数；agent 表示对客户机的类型记录。显然可以将现有的 combined 的设置行注释掉，并使用 common、referer 和 agent 作为 CustomLog 的参数，来为不同种类的日志分别指定日志记录文件。

LogFormat 用于定义不同类型的日志进行记录时使用的格式，这里使用了以％开头的宏定义，以记录不同的内容。如果这些参数指定的文件使用的是相对路径，那么就是相对于 ServerRoot 的路径。

```
ServerSignature On
```

有时当客户请求的网页并不存在时,服务器将生成错误提示文档。默认情况下,由于 ServerSignature 选项设置为 On,错误提示文档的最后一行将包含服务器的名称、Apache 的版本等信息。有的管理员更倾向于不对外显示这些信息,就将该选项设置为 Off,或者设置为 Email,并在错误提示文档的最后一行显示由 ServerAdmin 指定的 E-mail 地址。

```
Alias /icons/ "/var/www/icons/"            //设置目录的访问别名
<Directory "/var/www/icons">               //设置 icons 目录的访问权限
    Options Indexes MultiViews
    AllowOverride None
    Order allow,deny
    Allow from all
</Directory>
```

Alias 选项用于将 URL 与服务器文件系统中的真实位置进行直接映射,一般的文档在 DocumentRoot 中进行查询,然而使用 Alias 定义的路径将直接映射到相应的目录下。因此,Alias 可用来映射一些公用文件的路径,如保存了各种常用图标的 icons 路径。这使得除了使用符号链接之外,文档根目录以外的目录也可以通过 Alias 映射提供给浏览器访问。

定义好映射的路径之后,就应该使用 Directory 选项设置访问限制。

```
Alias /manual/ "/var/www/manual/"          //设置 Apache 使用手册的访问别名
<Directory "/var/www/manual/">             //设置 manual 目录的访问权限
    Options Indexes FollowSymLinks MultiViews
    AllowOverride None
    Order allow,deny
    Allow from all
</Directory>
```

与前面的配置类似,这里设置的是 Apache 使用手册文件(/var/www/manual/)的访问别名,以及该目录的访问权限。

```
<IfModule mod_dav_fs.c>
    DAVLockDB /var/lib/dav/lockdb
</IfModule>
```

以上选项指定 DAV 加锁数据库文件的存放位置。

```
ScriptAlias /cgi-bin/ "/var/www/cgi-bin/"    //设置 CGI 目录的访问别名
<IfModule mod_cgi-cgid.c>
    Scriptsock run/httpd.cgid
</IfModule>
<Directory "/var/www/cgi-bin/">              //设置 CGI 目录的访问权限
    AllowOverride None
```

```
    Options None
    Order allow,deny
    Allow from all
</Directory>
```

ScriptAlias 也是用于 URL 路径的映射，但与 Alias 不同的是，ScriptAlias 用于映射 CGI 程序。这个路径下的文件都是 CGI 程序，通过执行它们来获得结果，而非由服务器直接返回其内容。

由于 Red Hat Linux 中不使用 worker MPM 运行方式，所以不加载 mod_cgid.c 模块。

```
#Redirect old-URI new-URL
```

Redirect 选项用来重定向 URL。当浏览器访问 Web 服务器上的某个已经不存在的资源时，服务器就会返回给浏览器新的 URL，告诉浏览器从该 URL 中获取资源。这主要用于原来存在于服务器上的文档，在改变了位置之后，而又希望继续使用老 URL 能访问，以保持与以前的 URL 兼容。

```
IndexOptions FancyIndexing
AddIconByEncoding (CMP,/icons/compressed.gif) x-compress x-gzip
AddIconByType (TXT,/icons/text.gif) text/*
AddIconByType (IMG,/icons/image2.gif) image/*
AddIconByType (SND,/icons/sound2.gif) audio/*
AddIconByType (VID,/icons/movie.gif) video/*
AddIcon /icons/binary.gif .bin .exe
AddIcon /icons/binhex.gif .hqx
AddIcon /icons/tar.gif .tar
AddIcon /icons/world2.gif .wrl .wrl.gz .vrml .vrm .iv
AddIcon /icons/compressed.gif .Z .z .tgz .gz .zip
AddIcon /icons/a.gif .ps .ai .eps
AddIcon /icons/layout.gif .html .shtml .htm .pdf
AddIcon /icons/text.gif .txt
AddIcon /icons/c.gif .c
AddIcon /icons/p.gif .pl .py
AddIcon /icons/f.gif .for
AddIcon /icons/dvi.gif .dvi
AddIcon /icons/uuencoded.gif .uu
AddIcon /icons/script.gif .conf .sh .shar .csh .ksh .tcl
AddIcon /icons/tex.gif .tex
AddIcon /icons/bomb.gif core
AddIcon /icons/back.gif ..
AddIcon /icons/hand.right.gif README
AddIcon /icons/folder.gif ^^DIRECTORY^^
AddIcon /icons/blank.gif ^^BLANKICON^^
DefaultIcon /icons/unknown.gif
```

当一个 HTTP 请求的 URL 是一个目录时，服务器就会返回这个目录中的索引文件。

但如果一个目录中不存在默认的索引文件，并且该服务器又许可显示目录文件列表时，服务器就会给出这个目录中的文件列表。为了使这个文件列表具有可理解性，而不仅仅是一个简单的列表，就需要进行以上设置。

如果使用了 IndexOptions FancyIndexing 选项，就可以使服务器生成的目录列表中针对各种不同类型的文档引用各种图标。而具体哪种文件使用哪种图标，则需要使用 AddIconByEncoding、AddIconByType 以及 AddIcon 分别依据 MIME 的编码、类型以及文件的后缀来定义。如果不能确定文档使用的图标，可使用 DefaultIcon 定义的默认图标。

```
#AddDescription "GZIP compressed document" .gz
#AddDescription "tar archive" .tar
#AddDescription "GZIP compressed tar archive" .tgz
ReadmeName README.html
HeaderName HEADER.html
```

当客户端请求的 URL 是一个目录时，服务器返回该目录中文件的列表，AddDescription 用于为指定类型的文件加入一个类型描述，而 ReadmeName 和 HeaderName 所指定文件的内容会同时显示在文件列表中。其中，ReadmeName 指定的服务器默认的 README 文件内容将会追加到文件列表的最后，而 HeaderName 指定的 HEADER 文件内容将会显示在文件列表的最前面。上例中指定的两个文件也可以缺省后缀 .html，如果在访问目录的权限配置中，Options 配置项中有 MultiViews，则服务器总是先找 .html 文件，如果不存在则继续找 .txt 文件，然后将纯文本内容添加到文件列表中。

```
IndexIgnore .?? * *~* #HEADER* README* RCS CVS *,v *,t
```

IndexIgnore 选项让服务器在列出文件列表时忽略相应的文件，这里使用模式匹配的方式定义文件名。

```
AddEncoding x-compress Z
AddEncoding x-gzip gz tgz
```

AddEncoding 设置在线浏览用户可以实时解压缩 .Z、gz、tgz 类型的文件，并非所有浏览器都支持。

```
AddLanguage en .en
AddLanguage fr .fr
AddLanguage de .de
AddLanguage da .da
AddLanguage el .el
AddLanguage it .it
LanguagePriority en da nl et fr de el it ja kr no pl pt pt-br ltz ca es sv
```

一个 HTML 文档可以同时具备多个语言的版本，如 file1.html 文档可具备 file1.html.en、file1.html.fr 等不同的版本，但每种表示语言的后缀必须使用 AddLanguage 进行定义。这样服务器可以针对不同国家或地区的客户,通过与浏览器进行协商发送不同的语言版本。而 LanguagePriority 定义不同语言的优先级,以便在浏览器没有特殊要求时,按照顺序使用不同的语言版本响应对 file1.html 的请求。

```
ForceLanguagePriority Prefer Fallback
```

Prefer 是指当有多种语言可以匹配时,使用 LanguagePriority 列表的第一项;Fallback 是指当没有语言可以匹配时,使用 LanguagePriority 列表的第一项。

```
AddDefaultCharset ISO-8859-1                          //设置默认字符集
```

AddDefaultCharset 用于设置浏览器端的默认编码,简体中文网站应设置为 GB2312。

```
AddCharset ISO-8859-1 .iso8859-1 .latin1             //设置各种字符集
...
AddCharset shift_jis .sjis
#AddType application/x-tar .tgz                       //添加新的 MIME 类型
#AddType application/x-httpd-php3 .phtml
#AddType application/x-httpd-php3-source .phps
...
```

AddType 选项可以为特定后缀的文件指定 MIME 类型,这里的设置将覆盖 mime.types 中的 MIME 类型设置。

```
#AddHandler type-map var                             //设置 Apache 对某些扩展名的处理方式
#AddHandler cgi-script .cgi
...
```

AddHandler 用于指定非静态的处理类型,它定义文档为一个非静态(动态)的文档类型,需要进行处理才能向浏览器返回处理结果。例如,上面被注释的语句是将.cgi 文件设置为 cgi-script 类型,那么服务器将启动这个 CGI 程序。还应注意,在配置文件、这个目录中的.htaccess 以及其上级目录的.htaccess 中必须允许执行 CGI 程序,这需要通过 Options ExecCGI 参数设定。

```
#AddType text/html .shtml
#AddHandler server-parsed .shtml
```

另外一种动态处理的类型为 server-parsed,由服务器自身预先分析网页内的标记,并将标记更改为正确的 HTML 标记。由于 server-parsed 需要对 text/html 类型的文档进行处理,因此首先定义.shtml 为 text/html 类型。

要支持 SSI,还要先在配置文件或.htaccess 中使用 Options Includes 允许该目录下的文档可以为 SSI 类型,或使用 Options IncludesNOExec 允许执行普通的 SSI 标记,但不执行其中引用的外部程序。

也可以使用 XBitBack 指定 server-parsed 类型。如果将 XBitBack 设置为 On,则服务器将检查所有 text/html 类型的文档,如果发现文件可执行,则认为它是服务器分析文档,需要服务器进行处理。推荐使用 AddHandler 进行设置,将 XBitBack 设置为 Off,因为使用 XBitBack 将对所有的 HTML 文档都执行额外的检查,会降低效率。

```
#AddHandler send-as-is asis
#AddHandler imap-file map
#AddHandler type-map var
```

上面被注释的 AddHandler 用于支持 Apache 的 asis、map 和 var 处理能力。

```
#Action media/type /cgi-script/location
#Action handler-name /cgi-script/location
```

因为 Apache 内部提供的处理能力有限,所以可以使用 Action 为服务器定义外部程序协助处理。这些外部程序与标准的 CGI 程序相同,都是对输入的数据处理之后,再输出不同 MIME 类型的结果。例如要定义一个特殊后缀 wri,需要先执行 wri2txt 进行处理操作,再返回结果的操作,可以使用如下命令。

```
Action windows-writer /bin/wri2txt
AddHandler windows-writer wri
```

也可以直接使用 Action 定义对某个 MIME 类型预先进行处理。但如果文档后缀没有正式的 MIME 类型,还需要先定义一个 MIME 类型。

```
Alias /error/ "/var/www/error/"          //设置错误页面目录的访问别名
<IfModule mod_negotiation.c>             //设置 error 目录的访问权限
    <IfModule mod_include.c>
        <Directory "/var/www/error">
            Options Indexes NoExec
            AllowOverride None
            AddOutputFilter Includes html
            AddHandler type-map var
            Order allow,deny
            Allow from all
            LanguagePriority en es de fr
            ForceLanguagePriority Prefer Fallback
        </Directory>
        ErrorDocument 400 /error/HTTP_BAD_REQUEST.html.var
        ...
        ErrorDocument 506 /error/HTTP_VARIANT_ALSO_VARIES.html.var
    </IfModule>
</IfModule>
```

如果客户请求的网页不存在或者没有访问权限等,服务器会生成一个错误代码,同时也会向客户浏览器传送一个标识错误的网页。ErrorDocument 用于设置当出现错误时应该回应给客户浏览器什么内容。ErrorDocument 的第一个参数为错误的序号,第二个参数为回应的数据,可以是简单的文本、本地网页、本地 CGI 程序以及远程主机上的网页。

```
BrowserMatch "Mozilla/2" nokeepalive                          //设置浏览器匹配
BrowserMatch "MSIE 4\.0b2;" nokeepalive downgrade-1.0 force-response-1.0
BrowserMatch "RealPlayer 4\.0" force-response-1.0
BrowserMatch "Java/1\.0" force-response-1.0
BrowserMatch "JDK/1\.0" force-response-1.0
```

BrowserMatch 选项用于为特定的客户程序设置特殊的参数,以保证对老版本浏览器的兼容,并支持新浏览器的新特性。

```
#ProxyRequests On
#Order deny,allow
#Deny from all
#Allow from .your_domain.com
#ProxyVia On
#CacheRoot "/usr/local/www/proxy"
#CacheSize 5
#CacheGcInterval 4
#CacheMaxExpire 24
#CacheLastModifiedFactor 0.1
#CacheDefaultExpire 1
#NoCache a_domain.com another_domain.edu joes.garage_sale.com
```

Apache 本身具有代理的功能,但需要加载 mod_proxy 模块。这可以使用 IfModule 语句进行判断。如果存在 mod_proxy 模块,就将 ProxyRequests 选项设置为 On,以打开代理支持。此后的 Directory 用于设置 Proxy 功能的访问权限,以及对缓冲的各个选项进行设置。

```
#NameVirtualHost 12.34.56.78:80
#NameVirtualHost 12.34.56.78
#ServerAdmin webmaster@host.some_domain.com
#DocumentRoot /www/docs/host.some_domain.com
#ServerName host.some_domain.com
#ErrorLog logs/host.some_domain.com-error_log
#CustomLog logs/host.some_domain.com-access_log common
```

默认配置文件中被注释的这些内容提供了用于设置命名虚拟主机的范本。其中,NameVirtualHost 用来指定虚拟主机使用的 IP 地址,这个 IP 地址将对应多个 DNS 名字,如果 Apache 使用了 Listen 选项控制了多个端口,那么就可以在这里加上端口号以进一步区分不同端口的不同连接请求。此后,使用 VirtualHost 语句,以 NameVirtualHost 指定的 IP 地址作参数,对每个名称都定义对应的虚拟主机。

通过虚拟主机可以在一台 Web 服务器上为多个单独域名提供 Web 服务,并且每个域名都完全独立,包括具有完全独立的文档目录结构及设置。因此,使用每个域名访问到的内容完全独立。

　　有两种设定虚拟主机的方式，一种是基于 HTTP 1.0 标准，需要一个具备多 IP 地址的服务器，再配置 DNS 服务器，为每个 IP 地址分配不同的域名，最后才能配置 Apache，使服务器针对不同域名返回不同的 Web 文档。由于需要使用额外的 IP 地址，且每个提供服务的域名都要使用单独的 IP 地址，因此这种方式实现起来问题较多，也会影响网络性能。

　　HTTP 1.1 标准规定浏览器和服务器通信时，服务器能够跟踪浏览器请求的是哪个主机名字，因此可以利用这个新特性，使用更轻松的方式设定虚拟主机。这种方式不需要额外的 IP 地址，但需要新版本浏览器的支持。这种方式已经成为建立虚拟主机的标准方式。

　　要建立非基于 IP 地址的虚拟主机，多个域名是必不可少的配置，因为每个域名对应一个虚拟主机。因此需要更改 DNS 服务器的配置，为服务器增加多个 CNAME 选项，例如：

```
freebsd IN A 192.168.1.64
vhost1 IN CNAME centos
vhost2 IN CNAME centos
```

　　如果要为 vhost1 和 vhost2 设定虚拟主机，可以利用默认配置文件的虚拟主机设置范本中的大部分选项来重新定义几乎所有针对服务器的设置。

```
NameVirtualHost 192.168.1.64
DocumentRoot /usr/local/www/data
ServerName centos.example.org.cn
DocumentRoot /vhost1
ServerName vhost1.example.org.cn
DocumentRoot /vhost2
ServerName vhost2.example.org.cn
```

　　这里需要注意的是，虚拟主机的地址一定要和 NameVirtualHost 定义的地址一致，Apache 才承认这些设置是为这个 IP 地址定义的。如果 Apache 只设置了一个 IP 地址，或者并非配置基于 IP 地址的多个虚拟主机，NameVirtualHost 以及后续的虚拟主机定义的 IP 地址处可以用"＊"替代，表示匹配任意一个 IP 地址。这样做的好处是，即使改变了 Web 服务器的 IP 地址，也无须修改这两个配置项，因此适用于 Web 服务器是从 ISP 那里动态获取 IP 地址的情况。

　　对于服务器采用动态 IP 地址的另一种解决方法是，NameVirtualHost 和虚拟主机定义的 IP 地址处直接使用域名替代，如 NameVirtualHost www.xxx.org，但这样服务器需要将域名映射为 IP 地址才能访问虚拟主机，也就不能使用 localhost、127.0.0.1、计算机名等这样的地址访问虚拟主机了。

```
#VirtualHost example:
#Almost any Apache directive may go into a VirtualHost container.
#The first VirtualHost section is used for requests without a known
```

```
# server name.
<VirtualHost 192.168.0.1>                              //第一个虚拟主机的 IP 地址
    ServerAdmin 111@xxx.com                            //第一个虚拟主机的管理员 E-mail
    DocumentRoot H:/web001                             //第一个虚拟主机的文档根目录
    ServerName www.xxx.org                             //第一个虚拟主机的域名
    ErrorLog logs/www.xxx.org-error.log                //第一个虚拟主机的错误日志
    CustomLog logs/www.xxx.org-access.log common       //第一个虚拟主机的数据
</VirtualHost>
<VirtualHost 192.168.0.2>                              //第二个虚拟主机的 IP 地址
    ServerAdmin 111@xxx.com                            //第二个虚拟主机的管理员 E-mail
    DocumentRoot H:/web002                             //第二个虚拟主机的文档根目录
    ServerName www.xxx2.org                            //第二个虚拟主机的域名
    ErrorLog logs/www.xxx2.org-error.log               //第二个虚拟主机的错误日志
    CustomLog logs/www.xxx2.org-access.log common      //第二个虚拟主机的数据
</VirtualHost>
```

这是一个虚拟主机定义的实例。以此类推,可以增加更多的虚拟主机。

附录 B　Linux 常用命令速览

这里仅以列表的形式给出 Linux 系统管理最常用的命令，以及这些命令最基本也最常见的选项和使用方法，如表 B-1 所示，以供读者速览。如果要更全面、深入地学习 Linux 系统管理命令，读者可以参阅本书相关章节介绍或其他 Linux 命令手册和资料，也可以使用"man 命令名"来了解指定命令的使用方法。

表 B-1　常用 Linux 命令的功能及基本使用方法

命令名	功　　能	命令格式与常用选项	范例及说明

mkdir	创建目录	mkdir［选项］目录名
		-m：新建目录的同时设置存取权限
		-p：若指定目录路径中某些目录不存在也一并创建，即一次创建多个目录
			♯ mkdir /wbj
			//在根目录下创建 wbj 目录
			♯ mkdir -p /wbj/soft/game
			//soft 和 game 一并被创建

rmdir	只能删除空目录	rmdir［选项］目录名 -p：递归删除目录，当该目录删除后其父目录为空则一同被删除	♯ rmdir /wbj/soft/game //删除 game 目录

cd	改变当前工作目录	cd［目标目录］
		注：目标目录可用绝对路径或相对路径描述。路径中常用"."表示当前目录，".."表示父目录，"～"表示当前用户主目录，其他命令中用法相同
			♯ cd /wbj/soft
			//进入 soft 目录
			♯ cd ..
			//回到父目录
			♯ cd
			//改变至用户主目录
			♯ cd ～/bin
			//改变至用户主目录下的 bin 目录
			♯ pwd
			//显示当前目录
			/root/bin

pwd	显示当前工作目录	pwd	♯ pwd /root　　//当前目录绝对路径

ls	显示文件目录列表	ls［选项］［目录或文件名］
		-a：列出指定目录下所有子目录与文件，包括隐藏文件
		-l：长格式显示文件目录的详细信息
			♯ ls -l
			//长格式列文件目录
			♯ ls /wbj
			//列出/wbj 目录下的所有文件
			♯ ls /etc/i *
			//列出以 i 开头所有文件
			♯ ls /etc/inittab
			//列出指定文件

续表

命令名	功　能	命令格式与常用选项	范例及说明

cp	复制文件或目录	cp［选项］源文件或目录 目标文件或目录
		-f：覆盖已存在的目标文件而不提示
		-i：与-f 相反,覆盖目标文件之前给出提示要求用户确认(y/n)
		-r：若复制的源和目标为目录,将递归复制该目录下所有的子目录和文件
			＃ cp /etc/inittab /bak
			//将文件同名复制到 bak 下
			＃ cp /etc/inittab /bak/inittab. bak
			//改名复制到 bak 下
			＃ cp -f /wbj/a＊ /bak
			//强行复制以 a 开头的所有文件
			＃ cp -i a. txt b. txt c. txt /bak
			//复制多个文件到 bak 下
			＃ cp -r /wbj/soft /
			//将 soft 目录树复制到根下

mv	移动文件或目录	mv［选项］源文件或目录 目标文件目录 选项用法与 cp 命令基本相同	＃ mv dd. txt abc. txt //此用法相当于文件改名

rm	删除文件或非空目录	rm［选项］文件或目录列表
		-f：强制删除文件或目录而不提示
		-i：交互式删除,即删除前提示确认(y/n)
		-r：递归删除指定目录及其包含的所有文件和子目录
			＃ rm -rf /wbj/bak
			//强制删除 bak 目录且不提示
			＃ rm -i ab ＊
			//交互删除当前目录下以 ab 开头的
			//所有文件

cat	显示指定文件内容	cat［选项］文件列表 -s：连续多个空白行压缩为一个空白行	＃ cat /wbj/a. txt /wbj/bak/b. txt //显示指定的两个文件内容

	连接多个文件内容重定向到指定文件	cat 文件列表 ＞ 文件名	＃ cat a. txt b. txt c. txt ＞abc. txt
			//三个文件内容连接在一起后存入
			//abc. txt 文件

	键盘输入内容重定向到文件	cat ＞ 文件名 注：执行该命令后光标在行首,输入一行或多行文件内容后,要按 Enter 键另起新行。按 Ctrl＋C 组合键结束输入	＃ cat ＞/wbj/ab. txt My name is wbj. //此时按 Ctrl＋C 组合键 ＃

touch	修改文件或目录时间或创建空文件	touch［选项］［文件或目录］
		-a：将文件的存取时间改为系统当前时间
		-m：将文件的修改时间改为系统当前时间
		-d＜日期时间＞：将文件或目录的时间更改为指定的时间而非系统时间,时间格式可包含月份,时区名等文字表述
		-t＜日期时间＞：与-d 相同,但时间格式使用"年月日时分秒"
		-r＜参考文件＞：将文件或目录的时间设成与参考文件时间相同
			＃ cd /tmp
			＃ touch ab. txt　　//创建空文件
			＃ touch -a ab. txt
			＃ touch -m ab. txt
			＃ touch -d "2 days ago"
			//将文件时间改为 2 天前
			＃ touch -t 201401301759.50
			//将文件时间改为 2014 年 1 月 30 日
			//17 点 59 分 50 秒
			＃ touch -r /wbj/abc. txt ab. txt

命令名	功 能	命令格式与常用选项	范例及说明
more	分屏显示文件内容	more［选项］文件列表 注：选项及命令用法与 cat 相似，文件内容较长时可分屏显示，常用于管道符后	＃ more /wbj/abc.txt ＃ cat /wbj/abc.txt ｜ more //按空格键往后翻页直至结束
less	分屏显示文件内容	less［选项］文件列表 注：类似于 more，但有更强的互动操作界面，如同全屏幕编辑界面浏览文件	＃ less /wbj/abc.txt ＃ cat /wbj/abc.txt ｜ less //可用光标键或翻页键，按 Q 键退出

find	查找文件	find［起始目录］［查找条件］
		注：从指定的起始目录开始递归地搜索各个子目录，查找满足条件的文件。可用-a(and)、-o(or)、-n(not)运算符组成多个复合条件，常用的选项如下
		-name filename：查找指定文件名的文件
		-user username：查找指定用户名的文件
		-group grpname：查找指定组名的文件
		-size n：查找大小为 n 块的文件
		-exec command：对匹配文件执行 command
			＃ find /wbj/ -name abc.txt
			//在 wbj 下搜索 abc.txt 文件
			＃ find /home/ -user wbj
			//在 home 下搜索 wbj 用户的文件
			＃ find / -name ifcfg ＊ ｜ more
			//从根开始查找所有以 ifcfg 开头的
			//文件，并将查找结果分屏显示。注
			//意：从根开始搜索需要运行较长
			//时间

locate	查找文件	locate 文件名
		注：该命令是从由系统每天的例行工作程序(Crontab)所建立的资料数据库中搜索指定文件，而不是从目录结构中进行搜索，因此比 find 搜索速度快
			＃ locate /etc/inittab
			＃ locate /etc/in ＊
			＃ locate /wbj/abc.txt
			//有些未被 Crontab 收录进数据库
			//的文件是找不到的

whereis	查找文件	whereis［选项］文件名 注：该命令只能用于查找三类文件，缺省选项则返回所有找到的三类文件信息 -b：查找二进制文件 -s：查找源代码文件 -m：查找说明文件	＃ whereis -b find find：/bin/find /usr/bin/find ＃ whereis -s find //未找到无返回信息显示

grep	筛选包含指定字符串的行	grep 字符串
		注：该命令也可查找文件，但最常用于管道符｜后面，在前一条命令的输出结果中筛选包含指定字符串的行
			＃ rpm -qa ｜ grep dhcp
			//查询所有已安装的软件包，并筛选
			//出包含 dhcp 的行

sort	将文本文件内容排序后输出	sort［选项］［文件名］ -b：忽略每行开头的空格字符 -c：检查文件是否已经按照顺序排序 -n：依照数值的大小排序 -r：以相反的顺序来排序 注：该命令也常用于管道符｜后面，将前一条命令的输出结果排序后再输出	＃ cat /wang/test.txt banana apple ＃ sort /wang/test.txt apple banana ＃ ls / ｜ sort

229

命令名	功 能	命令格式与常用选项	范例及说明
diff	比较并显示文本文件或目录的异同	diff［选项］文件或目录 1 文件或目录 2 注：以逐行的方式比较两个文本文件的异同；若指定的是目录，则比较目录中相同文件名的文件，但默认不会比较其子目录 -b：不检查空格字符的不同 -c：显示全部内容，并标出不同之处 -i：不检查大、小写的不同 -l：将结果交由 pr 程序来分页 -q：仅显示有无差异，不显示详细信息 -r：比较子目录中的文件 -w：忽略全部的空格字符	＃ cat aa. txt my name is wbj. ＋＋＋＋＋＋＋＋＋＋＋ ＃ cat bb. txt my name is wbj. ＃＃＃＃＃＃＃＃＃＃＃ ＃ diff aa. txt bb. txt 2c2 ＜ ＋＋＋＋＋＋＋＋＋＋＋ --- ＞ ＃＃＃＃＃＃＃＃＃＃＃ ＃ diff -q aa. txt bb. txt Files aa. txt and bb. txt differ
cmp	显示两个文件不同之处的信息	cmp［选项］文件名 1 文件名 2 -l：给出两个文件不同的每个字节的 ASCII 码 -s：不显示比较结果，仅返回状态参数	＃ cmp aa. txt bb. txt aa. txt bb. txt differ：byte 17, line 2 ＃ cmp -l aa. txt bb. txt
wc	统计文件的行数、字数和字符数	wc［选项］文件名 -l：统计文件的行数 -w：统计文件的字数 -c：统计文件的字符数 注：不加选项则默认为三者都统计	＃ wc aa. txt 2 5 32 aa. txt //2 行 5 字 32 字符 ＃ wc -c aa. txt 32 aa. txt
head	显示文件头部	head［选项］文件名 -i：输出文件的前 i 行，默认为头 10 行	＃ head aa. txt ＃ head -1 aa. txt
tail	显示文件尾部	tail［选项］文件名 -i：输出文件最后 i 行，默认为尾 10 行 ＋i：从文件的第 i 行开始显示	＃ tail aa. txt ＃ tail -1 aa. txt ＃ tail ＋2 aa. txt

tar	文件打包或解包	tar［选项］［包文件名］［文件］
		-c：创建新的备份文件（即打包指定文件）
		-f：使用备份文件或设备（常为必选项）
		-r：把文件追加到备份文件末尾
		-t：列出备份文件中所包含的文件
		-v：显示处理文件信息的进度
		-x：从备份文件中释放文件（即解包）
		-z：用 gzip 来压缩或解压缩文件
		注：-z 选项用于打包文件的同时压缩文件、解压文件的同时解包文件。最常见的两种用法是：在安装源代码软件包时，使用固定搭配的-xzvf 选项组合，将 .tar.gz 后缀的包进行解压、解包；使用固定搭配的-czvf 选项组合，将文件打包并压缩为 .tar.gz 后缀的包
			＃ tar -cf exam. tar /app/ ＊
			//打包文件
			＃ tar -rf exam. tar /wbj/help. txt
			//在现有的包中追加文件
			＃ tar -tf exam. tar
			//列出包中含有哪些文件
			＃ tar -xzvf rp-pppoe-3. 7. tar. gz
			//解压解包 pppoe 源码包
			＃ tar -czvf exam. tar. gz /app/ ＊
			//将 app 下所有文件打包并压缩为
			//exam. tar. gz 包

续表

命令名	功　能	命令格式与常用选项	范例及说明

ln	建立文件或目录的链接	ln［选项］源文件或目录 目标文件或目录
		-s：建立符号链接（Symbolic Link）
		注：链接有硬链接和符号链接两种。硬链接是指一个文件可以有多个名称，链接文件和被链接文件必须位于同一个文件系统，并且不能建立指向目录的硬链接；符号链接是指产生一个特殊的文件，其内容是指向另一个文件的位置，它可以跨越不同的文件系统
			# ln /wbj/abc.txt /abc.ln
			//在根目录下建立 abc.txt 的硬链接
			//文件 abc.ln
			# ln -f /wbj/abc.txt /abc.ln
			//目标存在时强制覆盖
			# ln -s /wbj/abc.txt abc.ln
			//在当前目录下建立 abc.txt 文件的
			//符号链接文件 abc.ln

useradd
或
adduser
	创建用户账号或将用户加入指定组	useradd［选项］用户名
		-d ＜登入目录＞：指定用户登入的起始目录
		-e ＜有效期限＞：指定账号的有效期限
		-g ＜组＞：指定用户所属的群组
		注：如不指明登入目录（即用户主目录），则自动在/home 下创建与用户名同名的目录作为用户主目录；UID 和 GID 根据已有的用户和组数量自动编号（≥501）；所建账号被自动保存在/etc/passwd 文件中
			# useradd user1
			//创建 user1 用户
			# ls /home user1
			# useradd -d /wbj wbj
			//创建 wbj 用户并指定主目录
			# useradd -g users wbj
			//将用户 wbj 加入 users 组

userdel	删除用户账号	userdel［选项］用户名 -r：删除用户的同时，将该用户主目录及其包含的文件一并删除；不带该参数则仅删除/etc/passwd 中的账号信息	# userdel wbj # userdel -r user1
usermod	修改用户账号属性	usermod［选项］用户名 -l ＜账号名＞：修改用户名 注：其他选项用法与 useradd 命令相同	# usermod -l wangbaojun wbj

passwd	设置用户密码	passwd［用户名］
		注：创建用户后应立即使用该命令为用户创建密码。只有超级用户才可以指定用户名，普通用户只能用不带参数的格式修改自己的密码，两次密码输入正确后，该密码被加密存放在/etc/shadow 文件中
			# passwd wbj
			New password：
			Retype new password：
			//注意输入密码时无显示
			# passwd
			//注意当前是 root 登录，用不带用
			//户名的命令修改 root 密码

groupadd	创 建 用 户组	groupadd［选项］组名
		-r：强制创建用户组
		-g ＜组 ID＞：指定新建组的 ID，无此选项则自动从 501 开始编号，500 及之前保留给系统各项服务的账号使用
		注：新建组后即可用 useradd 或 usermod 命令向该组添加用户；新建用户组信息自动保存在/etc/group 文件中
			# groupadd mygroup
			# adduser -g mygroup wbj
			//若已有用户 wbj，则将其加入
			//mygroup 组；若用户 wbj 不存在，
			//则新建用户后加入组

命令名	功 能	命令格式与常用选项	范例及说明
groupdel	删除用户组	groupdel 组名	♯ groupdel mygroup
groupmod	修改用户组属性	groupmod［选项］组名 -g＜组ID＞：修改指定组的ID -n＜组名＞：修改指定组的组名	♯ groupmod -n myg mygroup
who	查看登录系统用户	who［选项］ -q：只显示登录系统的账号名和总人数	♯ who root tty1 July 9 22 ;44
id	显示用户ID及其所属组ID	id［选项］［用户名］ -a：显示用户名、标识及所属的所有组	♯ id ♯ id root

whoami	显示当前终端上的用户	whoami［选项］
		--help：在线帮助
		--version：显示版本信息
			♯ whoami
			//注：此处两个选项在其他命令中都
			//可以使用

last	显示登录过系统的用户信息	last［选项］［账号名］［终端号］ -a：在末行显示登录系统的主机名或IP -d：将IP地址转换成主机名 -x：显示关机、重启以及执行等级的改变等信息	♯ last ♯ last tty2 ♯ last -a wbj
login	用户登录	login	♯ login
logout	用户注销	logout	♯ logout

su	改变用户身份	su［选项］［用户名］
		-c：执行完指定指令后即恢复原来身份
		-l：变更身份的同时变更工作目录以及其他环境变量
		-m：变更身份时保留环境变量不变
			$ su
			//未指定用户名则默认变更为root
			//身份
			Password：
			♯
			♯ exit //退出当前身份

chmod	改变文件或目录的存取权限	chmod ｛u｜g｜o｜a｝｛＋｜－｜＝｝｛r｜w｜x｝文件或目录名
		chmod［mode］文件或目录名
		符号法：也称为相对设定方法。｛u｜g｜o｜a｝指明用户类别，四个字母分别代表文件主、组用户、其他用户、所有用户；｛＋｜－｜＝｝表示添加、取消或赋予由｛r｜w｜x｝指定的读、写或执行权限
		数字法：也称为绝对设定方法。在表述文件或目录权限的9个位中，相应位有权限则为1，无权限则为0，mode即为此9位二进制数转换而成的3位八进制数值
			♯ ls -l /wbj/abc. txt -rwxr--r-- 1
			  root … abc. txt
			♯ chmod g＋wx /wbj/abc. txt
			♯ ls -l /wbj/abc. txt -rwxrwxr--
			1 root … abc. txt
			♯ chmod a-x /wbj/abc. txt
			♯ ls -l /wbj/abc. txt -rw-rw-r-- 1
			  root … abc. txt
			♯ chmod 754 /wbj/abc. txt
			♯ ls -l /wbj/abc. txt
			-rwxr-xr-- 1 root … abc. txt
			♯ chmod 777 /wbj/abc. txt
			♯ ls -l /wbj/abc. txt
			-rwxrwxrwx 1 root … abc. txt

命令名	功　能	命令格式与常用选项	范例及说明
chown	改变文件或目录的所有者	chown［选项］用户名 文件或目录名 -R：适用目录，更改该目录及其包含的子目录下所有文件的属主 注：一般由超级用户使用，普通用户只能对自己为属主的文件更改所有者	♯ ls -l /wbj/abc.txt -rwxrwxrwx 1 root … abc.txt ♯ chown wbj /wbj/abc.txt ♯ ls -l /wbj/abc.txt -rwxrwxrwx 1 wbj … abc.txt
ps	显示系统中的进程	ps［选项］ -A：显示所有进程 -a：显示当前终端上启动的所有进程 -u：显示较详细的信息，包括用户名或 ID -x：显示没有控制终端的进程，同时显示每个进程的完整命令、路径和参数	♯ ps ♯ ps -a ♯ ps -au ♯ ps -aux ♯ ps -aux｜grep kded
pstree	以树状图显示进程	pstree［选项］ -a：显示每个进程的完整指令 -h：特别标明正在执行的进程 -l：采用长格式显示树状图 -n：用进程 ID 排序（默认以进程名排序） -u：显示用户名	♯ pstree ♯ pstree -a ♯ pstree -l｜grep e
top	实时动态地显示各个进程的资源占用状况	top［选项］ -d：指定屏幕刷新的间隔时间 -u ＜用户名＞：指定用户名 -p ＜进程号＞：指定进程号 -n ＜次数＞：循环显示的次数 注：类似于 Windows 的任务管理器，可监测多方面信息的系统综合性能分析工具；默认刷新间隔时间为 5s；按 Q 键退出	♯ top ♯ top -d 10 ♯ top -u wbj
kill	向进程发信号或终止进程	kill［选项］进程号 -9：强行终止进程，即发送 KILL 信号 -15：终止进程，即发送 TERM 信号 -17：将进程挂起，即发送 CHLD 信号 -19：激活挂起的进程，即发送 STOP 信号 -l：列出全部信号名称 -s：指定发送给进程的信号名称 注：进程号可通过 ps 命令查看，默认发送 TERM 信号，即终止进程	♯ kill -l　//列出全部信号名称 ♯ kill 1143　//终止进程 ♯ kill -15 1143　//等同于 kill 1143 ♯ kill -9 1143//强行终止进程 1143
df	检查磁盘空间占用的情况	df［选项］［设备文件名］ -a：显示所有文件系统的磁盘使用情况 -k：显示空间以 KB 为单位 -m：显示空间以 MB 为单位 -t：列指定类型文件系统的空间使用情况	♯ df ♯ df -a ♯ df -am

续表

命令名	功 能	命令格式与常用选项	范例及说明

du	统计目录或文件占用磁盘空间的情况	du［选项］［目录或文件名］
		-a：递归显示指定目录中各文件及子目录中各文件占用的数据块数
		-b：以字节为单位（默认以 KB 为单位）
		-s：只给出占用数据块总数（每块 1KB）
			# du
			# du -a /wbj
			# du -s
			//不指定目录或文件名，则对当前目
			//录进行统计

fdisk	创建磁盘分区或显示磁盘分区情况	fdisk［选项］［设备名］ -u：列出分区表时以扇区大小替代柱面大小 -l：列出指定设备的分区表，如未指定设备则列出/proc/partitions 中设备的分区表	# fdisk /dev/hda # fdisk -l
free	查看系统内存使用的情况	free［选项］ -k：以 KB 为单位显示 -m：以 MB 为单位显示	# free //默认（或加-b）以字节为单位
procinfo	显示系统状态	procinfo［选项］ -a：显示所有信息	# procinfo
uname	显示系统版本信息	uname［选项］ -a：显示完整的 Linux 版本信息	# uname -a
clear	清除屏幕	clear	# clear

date	显示或设置系统日期和时间	date［-u］［-d＜字符串＞］［＋％时间格式符］
		date［-s＜字符串＞］
		［MMDDhhmmCCYYss］
		-d＜字符串＞：显示字符串指定的日期与时间，字符串必须加双引号
		-s＜字符串＞：根据字符串设置日期与时间
		时间格式符略
		注：只有超级用户才有权限设置系统时间，普通用户只能显示系统时间
			# date
			Mon Nov 8 14:12:36 CST 2013
			# date ＋％r
			02:12:47 PM
			# date 042723592014.30
			//将系统时间设为 2014 年 4 月 27 日
			//23 点 59 分 30 秒
			# date -s"＋5 minutes"
			//将系统时间设为 5 分钟后

cal	显示日历	cal［选项］［月份［年份］］ - j：显示给定月中的每一天是一年中的第几天（从 1 月 1 日算起） - y：显示当年整年的日历	# cal //默认为当前月的日历 # cal -y //显示当前全年日历 # cal 2013 //显示 2013 全年日历 # cal 12 2014 //只显示指定月的日历
man	显示命令帮助文件	man 命令名	# man cp
help	显示内部命令的帮助信息	help 命令名 -s：输出命令的短格式帮助信息，仅包括命令的格式 注：仅用于获得内部命令的帮助信息	# help adduser no help topics match 'adduser'. # help -s echo echo：echo [-neE] [arg ...]

命令名	功　能	命令格式与常用选项	范例及说明
type	查看命令类型	type 命令名	＃ type pwd　　//内部命令 pwd is a shell builtin ＃ type cat　　//外部命令 cat is /bin/cat
enable	关闭或激活指定的内部命令	enable［选项］［内部命令名］ - a：显示系统中所有激活的内部命令 - n：关闭指定的内部命令,不加此选项则可重新激活被关闭的内部命令	＃ enable -a ＃ enable -n echo ＃ enable cat enable：cat not a shell builtin
runlevel	查看当前运行级别	runlevel	＃ runlevel N 3

shutdown	关机或重启系统	shutdown［选项］［时间］［警告信息］
		-h：关机
		-k：仅发送信息给所有用户,但不关机
		-r：关机后立即重新启动
		-f：快速关机,重启时跳过 fsck
		-n：快速关机,不调用 init 进程
		-t：指定延迟时间后执行 shutdown 指令
		-c：取消已经运行的延迟 shutdown 指令
			＃ shutdown -h now
			//立刻关机
			＃ shutdown -h ＋10 "System needs a rest."
			//10 分钟后关机并发送消息
			＃ shutdown -c
			//取消前面的关机指令
			＃ shutdown -r 11:50
			//系统将在 11:50 重启

reboot	重启系统	reboot［选项］ -d：重启时不把数据写入/var/tmp/wtmp -f：强制重启,不调用 shutdown 功能 -i：重启之前先关闭所有网络界面 -w：仅把重启数据写入/var/log/wtmp 记录,并不真正重启系统	＃ reboot
halt	关闭系统	halt［选项］ -p：halt 之后,执行 poweroff 注：其余选项类似于 reboot 命令	＃ halt ＃ halt -p

init	初始化运行级别	init 运行级别
		0：关闭系统
		1：单用户模式
		2：多用户模式,但不支持 NFS
		3：完全多用户模式
		4：未使用
		5：GUI 图形模式
		6：重启系统
			＃ init 0
			//立即关闭系统
			＃ init 5
			//初始化为图形模式。注意与 startx
			//操作不同,startx 是保留字符终端
			//而进入图形界面
			＃ init 6
			//立即重启系统

命令名	功　能	命令格式与常用选项	范例及说明

rpm	安装、升级、卸载和查询 RPM 软件包	rpm［选项］［RPM 软件包名］
		-i：安装软件包
		-e：删除（卸载）软件包
		-U：升级软件包
		-V：校验软件包
		-v：显示附加信息
		-h：显示安装进度的 hash 记号（♯）
		-q：查询软件包
		注：安装 RPM 软件包时，-ivh 几乎是固定选项组合；查询软件包时常加-a 选项以查询所有安装的软件包
			♯ rpm -qa｜grep sendmail
			sendmail-cf-8.14.4-8.el6.noarch
			sendmail-8.14.4-8.el6.i686
			//查询到两个包已安装
			♯ rpm -V cce
			package cce is not installed
			♯ rpm -ivh cce-0.51-1.i386.rpm
			//安装软件包
			♯ rpm -e cce
			//卸载软件包

yum	在线安装和管理 RPM 软件包	yum 选项［package_name］ install：安装指定的软件包 update：更新指定的软件包 remove：删除指定的软件包 search：查找指定的软件包 clean all：清除缓存的软件包及旧的 headers 注：以上仅列出最常用的 yum 用法；使用 yum 自动下载和安装软件，关键要配置可靠的 yum 源，配置文件在/etc/yum.repos.d 目录下，文件名必须以.repo 结尾	♯ yum install cce ♯ yum info cce Installed Packages Name　　：cce Arch　　：i386 Version　：0.51 Release　：1 Size　　：7.8 M Repo　　：installed Summary：CCE 0.51 License　：GPL …
echo	显示提示信息	echo［选项］字符串或环境变量 -n：输出文字后不换行，默认则换行	♯ echo my name is wbj. ♯ echo my name is wbj.＞abc.txt
test	测试表达式值	test 测试表达式 注：可用于整数值、字符串比较，以及文件操作和逻辑操作。结果为 0 表示真，结果为非 0 表示假	♯ NUM1＝55 ♯ NUM2＝0055 ♯ test ＄NUM1 -ne ＄NUM2 ♯ echo ＄？ 1　//输出 1 为假 ♯ test -d /etc/httpd ♯ echo ＄？ 0　//输出 0 为真
expr	计算整数表达式的值和字符运算	expr 表达式	♯ expr 3 ＋ 5　//注意空格 8 ♯ expr 3 ＼＊ 5　//注意转义符 15 ♯ num＝5 ♯ expr `expr 5 ＋ 7`/ ＄num 2

续表

命令名	功 能	命令格式与常用选项	范例及说明

ifconfig	显示或设置网络接口参数	ifconfig [网络接口]
		注:缺省网络接口则显示所有网络接口参数
		ifconfig [网络接口] [IP 地址] [netmask 子网掩码] [down] [up]
		注:设置网络接口参数
		down:关闭网络接口
		up:启动网络接口
			# ifconfig | more
			//分屏显示所有网络接口参数
			# ifconfig eth0
			//显示 eth0 网络接口参数
			# ifconfig eth0 192.168.0.1 netmask 255.255.255.0
			//设置 eth0 网络接口参数
			# ifconfig eth0 down　//关闭 eth0
			# ifconfig eth0 up　//启动 eth0

setup	进入文本菜单界面进行系统配置	setup 注:可使用 setup 菜单执行相应的命令。如选择 system→config→network 将进入网络配置的文本菜单界面	# setup

service	启动、停止、重启系统服务或查看服务状态	service 服务名称 status/start/stop/restart
		status:查看系统服务状态
		start:启动系统服务
		stop:停止系统服务
		restart:重启系统服务
		注:仅用于临时启动或关闭服务
			# service network restart
			//重启网络
			# service dhcpd status
			dhcpd is stopped
			//查看 DHCP 服务运行状态

ntsysv	服务配置	ntsysv 注:进入服务配置的文本菜单界面,用于设置服务永久开启或关闭	# ntsysv

chkconfig	检查、设置系统的各种服务	chkconfig [--list] [服务名称]
		注:检查系统服务在各运行级别下是否自动启动
		chkconfig [--level n] [服务名称] [on/off]
		注:永久设置系统服务在指定运行级别下自动启动与否,其中 n 为运行级别,指定多个运行级别时数字可连写
			# chkconfig --list |more
			//分屏显示所有系统服务在各运行
			//级别下是否自动启动
			# chkconfig --list httpd
			//检查 httpd 服务是否自动启动
			# chkconfig --level 35 httpd on
			//将 httpd 服务设置为 3 级和 5 级
			//系统启动时自动启动

ip	管理路由、网络设备、策略路由和隧道等	ip [选项] 对象 {命令|help}
		address:设备上的协议(IP/IPv6)地址
		link:网络设备
		maddress:多播地址
		route:路由表项
		rule:路由规则
			# ip link show
			//显示所有网络接口信息
			# ip link set eth0 up
			//开启 eth0 网络接口
			# ip addr show
			//显示网卡 IP 信息
			# ip addr add 192.168.0.1/24 dev eth0
			//设置网卡 eth0 的 IP 地址

ping	测试网络连通性	ping [选项] 主机名或 IP 地址 -c <n>:指定发送 ICMP 数据包个数 注:与 Windows 中的 ping 命令不同的是若不用-c 选项则默认会不停地发送 ICMP 数据包,按 Ctrl+C 组合键才会终止	# ping -c 4 127.0.0.1 # ping -c 4 172.20.1.68 # ping -c 4 www.163.com

命令名	功 能	命令格式与常用选项	范例及说明
traceroute	追踪数据包的传输路由	traceroute［选项］主机名或 IP 地址 注：通过发送小的数据包到目标设备直至返回来测量它所经历的时间，默认每个设备测 3 次，输出结果包括每次测试的时间（ms）和设备名（如有的话）及其 IP 地址	＃ traceroute 210.33.156.5 ＃ traceroute www.163.com
nslookup	测试 DNS 服务器域名解析是否成功	nslookup［主机名或 IP 地址］ 注：执行不给定参数的命令会出现大于号（＞）的命令提示符，再输入要求解析的域名或 IP 地址，要退出则执行 exit 命令	＃ nslookup ＞ www.zjvtit.edu.cn Server：210.33.156.5 Address：210.33.156.5＃53 Name：www.zjvtit.edu.cn Address：60.191.9.25 //以上显示正向解析成功
mtr	网络连通性判断工具	mtr［选项］主机名或 IP 地址 -r：以报告模式显示 -c：每秒发送数据包个数，默认为 10 个 -n：不对 IP 地址做域名解析 -s：指定 Ping 数据包的大小 -a：设置发送包的 IP 地址（用于多 IP 地址情况）	＃ mtr -r jtxx.zjvtit.edu.cn

netstat	查看整个 Linux 系统的网络状态信息	netstat［选项］
		-a：显示所有连线中的 Socket
		-c：持续列出网络状态
		-i：显示网络界面信息表单
		-l：显示监控中的服务器的 Socket
		-n：直接使用 IP 而不通过域名服务器
		-p：显示正在使用 Socket 的程序名称
		-s：显示网络工作信息统计表
		-t：显示 TCP 协议的连线状况
		-u：显示 UDP 协议的连线状况
			＃ netstat -a
			//列出所有的端口，包括监听的和未
			//监听的
			＃ netstat -tnl｜grep 443
			//查看 443 端口是否被占用
			＃ netstat -t
			＃ netstat -ap｜grep './server'
			//找出程序占用的端口
			＃ netstat -ap｜grep '1024'
			//找出占用端口的程序名
			＃ netstat -nltp

附录 C 练 习 题

C.1 操作系统原理练习题(共 260 题)

题型 单元知识点	单选题	填空题	判断题
操作系统概述	1～9	121～130	201～209
作业管理	10～26	131～140	210～211
文件管理	27～46	141～155	212～221
进程管理	47～76	156～170	222～234
存储管理	77～93	171～180	235～244
设备管理	94～120	181～200	245～260

一、单选题(120 题)

1. 操作系统的主要功能是( )、存储器管理、设备管理、文件管理和用户接口。
   A. 内存管理　　　　B. 操作系统管理　　C. 处理机管理　　　D. 进程管理
2. 操作系统的基本职能是控制和管理计算机系统内各种资源与( )。
   A. 控制硬件　　　　　　　　　　B. 控制硬件和软件
   C. 控制软件　　　　　　　　　　D. 有效地组织多道程序的运行
3. 现代操作系统的两个基本特征是( )和资源共享。
   A. 多道程序设计　　　　　　　　B. 中断处理
   C. 程序的并发执行　　　　　　　D. 实现分时与实时处理
4. 在计算机系统中,操作系统是( )。
   A. 处于裸机之上的第一层软件　　B. 处于硬件之下的低层软件
   C. 处于应用软件之上的系统软件　D. 处于系统软件之上的用户软件
5. 现代计算机系统具有中央处理器与外围设备并行工作的能力。实现这种能力的是( )。
   A. 硬件系统　　　B. 调度系统　　　　C. 移动技术　　　D. 程序浮动技术
6. ( )不是基本的操作系统。

A. 批处理操作系统　　　　　　　　　　B. 分时操作系统

C. 实时操作系统　　　　　　　　　　　D. 网络操作系统

7. 采用多道程序设计后，可能(　　)。

A. 缩短对用户请求的响应时间　　　　B. 降低了系统资源的利用率

C. 缩短了每道程序的执行时间　　　　D. 延长了每道程序的执行时间

8. 允许多个用户将若干作业提交给计算机系统脱机处理的操作系统称为(　　)。

A. 分时系统　　　B. 批处理系统　　　C. 实时系统　　　D. 分布式系统

9. 用作业控制语言编写作业控制说明书主要用在(　　)系统。

A. 分时　　　　　B. 实时　　　　　　C. 批处理　　　　D. 多 CPU

10. 从系统的角度来考虑，希望进入后备队列的批处理作业的(　　)尽可能小。

A. 等待时间　　　B. 执行时间　　　　C. 周转时间　　　D. 平均周转时间

11. 作业调度算法的选择常考虑因素之一是使系统有最高的吞吐率，为此应(　　)。

A. 不让处理机空闲　　　　　　　　　B. 能够处理尽可能多的作业

C. 使各类用户都满意　　　　　　　　D. 不使系统过于复杂

12. 在分时操作系统环境下运行的作业通常称为(　　)。

A. 后台作业　　　B. 长作业　　　　　C. 终端型作业　　　D. 批量型作业

13. 在各种作业调度算法中，若所有作业同时到达，则平均等待时间最短的算法是(　　)。

A. 先来先服务　　　　　　　　　　　B. 优先数

C. 最高响应比优先　　　　　　　　　D. 短作业优先

14. 既考虑作业等待时间，又考虑作业执行时间的调度算法是(　　)。

A. 最高响应比优先　　　　　　　　　B. 短作业优先

C. 优先级调度　　　　　　　　　　　D. 先来先服务

15. (　　)是指从作业提交给系统到作业完成的时间间隔。

A. 周转时间　　　B. 响应时间　　　　C. 等待时间　　　D. 运行时间

16. 下述作业调度算法中，(　　)调度算法与作业的估计运行时间有关。

A. 先来先服务　　　B. 短作业优先　　　C. 均衡　　　　D. 时间片轮转

17. (　　)是作业存在的唯一标志。

A. 作业名　　　　B. 进程控制块　　　C. 作业控制块　　　D. 程序名

18. 当作业进入完成状态，操作系统将(　　)。

A. 删除该作业并收回其所占资源，同时输出结果

B. 该作业的控制块从当前作业队列中删除，收回其所占资源，并输出结果

C. 收回该作业所占资源并输出结果

D. 输出结果并删除内存中的作业

19. 作业调度程序从处于(　　)状态的队列中选取适当的作业投入运行。

A. 运行　　　　　B. 提交　　　　　　C. 完成　　　　　D. 后备

20. 作业从进入后备队列到被调度程序选中的时间间隔称为(　　)。

A. 周转时间　　　B. 响应时间　　　　C. 等待时间　　　D. 触发时间

21. 作业生存期共经历了 4 个状态,它们是提交、后备、(　　)和完成。

　　　　A. 就绪　　　　　　B. 执行　　　　　　　C. 等待　　　　　　D. 开始

22. 在单道批处理系统中,有 J1、J2、J3、J4 共 4 个作业,它们的提交时间和运行时间如下。若采用先来先服务(FCFS)作业调度算法,则平均带权周转时间为(　　)。

作业	J1	J2	J3	J4
提交时间(hh:mm)	8:00	8:10	8:20	8:30
运行时间(分钟)	40	30	10	20

　　　　A. 2.25　　　　　B. 2.4575　　　　　C. 2.55　　　　　D. 3.125

23. 在单道批处理系统中,有 J1、J2、J3、J4 共 4 个作业,它们的提交时间和运行时间同第 22 题。若采用最短作业优先(SJF)调度算法,则作业调度顺序为(　　)。

　　　　A. J1→J2→J3→J4　　　　　　　　B. J1→J3→J2→J4
　　　　C. J1→J3→J4→J2　　　　　　　　D. J4→J3→J2→J1

24. 在单道批处理系统中,有 J1、J2、J3、J4 共 4 个作业,它们的提交时间和运行时间同第 22 题。若采用最短作业优先(SJF)调度算法,则平均带权周转时间为(　　)。

　　　　A. 2.25　　　　　B. 2.4575　　　　　C. 2.55　　　　　D. 3.125

25. 在单道批处理系统中,有 J1、J2、J3、J4 共 4 个作业,它们的提交时间和运行时间同第 22 题。若采用最高响应比优先(HRN)调度算法,则作业调度顺序为(　　)。

　　　　A. J1→J2→J3→J4　　　　　　　　B. J1→J3→J2→J4
　　　　C. J1→J3→J4→J2　　　　　　　　D. J4→J3→J2→J1

26. 在单道批处理系统中,有 J1、J2、J3、J4 共 4 个作业,它们的提交时间和运行时间同第 22 题。若采用最高响应比优先(HRN)调度算法,则平均带权周转时间为(　　)。

　　　　A. 2.25　　　　　B. 2.4575　　　　　C. 2.55　　　　　D. 3.125

27. 文件系统的主要功能是(　　)。

　　　　A. 实现对文件的按名存取　　　　　B. 实现虚拟存储
　　　　C. 提高外存的读写速度　　　　　　D. 用于存储系统文件

28. 操作系统为保证“未经文件所有者授权则任何其他用户不得使用该文件”的解决方法是(　　)。

　　　　A. 文件保护　　　　B. 文件保密　　　　C. 文件转储　　　　D. 文件共享

29. 文件信息的逻辑块号到物理块号的变换方法是由其(　　)决定的。

　　　　A. 逻辑结构　　　　B. 顺序结构　　　　C. 物理结构　　　　D. 索引结构

30. 文件的逻辑组织将文件分为记录式文件和(　　)文件。

　　　　A. 索引文件　　　　B. 流式文件　　　　C. 字符文件　　　　D. 读写文件

31. 为了对文件系统中的文件进行安全管理,任何一个用户在进入系统时都必须登录,这一级安全管理是(　　)安全管理。

　　　　A. 系统级　　　　B. 目录级　　　　　C. 用户级　　　　D. 文件级

32. 文件的绝对路径名是从(　　)开始,逐步沿着每一级子目录向下追溯,最后到指定文件的整个通路上所有子目录名组成的一个字符串。

　　　　A. 当前目录　　　　B. 根目录　　　　C. 多级目录　　　　D. 二级目录

33. 磁盘上的文件以（　　）为单位读写。

    A. 块　　　　　　B. 记录　　　　　　C. 柱面　　　　　　D. 磁道

34. 使用文件前必须（　　）文件。

    A. 命名　　　　　　B. 建立　　　　　　C. 打开　　　　　　D. 备份

35. 文件使用完毕应该（　　）。

    A. 释放　　　　　　B. 关闭　　　　　　C. 卸下　　　　　　D. 备份

36. 最常用的流式文件是字符流文件，它可看成是（　　）的集合。

    A. 数据　　　　　　B. 记录　　　　　　C. 页面　　　　　　D. 字符序列

37. 文件的不同物理结构有不同的优缺点，在下列文件的物理结构中，（　　）不具有直接（或随机）读写文件任意一个记录的能力。

    A. 连续文件　　　B. 链接文件　　　C. 文件映射　　　D. 索引文件

38. 文件系统采用二级目录结构，这样可以（　　）。

    A. 缩短访问文件存储器时间　　　　　　B. 实现文件共享

    C. 节省主存空间　　　　　　D. 解决不同用户之间的文件冲突问题

39. 文件的保密是指防止文件被（　　）。

    A. 篡改　　　　　　B. 破坏　　　　　　C. 窃取　　　　　　D. 删除

40. 对记录式文件，操作系统为用户存取文件信息的最小单位是（　　）。

    A. 字符　　　　　　B. 数据项　　　　　　C. 记录　　　　　　D. 文件

41. 位示图方法可用于（　　）。

    A. 磁盘空间管理　　　　　　B. 磁盘的驱动调度

    C. 文件目录的查找　　　　　　D. 页式虚拟存储管理中的页面调度

42. 二级的文件目录结构由主文件目录和（　　）组成。

    A. 根目录　　　B. 子目录　　　C. 当前目录　　　D. 用户文件目录

43. 为允许不同用户使用相同的文件名，通常在文件系统中采用（　　）技术。

    A. 重名翻译　　　B. 多级目录　　　C. 约定　　　D. 路径

44. 操作系统中，文件管理实际上是对（　　）的管理。

    A. 主存储空间　　　B. 辅存储空间　　　C. 逻辑地址空间　　　D. 物理地址空间

45. 文件系统实现按名存取主要是通过（　　）来实现的。

    A. 查找位示图　　　B. 查找文件目录　　　C. 查找作业表　　　D. 地址转换机构

46. 在磁盘调度算法中，磁盘 I/O 吞吐量最大的是（　　）算法。

    A. 先来先服务　　　　　　B. 最短寻道时间优先

    C. 扫描　　　　　　D. 最高响应比优先

47. 在进程管理中，当（　　）时，进程从等待状态变为就绪状态。

    A. 进程被进程调度程序选中　　　　　　B. 等待某一事件

    C. 等待的事件发生　　　　　　D. 时间片用完

48. 分配到必要的资源并获得处理机时间的进程状态是（　　）。

    A. 就绪状态　　　B. 执行状态　　　C. 阻塞状态　　　D. 撤销状态

49. 一个运行的进程用完了分配给它的时间片后，它的状态变为（　　）。

A. 就绪状态 　　 B. 等待状态 　　 C. 运行状态 　　 D. 不确定

50. 用 V 操作唤醒一个等待进程时,被唤醒进程的状态变为( )。

A. 等待状态 　　 B. 就绪状态 　　 C. 运行状态 　　 D. 完成状态

51. 进程请求的一次打印输出结束后,将使进程状态从( )。

A. 运行状态变为就绪状态 　　　　 B. 运行状态变为等待状态

C. 就绪状态变为运行状态 　　　　 D. 等待状态变为就绪状态

52. 某系统中仅有 4 个并发进程竞争某类资源,并都需要该类资源 3 个,那么该类资源至少需要( )个,这个系统才不会发生死锁。

A. 9 　　　　 B. 10 　　　　 C. 11 　　　　 D. 12

53. 在分时操作系统控制下,对终端用户均采用( )算法,使每个终端作业都有机会在处理器上执行。

A. 时间片轮转法 　 B. 优先数 　 C. 先来先服务 　 D. 短作业优先

54. 在哲学家就餐问题中,若仅提供 5 把叉子(一人就餐需要两把叉子),则同时要求就餐的人数不超过( )个(最大数)时,一定不会发生死锁。

A. 2 　　　　 B. 3 　　　　 C. 4 　　　　 D. 5

55. 临界区是指并发进程中访问共享变量的( )段。

A. 管理信息 　　 B. 信息存储 　　 C. 数据 　　 D. 程序

56. P、V 操作是( )。

A. 两条低级进程通信原语 　　　　 B. 两组不同的机器指令

C. 两条系统调用命令 　　　　 D. 两条高级进程通信原语

57. 对进程的管理和控制使用( )。

A. 指令 　　 B. 原语 　　 C. 信号量 　　 D. 信箱通信

58. ( )是一种只能进行 P 操作和 V 操作的特殊变量。

A. 调度 　　 B. 进程 　　 C. 同步 　　 D. 信号量

59. 进程的并发执行是指若干个进程( )。

A. 同时执行 　　　　 B. 在执行的时间上是重叠的

C. 在执行的时间上是不可重叠的 　　 D. 共享系统资源

60. 若 P、V 操作的信号量 S 初值为 2,当前值为 −1,则表示有( )个等待进程。

A. 0 　　　　 B. 1 　　　　 C. 2 　　　　 D. 3

61. 下列进程状态变化中,( )变化是不可能发生的。

A. 运行→就绪 　 B. 运行→等待 　 C. 等待→运行 　 D. 等待→就绪

62. 进程同步是指进程在逻辑上的相互( )关系。

A. 连接 　　 B. 制约 　　 C. 继续 　　 D. 调用

63. ( )是解决进程同步和互斥的一对低级通信原语。

A. lock 和 unlock 　　　　 B. P 和 V

C. Send 和 Receive 　　　　 D. W 和 S

64. 下面对进程的描述中,错误的是( )。

A. 进程是动态的概念 　　　　 B. 进程执行需要处理机

       C. 进程是有生存期的　　　　　　　　　　D. 进程是指令的集合

65. 进程控制就是对系统中的进程实施有效的管理,通过使用(　　)、进程撤销、进程阻塞、进程唤醒等进程控制原语实现。

    A. 进程运行　　　　　B. 进程管理　　　　　C. 进程创建　　　　D. 进程同步

66. 信箱通信是一种(　　)通信方式。

    A. 直接通信　　　　　B. 间接通信　　　　　C. 低级通信　　　　D. 信号量

67. 通常,用户进程建立后,(　　)。

    A. 便一直存在于系统中,直到被操作人员撤销

    B. 随着作业运行正常或不正常结束而撤销

    C. 随着时间片轮转而撤销与建立

    D. 随着进程的阻塞或唤醒而撤销与建立

68. 在操作系统中,进程是一个具有独立功能的程序在某个数据集上的一次(　　)。

    A. 等待活动　　　　B. 运行活动　　　　　C. 单独操作　　　　D. 关联操作

69. 下面所述步骤中,(　　)不是创建进程所必需的。

    A. 由调度程序为进程分配 CPU　　　　　B. 建立一个进程控制块

    C. 为进程分配内存　　　　　　　　　　D. 将进程控制块链入就绪队列

70. 多道程序环境下,操作系统分配资源以(　　)为单位。

    A. 程序　　　　　　　B. 指令　　　　　　　C. 进程　　　　　　D. 作业

71. 两个进程合作完成一个任务。在并发执行中,一个进程要等待其合作伙伴发来消息,或者建立某个条件后再向前执行,这种制约性合作关系被称为进程的(　　)。

    A. 同步　　　　　　　B. 互斥　　　　　　　C. 调度　　　　　　D. 执行

72. 为了进行进程协调,进程之间应当具有一定的联系,这种联系通常采用进程间交换数据的方式进行,这种方式称为(　　)。

    A. 进程互斥　　　　　B. 进程同步　　　　　C. 进程制约　　　　D. 进程通信

73. 采用资源剥夺法可解除死锁,还可以采用(　　)方法解除死锁。

    A. 执行并行操作　　　　　　　　　　　　B. 撤销进程

    C. 拒绝分配新资源　　　　　　　　　　　D. 修改信号量

74. 资源的按序分配可以破坏(　　)条件。

    A. 互斥使用资源　　　　　　　　　　　　B. 占有且等待资源

    C. 非抢夺资源　　　　　　　　　　　　　D. 循环等待资源

75. 在(　　)情况下,系统出现死锁。

    A. 计算机系统发生了重大故障

    B. 有多个封锁的进程同时存在

    C. 若干进程因竞争资源而无休止地相互等待其他进程释放已占有的资源

    D. 资源数大大小于进程数或进程同时申请的资源大大超过资源总数

76. 银行家算法是一种(　　)策略。

    A. 死锁解除　　　　B. 死锁避免　　　　　C. 死锁预防　　　　D. 死锁检测

77. 把逻辑地址转变为内存的物理地址的过程称为(　　)。

A. 编译　　　　　B. 连接　　　　　C. 运行　　　　　D. 重定位

78. 动态重定位是在(　　)时重定位的。

A. 程序执行　　　B. 开机　　　　　C. 启动　　　　　D. 装入内存

79. 静态重定位是在(　　)时重定位的。

A. 程序执行　　　B. 开机　　　　　C. 启动　　　　　D. 装入内存

80. 在多重固定分区分配中,每个分区的大小是(　　)。

A. 相同　　　　　　　　　　　　B. 随作业长度变化

C. 可以不同但预先固定　　　　　D. 可以不同但根据作业长度固定

81. 多重动态分区管理的分配策略中,最先适应法采用(　　)的链表结构。

A. 按起始地址递减顺序排列空闲区　　B. 任意排列空闲区

C. 按起始地址递增顺序排列空闲区　　D. 按分区大小递增顺序排列空闲区

82. 在多重动态分区管理中,采用按空闲分区大小递增顺序组织空闲区链表结构的分配算法是(　　)算法。

A. 最先适应　　　B. 最佳适应　　　C. 最坏适应　　　D. 较坏适应

83. 以下存储管理方法中,能较好地解决碎片问题的是(　　)。

A. 页式存储管理　　　　　　　　B. 段式存储管理

C. 多重分区管理　　　　　　　　D. 可变化分区管理

84. 在动态分页存储管理中,若把页面尺寸增加一倍,在程序顺序执行时,则一般缺页中断次数会(　　)。

A. 增加　　　　　B. 减少　　　　　C. 不变　　　　　D. 不能确定

85. 下述(　　)页面淘汰算法会产生 Belady 现象。

A. FIFO　　　　　B. 最近最少使用　C. 最不经常使用　D. 最佳

86. 实现虚拟存储器的目的是(　　)。

A. 实现存储保护　B. 实现程序浮动　C. 扩充辅存容量　D. 扩充主存容量

87. 虚拟存储器的最大容量取决于(　　)。

A. 主存容量　　　　　　　　　　B. 辅存容量

C. 主存和辅存的容量之和　　　　D. 没有限制,可以无限大

88. 虚拟存储管理系统的基础是程序的(　　)理论。

A. 局部性　　　　B. 全局性　　　　C. 动态性　　　　D. 虚拟性

89. 某虚拟存储器的用户空间共有 32 个页面,每页 1KB,主存 16KB。假定某时刻系统为用户的第 0、1、2、3 页分别分配的物理块号为 5、10、4、7,则虚地址 0A5CH 对应的物理地址是(　　)。

A. 165CH　　　　B. 2A5CH　　　　C. 125CH　　　　D. 1E5CH

90. 在虚拟存储系统中,若进程在内存中占 3 块(开始时为空),采用先进先出页面淘汰算法,当执行访问序列为 1→2→3→4→1→2→5→1→2→3→4→5→6 时,包括开始调入页面在内将产生(　　)次缺页中断。

A. 7　　　　　　　B. 8　　　　　　　C. 9　　　　　　　D. 10

91. 测得某个采用按需调页策略的计算机系统部分状态数据为:CPU 的利用率为

20％,用于对换空间的硬盘利用率为 97.7％,其他设备的利用率为 5％。由此断定系统出现异常。在这种情况下,(　　)能提高利用率。

    A. 减少外设数量　　　　　　　　　　B. 扩大硬盘容量,增加对换空间

    C. 增加运行进程数　　　　　　　　　D. 加内存条,增加物理内存容量

92. 分页式存储管理中,地址转换工作是由(　　)完成的。

    A. 硬件　　　　　　B. 地址转换程序　　　C. 用户程序　　　　D. 装入程序

93. 段式存储管理中的地址格式是(　　)地址。

    A. 线性　　　　　　B. 一维　　　　　　C. 二维　　　　　　D. 三维

94. 采用查询方式实现 CPU 和 I/O 设备之间数据传送时,在 I/O 接口中必定设有
(　　),通过它可以确定 I/O 设备是否准备好。

    A. 数据寄存器　　　　　　　　　　　B. 控制寄存器

    C. 状态寄存器　　　　　　　　　　　D. 端口地址译码器

95. 在查询传送方式中,CPU 要对外设进行读出或写入操作前,必须先对外设(　　)。

    A. 发控制命令　　　　　　　　　　　B. 进行状态检测

    C. 发 I/O 端口地址　　　　　　　　　D. 发读/写命令

96. 用查询方式进行数据输入时,CPU 要通过程序不断地读取相应的状态端口,并测试输入设备的(　　)状态信号。

    A. RESET　　　　　　B. READY　　　　　C. BUSY　　　　　D. ACK

97. DMA 传输方式用于高速 I/O 设备与(　　)之间进行批量数据的传送。

    A. CPU　　　　　　B. 磁盘　　　　　　C. 光盘　　　　　　D. RAM

98. 用 DMA 传输方式的数据传送过程是由(　　)控制完成的。

    A. CPU　　　　　　B. RAM　　　　　　C. DMAC　　　　　D. 8259A

99. 一个完整的 DMA 传输过程要经历 4 个步骤,由 DMAC 获取总线控制权是在
(　　)步骤中完成的。

    A. DMA 请求　　　　B. DMA 响应　　　　C. DMA 传输　　　　D. DMA 结束

100. 当进行 DMA 操作时,DMAC 必须获取(　　)控制权。

    A. 总线　　　　　　B. CPU　　　　　　C. 内存　　　　　　D. 数据总线

101. 对设备进行分类可以简化设备管理程序,Linux 系统中的设备是按信息组织和传送单位进行分类的,将设备分为字符设备和(　　)两大类。

    A. 共享设备　　　　B. 虚拟设备　　　　C. 块设备　　　　　D. 存储设备

102. 以下有关设备管理的描述中,(　　)是不正确的。

    A. 计算机系统为每台设备确定一个物理名

    B. 每台设备都应该有一个唯一的逻辑名

    C. 申请设备时指定设备逻辑名使设备分配的灵活性强

    D. 启动设备时应指出设备的物理名

103. 使用户编制的程序与实际使用的物理设备无关,这是由设备管理的(　　)功能实现的。

    A. 设备分配　　　　B. 缓冲管理　　　　C. 中断处理　　　　D. 设备独立性

104. 引入缓冲技术的主要目的是( )。

    A. 改善用户编程环境　　　　　　　　B. 提高 CPU 与设备之间的并行程度

    C. 提高 CPU 的处理速度　　　　　　　D. 降低计算机的硬件成本

105. SPOOLing 技术可以将一台独享设备模拟成共享设备,设备管理支持该技术就意味着支持( )。

    A. 独占设备　　　　B. 共享设备　　　　C. 虚拟设备　　　　D. 物理设备

106. ( )是 CPU 与 I/O 设备之间的接口,它接收从 CPU 发来的命令,并去控制 I/O 设备工作,使处理器从繁杂的设备控制事务中解脱出来。

    A. 中断装置　　　　B. 通道　　　　　　C. 逻辑　　　　　　D. 设备控制器

107. 缓冲技术的缓冲池在( )中。

    A. 主存　　　　　　B. 外存　　　　　　C. ROM　　　　　　D. 寄存器

108. 引入缓冲技术的主要目的是( )。

    A. 改善 CPU 与 I/O 设备的速度不匹配

    B. 节省内存

    C. 提高 CPU 的利用率

    D. 提高 I/O 设备的效率

109. CPU 的速度远远高于打印机的打印速度,为了解决这一矛盾,可采用( )。

    A. 并行技术　　　　B. 通道技术　　　　C. 缓冲技术　　　　D. 虚存技术

110. 为了使多个进程有效地同时处理输入和输出,最好使用( )结构的缓冲技术。

    A. 缓冲池　　　　　B. 环形缓冲　　　　C. 单缓冲区　　　　D. 双缓冲区

111. 通过硬件和软件的功能扩充,把原来独立的设备改造成为能为若干用户共享的设备,这种设备称为( )。

    A. 存储设备　　　　B. 系统设备　　　　C. 用户设备　　　　D. 虚拟设备

112. 下列设备中,不应作为独占型设备的是( )。

    A. 打印机　　　　　B. 磁盘　　　　　　C. 终端　　　　　　D. 磁带

113. 如果 I/O 设备与存储设备进行数据交换不经过 CPU 来完成,这种数据交换方式是( )。

    A. 程序查询　　　　　　　　　　　　　B. 中断方式

    C. DMA 方式　　　　　　　　　　　　D. 无条件存取方式

114. 大多数低速设备都属于( )设备。

    A. 独享　　　　　　B. 共享　　　　　　C. 虚拟　　　　　　D. SPOOLing

115. 在操作系统中,用户在使用 I/O 设备时,通常采用( )。

    A. 物理设备名　　　B. 逻辑设备名　　　C. 虚拟设备名　　　D. 设备品牌号

116. ( )算法是设备分配常采用的一种算法。

    A. 短作业优先　　　B. 最佳适应　　　　C. 先来先服务　　　D. 最先适应

117. 通道是一种( )。

    A. I/O 端口　　　　　　　　　　　　　B. 数据通道

C. I/O 专用处理器   D. 软件工具

118. 为实现 SPOOLing 系统,硬件必须提供( )。

     A. 磁盘   B. 通道

     C. 输入井和输出井   D. 卫星机

119. 在采用 SPOOLing 技术的系统中,用户的打印数据首先被送到( )。

     A. 磁盘固定区域   B. 内存固定区域

     C. 终端   D. 打印机

120. 下列关于缓冲技术的描述中,正确的是( )。

     A. 以空间换取时间的技术

     B. 以时间换取空间的技术

     C. 目的是协调 CPU 与内存之间的速度

     D. 目的是提高外设的处理速度

二、填空题(80 题)

121. 将多个计算问题同时装入一个计算机系统的主存储器并行执行,这种程序设计技术称为_____程序设计技术。

122. 采用多道程序设计技术能充分发挥_____与外设并行工作的能力。

123. 操作系统是计算机系统的一种系统软件,它以尽量合理、有效的方式组织和管理计算机的_____,并控制程序的运行,使整个计算机系统能高效地运行。

124. 现代操作系统的两个最基本的特征是_____和共享,它们互为存在条件。

125. 操作系统的基本功能包括处理机管理、存储管理、设备管理、信息管理,除此之外还为用户使用操作系统提供了_____。

126. 实时系统应具备的两个基本特征是_____和高可靠性。

127. 如果操作系统具有很强的交互性,可同时供多个用户使用,但时间响应不太及时,则属于_____类型。

128. 如果操作系统可靠,时间响应及时,但仅有简单的交互能力,则属于_____类型。

129. 如果操作系统在用户提交作业后,不提供交互能力,它所追求的是计算机资源的高利用率,大吞吐量和作业流程的自动化,则属于_____类型。

130. 操作系统把裸机改造成功能更强大、使用更方便的_____。

131. 操作系统为用户提供两个接口,即_____和程序接口。

132. 用户执行批处理作业,除了要准备好源程序和初始数据外,还必须用作业控制语言编写_____。

133. 系统中用以表征作业的数据结构是_____。

134. 一个作业提交进入系统后到运行结束,一般需要经历_____、执行和完成三个阶段。

135. _____调度的主要功能是按照某种原则从后备作业队列中选取作业,并为它分配资源、创建进程等运行前的准备工作以及作业完成后的善后处理工作。

136. 作业被调度程序选中后,其状态由后备状态变为_____状态。

137. 确定作业调度算法时应注意系统资源的均衡使用,尽量使_____型作业和 I/O 繁忙型作业搭配运行。

138. 在响应比最高者优先的作业调度算法中,当各个作业要求运行的时间相同时, _____的作业将得到优先调度。

139. 如果系统中所有作业是同时到达的,则能使作业平均周转时间最短的作业调度算法是_____。

140. 若一个作业的运行时间为 2 小时,它在系统中等待了 3 小时,则该作业的响应比是_____。

141. 软盘驱动器在读/写软盘时需 3 个定位参数,即面、磁道和_____。

142. 在硬盘操作中,由磁头号、_____号和扇区号 3 个地址就可确定信息的存储位置。

143. 主轴转速是硬盘的主要性能指标之一,硬盘操作时,通过主轴的高速旋转来选择_____号。

144. 硬盘操作时,硬盘的移动臂通过径向移动用于选择柱面号,为此所需的时间称为_____时间,合理的移动臂调度可以降低这一时间的平均消耗。

145. 常用的磁盘移动臂调度算法有先来先服务、最短寻道时间优先和_____算法。

146. 从文件的逻辑结构上来看,数据库文件是一种_____文件。

147. 从文件的逻辑结构上来看,纯文本文件是一种_____文件。

148. 文件在外存上的存放组织形式称为文件的_____。

149. 系统中所有文件控制块的有序集合(即构成一张二维表)称为_____。

150. 文件目录中的每个表项(即一个文件的 FCB)中,至少应包含_____和文件的物理地址。

151. 在文件系统中,要求物理块必须连续的物理文件是_____。

152. 文件系统为每个文件另建立一张指示逻辑记录和物理块之间的对应表,由此表和文件本身构成的文件是_____。

153. FAT 文件系统将一个或多个连续扇区作为存储分配的基本单位,称为_____。

154. 在许多操作系统中,文件的安全管理通常包含 4 个级别,即系统级、用户级、目录级和_____级。

155. 访问磁盘所需的时间可分为寻道时间、旋转延迟时间和传输时间 3 部分,其中_____时间占的比例最大。

156. 在操作系统中,_____是资源分配、调度和管理的最小单位。

157. 如果一个正在运行的进程,因某种原因而暂停运行并等待某个事件的发生,则该进程进入_____状态。

158. 若分配给进程的时间片已到,但进程并未结束,则该进程变为_____状态。

159. 进程主要由 PCB、程序段、数据段组成,其中_____是进程存在的唯一标志。

160. 在一个单处理机系统中,若有 5 个用户进程,且假设当前时刻为用户状态,则处于就绪状态的用户进程最多有_____个。

161. 在多道程序系统中,_____指并发进程之间在使用共享资源方面的约束关系。

162. 在多道程序系统中,_____是并发进程之间需要相互协作完成的直接制约关系。

163. 一次只允许一个进程访问的资源称为_____。

164. 进程中访问临界资源的那段程序代码称为_____。

165. 当信号量值大于零时表示_____数目。

166. 有 m 个进程共享同一临界资源,若使用信号量机制实现对资源的互斥访问,则信号量值的变化范围是_____。

167. 信箱逻辑上由两个部分组成,其中_____部分用于存放有关信箱的描述。

168. 采用_____方法预防死锁时,破坏了产生死锁的 4 个必要条件中的部分分配条件。

169. 在有 m 个进程的系统中出现死锁时,死锁进程的个数 k 的范围为_____。

170. 一个计算机系统拥有 6 台打印机,N 个进程争夺使用,每个进程要求 2 台,系统不会发生死锁,则 N 应满足_____。

171. 存储管理的主要功能是:内存分配与释放、_____、内存扩充、存储保护与共享以及存储区整理。

172. _____重定位是在装入过程完成后,在该程序执行前,一次性将所有指令要访问的逻辑地址全部转换为物理地址,而在程序运行过程中不再修改。

173. 要实现虚拟存储器,除了需要有一定的实际内存空间、辅存上足够大小的_____外,还要有合理的调入/调出机制作为保证。

174. 常用的存储保护手段有_____保护法和访问授权保护法。

175. 在多重动态分区存储管理中,存储分配采用_____算法则倾向于优先利用内存中低地址部分的空闲分区,从而保留了高地址部分的大空闲区。

176. _____存储管理把内存划分成连续的大小相等的块,作业地址空间划分成连续的大小相等的页面,页面的大小与内存块的大小相等。

177. _____存储管理必须为每个作业建立一个段表,且对每一段都对应有一个页表。

178. 页表用来说明作业页面号与_____的对应关系。

179. 系统中刚被淘汰的页面不久之后又要访问,以致整个页面调度非常频繁,辅存一直保持忙状态,而处理机的有效执行速度很慢,多数处于等待状态,这种现象称为_____。

180. 某虚拟存储器的用户空间共有 32 个页面,每页为 1KB,主存为 16KB。假定某时刻系统为用户的第 0、1、2、3 页分配的物理块号分别为 5、10、4、7,那么虚地址 0A5CH 对应的物理地址是_____。

181. 用查询方式实现数据输入/输出时,CPU 要通过程序不断读取并测试外设的状态,对于输入设备,主要测试_____信号线的状态。

182. 在程序控制、中断和 DMA 3 种 I/O 数据传送控制方式中,_____方式下的数据传送过程 CPU 无须参与。

183. 中断方式实现数据的输入/输出通常用于_____(少量/大量)数据的传送,否则会因辅助开销过多而降低系统的性能。

184. DMA 传输方式可以满足高速 I/O 设备与_____进行批量数据传送的需要。

185. 一个完整的 DMA 传输过程必须经历 DMA 请求、_____、DMA 传输、DMA 结束 4 个步骤。

186. 对设备进行分类可以简化设备管理程序,Linux 系统中的设备是按信息组织和传送单位进行分类的,将设备分为字符设备和_____设备两大类。

187. 按设备分配方式对 I/O 设备分类,可分为独享设备和共享设备,打印机属于典型的_____设备。

188. 按设备分配方式对 I/O 设备分类,可分为独享设备和共享设备,磁盘属于典型的_____设备。

189. 常用的 I/O 控制方式有程序查询方式、中断方式、DMA 方式和_____方式。

190. 利用 SPOOLing 技术可以将_____设备改造成可共享的虚拟设备。

191. Windows 系统中的后台打印功能,就是采用_____技术而实现的。

192. 通道是一个独立于 CPU 的专门负责输入/输出控制的_____。

193. 通道执行_____来完成规定的输入/输出操作。

194. 在 DMA 控制方式中,当进程有 I/O 请求时由_____对 DMA 控制器进行初始化。

195. 在通道控制方式中,CPU 根据进程的 I/O 请求,形成有关的_____,然后启动通道并独立负责外设和内存之间数据的传送。

196. 在用于设备分配的数据结构中,系统为每个设备建立一个_____,用于反映设备的特性、设备和 I/O 控制器的连接情况。

197. 当进程提出 I/O 请求后,系统首先根据设备名去查找_____,以获得该设备的设备控制块,查看该设备的状态。

198. 按中断源的不同,中断可分为外中断、内中断和_____三类。

199. 引入_____的主要目的是为了缓解 CPU 和外设速度不匹配的矛盾。

200. 采用公用的_____,对缓冲区进行统一管理、动态分配,可以提高缓冲区的利用率。

三、判断题(60 题)

201. 中央处理器只能从主存储器中存取一个字节的信息。 ( )

202. 中央处理器不能直接读磁盘上的信息。 ( )

203. 现代计算机系统具有中央处理器与外围设备并行工作的能力,实现这种能力的是进程调度程序。 ( )

204. 批处理操作系统、分时操作系统和实时操作系统是三种基本的操作系统。( )

205. 采用多道程序设计后,可能会延长每道程序的执行时间。　　　　　　（　　）

206. 采用多道程序设计后,可能会缩短对用户请求的响应时间。　　　　　（　　）

207. 从资源管理的角度来说,操作系统就是计算机系统的资源管理程序。　（　　）

208. 使用分时操作系统的一台主机能够连接多个终端,供多个用户共享主机中的资源,其实就是构成了一个计算机局域网。　　　　　　　　　　　　　　　　　（　　）

209. 实时处理系统的最大特点就是极大地提高了系统资源的利用率。　　　（　　）

210. 在多道批处理系统中,作业调度程序一旦从后备队列中调度到某个作业后,该作业立刻占有 CPU 而运行。　　　　　　　　　　　　　　　　　　　　　（　　）

211. 响应比最高者优先算法综合考虑了作业的等待时间和运行时间,响应比的值取决于作业等待时间与运行时间之比。　　　　　　　　　　　　　　　　　　　（　　）

212. 磁带机输入/输出操作的信息传输单位是文件。　　　　　　　　　　　（　　）

213. 目前微型计算机中普遍使用的文件存储设备是磁盘驱动器。　　　　　（　　）

214. 文本文件是一种流式无结构的文件。　　　　　　　　　　　　　　　　（　　）

215. 一个物理块包含的扇区数越多,可管理的硬盘空间越大,磁盘空间的利用率越高。　　　　　　　　　　　　　　　　　　　　　　　　　　　　　　　　　（　　）

216. 让存放于磁盘上的文件尽可能占用连续扇区,可以提高磁盘的 I/O 效率。

（　　）

217. 链接文件这种物理结构实现了文件在磁盘上的非连续存放,可以加快文件的存取速度。　　　　　　　　　　　　　　　　　　　　　　　　　　　　　　（　　）

218. FAT16 或 FAT32 采用了文件映射方法来实现文件的映射和存取。　（　　）

219. 在对文件读/写之前必须先打开文件;而在完成读/写操作后应该关闭文件。

（　　）

220. 完成一次磁盘 I/O 操作过程中,传输时间比寻道时间大得多。　　　（　　）

221. 如果允许不同用户的文件可以具有相同的文件名,通常采用多级目录结构来保证按名存取的安全。　　　　　　　　　　　　　　　　　　　　　　　　　（　　）

222. 按照 P、V 操作的定义,调用 P 操作后进程可能继续运行或阻塞。　（　　）

223. 按照 P、V 操作的定义,调用 V 操作后可能会阻塞。　　　　　　　　（　　）

224. 系统运行银行家算法是为了避免死锁。　　　　　　　　　　　　　　　（　　）

225. 系统运行银行家算法是为了解除死锁。　　　　　　　　　　　　　　　（　　）

226. 并发进程执行的速度与是否出现中断事件有关。　　　　　　　　　　（　　）

227. 在某个进程申请的资源数超过了系统拥有的最大资源数的情况下,系统将出现死锁。　　　　　　　　　　　　　　　　　　　　　　　　　　　　　　　（　　）

228. 进程是分配 CPU 及其他所有资源的基本单位。　　　　　　　　　　　（　　）

229. 在使用时间片轮转法进程调度的系统中,把 CPU 时间片分割得越短,系统响应速度就越快,系统的实际运行效率就越高。　　　　　　　　　　　　　　　　（　　）

230. 如果系统中有多个进程互斥使用某个资源,就必定会产生死锁。　　　（　　）

231. 如果系统采用静态分配资源,就可以预防死锁的发生。　　　　　　　（　　）

232. 信号量机制既可以实现进行互斥和同步,也可以解除死锁。　　　　　（　　）

233．操作系统中同时存在着多个进程，它们可以共享所有的系统资源。 （ ）

234．UNIX 系统中，进程调度采用的技术是动态优先数。 （ ）

235．Cache 的全部功能是由操作系统实现的。 （ ）

236．内存分区管理方法的特点是作业要占用连续的存储区域，并且要将整个作业一次性地装入内存。 （ ）

237．基本的分页存储管理实现了作业在内存中的非连续存放。 （ ）

238．请求页式管理中，虚拟地址变换为物理地址需要通过页表和硬件地址变换机构的二次映射过程才能实现。 （ ）

239．基本的静态分页存储管理实现了虚拟存储器。 （ ）

240．在段页式存储管理中，地址映射需要经过段表、页表和硬件地址变换机构的三次寻址过程。 （ ）

241．请求页式管理中的调入、调出功能是由硬件实现的。 （ ）

242．段式存储管理比页式存储管理能更好地解决内存碎片问题。 （ ）

243．如果淘汰算法选择不当而导致系统出现抖动现象，就会降低虚拟存储器的实现效率以及整个系统的效率。 （ ）

244．UNIX 采用虚拟页式管理技术，进程的地址空间划分为系统区段、进程控制区段和进程程序区段三个区段。 （ ）

245．中断技术完全是依靠操作系统软件实现的。 （ ）

246．设备独立性是指用户使用的逻辑设备与实际使用的物理设备无关。 （ ）

247．打印机共享是采用 SPOOLing 技术实现的。 （ ）

248．设备管理提供设备独立性是指操作系统为每个设备提供独立的设备驱动程序。 （ ）

249．设备分配程序一般按通道、控制器、设备的顺序实施分配。 （ ）

250．中断向量表中存放的是中断服务程序。 （ ）

251．在无条件传送、查询传送、中断传送 3 种程序控制的传送方式中，中断传送方式可以提高 CPU 效率。 （ ）

252．用查询方式进行数据传送时，CPU 和外设可以并行工作。 （ ）

253．在无条件传送方式中，CPU 对外设进行读/写数据前，必须先对外设进行状态检测。 （ ）

254．用查询方式进行数据输入时，CPU 必须先测试输入设备的 READY 状态信号。 （ ）

255．中断传送方式适用于高速外设进行大量数据的传输。 （ ）

256．采用中断传送方式时，CPU 从启动外设到外设就绪这段时间，一直处于等待状态。 （ ）

257．用中断方式进行数据输入/输出时，虽然 CPU 和外设并行工作，但如果用于高速、大量的数据传送时，反而会因辅助开销过多而降低系统性能。 （ ）

258．DMA 是一种不需要 CPU 介入的高速数据传送方式。 （ ）

259．用 DMA 传送方式时，整个数据传送过程是在 CPU 的控制下完成的。 （ ）

260. 当进行 DMA 操作时，DMAC 必须获取总线的控制权。 （ ）

C.2 操作系统原理练习题参考答案

一、单选题参考答案

1	2	3	4	5	6	7	8	9	10
C	D	C	A	A	D	D	B	C	D
11	12	13	14	15	16	17	18	19	20
B	C	D	A	A	B	C	B	D	C
21	22	23	24	25	26	27	28	29	30
B	D	C	A	B	B	A	A	C	B
31	32	33	34	35	36	37	38	39	40
A	B	A	C	B	D	B	D	C	C
41	42	43	44	45	46	47	48	49	50
A	D	B	B	B	B	C	B	A	B
51	52	53	54	55	56	57	58	59	60
D	B	A	C	D	A	B	D	D	B
61	62	63	64	65	66	67	68	69	70
C	B	B	D	C	B	B	B	A	C
71	72	73	74	75	76	77	78	79	80
A	D	B	D	C	B	D	A	D	C
81	82	83	84	85	86	87	88	89	90
C	B	A	B	A	D	C	A	C	D
91	92	93	94	95	96	97	98	99	100
D	A	C	C	B	B	D	C	B	A
101	102	103	104	105	106	107	108	109	110
C	B	D	B	C	D	A	D	C	A
111	112	113	114	115	116	117	118	119	120
D	B	C	A	B	C	C	C	A	C

二、填空题参考答案

121	多道	122	CPU	123	资源
124	并发	125	用户接口	126	及时性
127	分时系统	128	实时系统	129	批处理系统
130	虚拟机	131	命令接口	132	作业说明书
133	JCB	134	后备	135	作业
136	执行	137	CPU 繁忙	138	等待时间长
139	短作业优先	140	2.5	141	扇区
142	柱面	143	扇区	144	寻道
145	扫描	146	记录式	147	流式
148	物理结构	149	文件目录	150	文件名
151	连续文件	152	索引文件	153	簇
154	文件	155	寻道	156	进程
157	等待	158	就绪	159	PCB
160	4	161	互斥	162	同步
163	临界资源	164	临界区	165	可用资源
166	$-m+1 \sim 1$	167	信箱头	168	静态分配资源
169	$2 \sim m$	170	N<6	171	地址映射
172	静态	173	交换区	174	边界地址寄存器
175	最先适应	176	分页	177	段页式
178	内存块号	179	抖动	180	125CH
181	READY	182	DMA	183	少量
184	内存	185	DMA 响应	186	块
187	独享	188	共享	189	通道
190	独享	191	SPOOLing	192	处理机
193	通道程序	194	CPU	195	通道程序
196	DCB	197	系统设备表	198	软中断
199	缓冲技术	200	缓冲池		

三、判断题参考答案

201	202	203	204	205	206	207	208	209	210
×	√	×	√	√	×	√	×	×	×

211	212	213	214	215	216	217	218	219	220
√	×	×	√	×	√	×	√	√	×
221	222	223	224	225	226	227	228	229	230
√	√	×	√	×	√	×	√	×	×
231	232	233	234	235	236	237	238	239	240
√	×	×	√	×	√	√	√	×	√
241	242	243	244	245	246	247	248	249	250
×	×	√	√	×	√	√	×	×	×
251	252	253	254	255	256	257	258	259	260
√	×	×	√	×	×	√	√	×	√

C.3 Linux 系统管理练习题(共 240 题)

题型　　　　　 单元知识点	单选题	填空题	判断题
Linux 安装与用户界面	1～22	121～130	181～190
Linux 文件管理	23～60	131～150	191～210
Linux 系统管理	61～105	151～170	211～230
组建 Linux 局域网	106～120	171～180	231～240

一、单选题(120 题)

1. 下列操作系统中,(　　)是自由软件。
  A. Windows XP　　　B. UNIX　　　　　C. Linux　　　　　D. Solaris

2. BIOS 的含义是(　　)。
  A. 基本输入/输出系统　　　　　　　　B. 基本接口系统
  C. 管理系统　　　　　　　　　　　　D. 基本恢复系统

3. Linux 最早是由一位名叫(　　)的计算机爱好者开发的。
  A. Richard Petersen　　　　　　　　B. Linus Torvalds
  C. Rob Pike　　　　　　　　　　　　D. Linus Sarwar

4. 下列(　　)不是 Linux 的特点。
  A. 开放性　　　　　B. 单用户　　　　　C. 多任务　　　　　D. 设备独立性

5. 以下 Linux 发行版本中不属于 RHEL 克隆版本的是(　　)。
  A. CentOS Linux　　　　　　　　　　B. Ubuntu Linux

C. White Box Enterprise Linux   D. Scientific Linux

6. 为了实现虚拟存储器,Linux 系统专门建立了一个分区,用来使用户程序在执行过程中根据需要与内存之间进行换进/换出,这个分区称为(　　)。

A. 扩展分区　　　　B. 用户分区　　　　C. 根分区　　　　D. 交换分区

7. 在引导 Linux 系统的过程中,加载内核后还会自动运行一些脚本,如果用户希望某个程序能随着 Linux 的启动而自动运行,通常可以将该程序放在(　　)脚本中。

A. /etc/inittab   B. /etc/rc. d/rc. sysinit

C. /etc/rc. d/rc. local   D. /etc/rc. d/rc. serial

8. 安装 Linux 操作系统后默认的管理员账户名为(　　)。

A. boot   B. Administrator   C. root   D. super

9. 假设当前的 Linux 系统在启动时自动进入字符命令模式,若希望改为直接进入图形用户界面(GUI),则应将/etc/inittab 文件中动作为 initdefanlt 的配置行改为(　　)。

A. id:5:initdefault: B. id:3:initdefault:

C. id:6:initdefault: D. id:0:initdefault:

10. 在 Bash 中超级用户的默认提示符是(　　)。

A. ♯   B. $ C. grub>   D. C:\>

11. (　　)是用户程序取得操作系统服务的唯一方式,是用户程序与操作系统之间的接口。

A. 输出重定向　　　B. 系统调用　　　C. GUI　　　　　D. 符号连接

12. 在 Bash 中普通用户的默认提示符是(　　)。

A. $ B. ♯   C. C:\>   D. @

13. GRUB 的命令行模式的命令提示符是(　　)。

A. C:\>   B. ♯   C. $ D. grub>

14. 使用 GRUB 时,文件系统习惯上采用的命名方式是(　　)。

A. 〔,〕   B. (,)   C. <,>   D. {,}

15. 命令行的自动补齐功能要用到(　　)键。

A. Tab   B. Del   C. Alt   D. Shift

16. GRUB 的菜单定义在(　　)文件中。

A. lilo. conf   B. menu. lst   C. httpd. conf   D. vsftpd. conf

17. 在 GRUB 中,(　　)表示第二个 SCSI 硬盘上的第三个分区。

A. (sd2,3)   B. (sd1,2)   C. /dev/sdb3   D. /dev/hdb3

18. 若 Linux 系统启动时默认登录到图形界面,现要改变为默认登录到字符界面,则应修改(　　)文件中的默认运行级别为 3。

A. /boot/inittab   B. /etc/inittab

C. /boot/grub. conf   D. /etc/fstab

19. (　　)目录中存放了 Linux 系统启动时所有运行级别的全部脚本文件。

A. /etc/rc. d/rc3. d   B. /etc/rc. d/rc. sysinit

C. /etc/rc. d/init. d   D. /etc/rc. d

20. 如果微机主板的第二个 IDE 接口连接了一个作为主盘的硬盘驱动器,该硬盘有 1 个主分区和 1 个扩展分区,而扩展分区又划分为 3 个逻辑分区,则在 Linux 看来,扩展分区中的第二个逻辑分区的标识是(   )。

    A. hda2   B. hda6   C. hdc2   D. hdc6

21. 在 Linux 系统中,数据交换分区是为提高系统性能而建立的特殊分区,其容量大小建议为物理内存的(   )倍。

    A. 1～2   B. 2～3   C. 3～4   D. 4～5

22. 在字符终端下执行 startx 命令进入了图形终端的情况下,可以按(   )组合键切换到第 2 个字符终端。

    A. Alt＋F2   B. Ctrl＋Alt＋F2   C. Ctrl＋F2   D. Ctrl＋Alt＋F7

23. Linux 根分区的文件系统类型是(   )。

    A. FAT16   B. FAT32   C. ext4   D. NTFS

24. Linux 使用的 Ext4 文件系统可支持(   )的分区容量。

    A. 4GB   B. 1TB   C. 2TB   D. 4TB

25. Linux 系统中用于存放系统配置和管理相关文件的系统目录是(   )。

    A. /bin   B. /dev   C. /etc   D. /mnt

26. 在以长格式(详细格式)列出的文件目录中,最左边第一个字符如果是减号(—),则表示该项为(   )。

    A. 普通文件   B. 目录   C. 可执行文件   D. 链接文件

27. 直接执行 ls 命令以简略格式列出的文件目录中,以蓝色显示的文件是(   )。

    A. 普通文件   B. 目录   C. 可执行文件   D. 链接文件

28. fdisk -l 命令的作用是(   )。

    A. 磁盘数据恢复   B. 格式化磁盘

    C. 检测磁盘坏道   D. 查看磁盘的分区情况

29. 利用(   )可以把 ls 命令列出的文件目录内容送入指定的文件。

    A. 输出重定向   B. 输入重定向   C. 管道   D. 符号连接

30. 如果要把 cat 命令显示的文件内容添加到另一个已存在的文件末尾,可以使用追加重定向,其符号为(   )。

    A. ＞   B. ＞＞   C. ＜   D. ＜＜

31. 如果要把一个命令的输出结果送入另一个命令进行进一步处理,可以使用(   )。

    A. 输出重定向   B. 输入重定向   C. 管道   D. 符号连接

32. 创建目录的命令是(   )。

    A. mkdir   B. makedir   C. make   D. man

33. 以下是/etc/fstab 文件的部分内容,其中第二个字段(列)是指(   )。

```
/dev/sda7          /             ext4    defaults    1    1
/dev/sda8          swap          swap    defaults    0    0
/dev/sda9          /wbj          ext4    defaults    1    2
```

A. 挂载点　　　　　B. 文件系统名称　　C. 文件系统类型　　D. 所需的选项

34. 用户进入 vim 后的初始状态是(　　　)。

A. 编辑模式　　　B. 末行模式　　　　C. 输入模式　　　　D. 命令模式

35. vi/vim 的(　　　)主要用来进行一些文字编辑的辅助功能,比如字串查找、替换和保存文件等。

A. 输入模式　　　B. 末行模式　　　　C. 执行模式　　　　D. 命令模式

36. 显示当前所在目录的命令是(　　　)。

A. cal　　　　　　B. free　　　　　　C. pwd　　　　　　D. uname

37. 显示文件头部的命令是(　　　)。

A. fdisk　　　　　B. mount　　　　　C. head　　　　　　D. man

38. 用于文件系统挂载的命令是(　　　)。

A. fdisk　　　　　B. mount　　　　　C. df　　　　　　　D. man

39. 以下(　　　)命令不能用于新建一个文件。

A. mkdir　　　　　B. vi　　　　　　　C. touch　　　　　D. cat

40. 下列关于 mkdir 命令的说法,不正确的是(　　　)。

A. 可以创建一个目录　　　　　　　B. 可以同时创建多个目录

C. 可以在指定路径下创建目录　　　D. 只能在当前目录下创建目录

41. 在用 cp 命令复制文件时,如果希望自动覆盖已存在的同名目标文件,而不提示用户来确认是否要覆盖,则应使用(　　　)选项。

A. -i　　　　　　　B. -f　　　　　　　C. -r　　　　　　　D. -v

42. 要删除一个非空目录,应使用的命令和选项是(　　　)。

A. rmdir -r　　　　B. rmdir -f　　　　C. rm -r　　　　　D. rm -f

43. 比较文件的差异要用到的命令是(　　　)。

A. diff　　　　　　B. cat　　　　　　C. wc　　　　　　　D. head

44. (　　　)能匹配括号中给出的字符或字符范围。

A. 〔 〕　　　　　B. ＜ ＞　　　　　C. ( )　　　　　　D. [ ]

45. vim 是 vi 的(　　　)。

A. 简化版　　　　　B. 增强版　　　　　C. 可视版　　　　　D. 网络版

46. 在 vim 的末行模式下,可以按(　　　)键返回命令模式。

A. Esc　　　　　　B. Del　　　　　　C. Alt　　　　　　D. Ctrl

47. vi 是(　　　)的简称。

A. Visual infall　　　　　　　　　　B. Via inner

C. Visual interface　　　　　　　　D. Vital interface

48. 检查文件系统的磁盘空间占用情况要用到的命令是(　　　)。

A. df　　　　　　　B. cat　　　　　　C. fdisk　　　　　D. head

49. 列出某个目录的所有子目录与文件的命令是(　　　)。

A. mkdir　　　　　B. ls　　　　　　　C. mv　　　　　　D. rm

50. vim 的用法非常丰富也非常复杂,可以在末行模式下按(　　　)键查询在线说明文件。

      A. F1   B. F2   C. F3   D. F4

51. 逐行搜索指定的文件或标准输入,并显示匹配模式的每一行的命令是( )。

      A. whereis   B. find   C. locate   D. grep

52. cp 命令的选项-i 的作用是( )。

      A. 删除已经存在的目标文件而不提示   B. 覆盖目标文件之前提示用户确认

      C. 复制时保留链接   D. 不作复制,只是链接文件

53. 可以为文件或目录重命名的命令是( )。

      A. mkdir   B. rmdir   C. mv   D. rm

54. 只能用于删除空目录的 Linux 命令是( )。

      A. rm   B. rmdir   C. rd   D. erasedir

55. 在用 ls -l 命令显示的文件列表中,每行第 2 个字符起的 9 个字符分为三组,其中,第二组的 3 个字符表示( )对该文件(或目录)的访问权限。

      A. 超级用户   B. 文件主   C. 同组用户   D. 其他用户

56. 在 Linux 系统中,下列不属于 cat 命令功能的是( )。

      A. 显示文件内容   B. 连接两个或多个文件内容

      C. 接收键盘输入并存入文件   D. 编辑文件内容

57. 如果希望在显示文件内容时,可以通过光标键上、下移动来查看文件内容,则应该选用( )命令。

      A. cat   B. more   C. less   D. sort

58. Linux 文件系统的目录结构是一棵倒挂的树状,文件都按其作用分门别类地放在相关的目录中。其中外部设备文件被存放在( )目录中。

      A. /bin   B. /etc   C. /dev   D. /lib

59. 在 Linux 系统目录中,启动或关机时所执行的脚本文件保存在( )目录下。

      A. /etc   B. /etc/rc. d   C. /etc/X11   D. /dev

60. 要使光驱文件系统在每次开机后自动被挂载,用户可以把挂载光驱的命令加入到( )文件中。

      A. /etc/passwd   B. /etc/fstab   C. /mnt/fstab   D. /mnt/cdrom

61. 不管是进入哪一种状态,都可以使用( )命令切换到其他状态。

      A. runlevel   B. switch   C. init   D. login

62. 显示和设置系统日期和时间的命令是( )。

      A. cal   B. date   C. man   D. uname

63. 显示某年某月的日历的命令是( )。

      A. cal   B. date   C. man   D. uname

64. 不能用来关机的命令是( )。

      A. shutdown   B. halt   C. init   D. logout

65. shutdown 命令只能由( )用户运行。

      A. root   B. administrator   C. boot   D. guest

66. 显示当前版本等系统信息的命令是( )。

    A. cal   B. date   C. man   D. uname

67. 可在指定某一时间后关闭 Linux 系统,并且可以在系统关闭之前给所有登录用户提示一条警告信息的命令是( )。

    A. reboot   B. halt   C. sync   D. shutdown

68. Linux 系统中,将加密过的密码放到( )文件中。

    A. /etc/shadow   B. /etc/passwd   C. /etc/password   D. /etc/fstab

69. 改变文件或目录所有权的命令是( )。

    A. chmod   B. cat   C. wc   D. chown

70. 如果用 chmod 551 fido 命令对文件 fido 的访问权限进行了修改,则用 ls -al 命令查看到的该文件访问权限的字符串是( )。

    A. rwxr-xr-x   B. rwxr--r--   C. r--r--r--   D. r-xr-x--x

71. 要得知当前有哪些用户登录系统,应执行的命令是( )。

    A. su   B. who   C. id   D. man

72. 从循环中退出可使用 break 或 continue 命令,对其描述正确的是( )。

    A. continue:立即退出循环

    B. continue:忽略本循环中的其他命令,然后退出循环

    C. break:立即退出循环

    D. break:忽略本循环中的其他命令,继续下一次循环

73. ( )命令可以将一个局部变量提供给 Shell 执行的其他命令使用。

    A. readonly   B. read   C. export   D. only

74. rpm --rebuild xyz-5.6-7.src.rpm 命令的作用是( )。

    A. 在安装完成后,还会把编译生成的可执行文件重新包装成 i386.rpm 的 RPM 软件包

    B. 把源代码解包并安装它

    C. 把源代码编译、安装它

    D. 把源代码解包并编译、安装它

75. ( )语句为用户提供了根据字符串或变量的值从多个选项中选择一项的方法。

    A. for   B. case   C. elif-then   D. if-then-else

76. 在安装 RPM 软件包时,通常都希望显示安装进度和一些附加信息,则 rpm 命令需要使用的选项组合是( )。

    A. -ivh   B. -iVh   C. -iUh   D. -iqa

77. 对 rpm 命令的选项描述不正确的是( )。

    A. -i 用于安装软件包   B. -e 用于删除软件包

    C. -q 用于查询软件包   D. -U 用于校验软件包

78. ( )命令将文件压缩成后缀为.gz 的压缩文件。

    A. diff   B. cat   C. gzip   D. head

79. 变更用户身份的命令是(　　)。

    A. who   B. id   C. whoami   D. su

80. 执行以下命令,对操作描述正确的是(　　)。

```
[root@localhost /]#NUM1=55
[root@localhost /]#NUM2=0055
[root@localhost /]#test $NUM1 -eq $NUM2
[root@localhost /]#echo $?
0
[root@localhost /]#test $NUM1 -ne $NUM2
[root@localhost /]#echo $?
1
[root@localhost /]#
```

    A. 两条测试命令表达了同样的结果   B. 第一条测试命令的测试结果为假

    C. 第二条测试命令的测试结果为真   D. 两条测试命令表达了不同的结果

81. 用 expr 命令可对 Shell 变量进行算术运算,算术表达式中的(　　)运算符需要做转义处理。

    A. +   B. −   C. *   D. /

82. 显示用户的 ID,以及所属组群的 ID 要用到的命令是(　　)。

    A. su   B. who   C. id   D. man

83. 关于 until 和 while 循环语句,描述正确的是(　　)。

    A. until 和 while 语句在条件为真时继续执行循环体

    B. until 和 while 语句在条件为假时继续执行循环体

    C. while 语句在条件为假时继续执行循环体

    D. until 语句在条件为假时继续执行循环体

84. 下面不具备循环功能的语句是(　　)。

    A. if   B. for   C. while   D. until

85. 用于创建一个新组的命令是(　　)。

    A. passwd   B. userdel   C. adduser   D. groupadd

86. 按照 Shell 编程的惯例,以 Bash 为例,程序的第一行一般是(　　)。

    A. #?/bin/bash   B. ?/bin/bash   C. #/bin/bash   D. #!/bin/bash

87. 用于建立用户账户的命令是(　　)。

    A. passwd   B. userdel   C. adduser   D. groupadd

88. rpm --recompile xyz-5.6-7.src.rpm 命令的作用是(　　)。

    A. 把源代码解包并编译   B. 把源代码解包并安装

    C. 把源代码编译并安装   D. 把源代码解包、编译并安装

89. (　　)命令将文件或目录打包成.tar 包或将打包文件解开。

    A. rar   B. cat   C. tar   D. head

90. 用于显示系统中进程信息的命令是(　　)。

    A. ps   B. su   C. kill   D. man

91. 可以使用(　　　)命令对 Shell 变量进行算术运算。

　　A. readonly　　　　B. export　　　　　C. expr　　　　　D. read

92. 对位置变量描述错误的是(　　　)。

　　A. 位置变量是一种在调用 Shell 程序的命令行中按照各自的位置决定的变量

　　B. $0 是一个位置变量

　　C. 位置变量是在程序名之后输入的参数

　　D. 位置变量之间用空格分隔

93. 当安装好 Linux 后,系统默认账户是(　　　)。

　　A. administrator　　B. guest　　　　　C. root　　　　　D. boot

94. 终止某一进程要执行的命令是(　　　)。

　　A. ps　　　　　　　B. pstree　　　　　C. kill　　　　　D. free

95. RPM 是由(　　　)公司开发的软件包安装和管理程序。

　　A. Microsoft　　　　B. Red Hat　　　　C. IBM　　　　　D. HP

96. 如果用 useradd 命令新建了一个用户账户,则在(　　　)文本文件中就会添加一行有关该账户属性的信息。

　　A. /etc/passwd　　　B. /usr/passwd　　C. /etc/user　　　D. /usr/user

97. 有一个用户的 UID 为 100,则该用户应该是(　　　)。

　　A. 超级用户　　　　B. 系统用户　　　　C. 普通用户　　　D. 同组用户

98. 如果没有使用任何选项而直接执行 adduser wbj 命令创建用户,则 wbj 用户的主目录为(　　　)。

　　A. /wbj　　　　　　B. /usr/wbj　　　　C. /mnt/wbj　　　D. /home/wbj

99. 在 root 权限下,执行 userdel -r wbj 命令删除用户 wbj 时,正确的说法是(　　　)。

　　A. 会提示要求确认是否删除 wbj 用户　　B. 只删除用户 wbj 而不删除其主目录

　　C. 删除用户 wbj 并同时删除其主目录　　D. 命令本身就是错误的

100. 管理员通常都希望看到解包时处理文件信息的进度,这样 tar 命令用于解压缩并解包.tar.gz 源代码包时,(　　　)选项组合几乎是固定搭配。

　　A. -xzvf　　　　　　B. -czvf　　　　　C. -xjvf　　　　　D. -cjvf

101. 关于用户和组,下列说法正确的是(　　　)。

　　A. 一个用户只能隶属于一个组

　　B. 新创建的用户必定不属于任何一个组

　　C. 一个用户可以隶属于多个组

　　D. 创建用户时不能指定该用户所属的组

102. 显示最近一段时间用户登录系统的相关信息的命令是(　　　)。

　　A. who　　　　　　　B. whoami　　　　C. id　　　　　　D. last

103. 系统中所有进程也是构成树状结构的,(　　　)进程就是这个树状结构的根。

　　A. init　　　　　　　B. root　　　　　C. boot　　　　　D. tty1

104. (　　　)命令可以实时动态地监视各个进程的资源占用状况,是一个综合系统性能分析工具,类似于 Windows 中的"任务管理器"。

A. ps B. pstree C. top D. kill

105. 在 Shell 编程中常用到 3 种引号：单引号、双引号和反单引号。其中，反单引号(`)一般用于(　　)。

　　A. 执行命令　　B. 计算表达式值　　C. 输出字符串　　D. 转义字符

106. 执行(　　)命令将会进入设置系统服务是否自动启动的文本菜单界面。

　　A. ntsysv　　B. testparm　　C. man　　D. mount

107. 正是由于(　　)的存在，使得 Windows 和 Linux 可以集成并且相互通信。

　　A. DNS　　B. Samba　　C. NAT　　D. Apache

108. 下列(　　)命令用来检测配置文件 smb.conf 语法的正确性。

　　A. make　　B. mount　　C. ntsysv　　D. testparm

109. 要设置主机名且永久有效，可修改(　　)文件中的 HOSTNAME 配置项。

　　A. /etc/hostname　　B. /etc/sysconfig/network
　　C. /etc/host.conf　　D. /etc/hosts

110. 要为网络接口 eth0 配置固定 IP 地址，则在其接口配置文件中应将 BOOTPROTO 指定为(　　)。

　　A. dhcp　　B. bootp　　C. static　　D. none

111. 启动指定网络接口 eth0 的命令是(　　)。

　　A. service　　B. ifconfig　　C. ifdown　　D. network

112. 设置 DNS 域名解析和主机解析优先顺序的配置文件是(　　)。

　　A. /etc/hostname　　B. /etc/sysconfig/network
　　C. /etc/host.conf　　D. /etc/hosts

113. 在 Linux 中用 ping 命令测试网络连通性时，缺省选项则(　　)。

　　A. 会不停地发送 ICMP 数据包　　B. 默认发送 4 个 ICMP 数据包
　　C. 默认发送 10 个 ICMP 数据包　　D. 不会发送 ICMP 数据包

114. (　　)命令可以追踪数据包在网络上传输时的全部路径。

　　A. ping　　B. traceroute　　C. nslookup　　D. netstat

115. Samba 服务器的主配置文件/etc/samba/smb.conf 中每节的标识用(　　)括起来。

　　A. ( )　　B. { }　　C. [ ]　　D. < >

116. 在 Samba 服务器配置文件 smb.conf 的全局配置[global]节中，security 用来设置 Samba 服务器的安全等级(share、user、server 或 domain)，其中安全级别最低的是(　　)。

　　A. share　　B. user　　C. server　　D. domain

117. 在 Samba 服务器的配置文件 smb.conf 的全局配置[global]节中，passdb backend 用于设置用户账户和密码的后台管理方式，默认采用的是(　　)方式。

　　A. sam　　B. ldapsam　　C. smbpasswd　　D. tdbsam

118. 在 Linux 客户端使用 mount 命令挂载 Windows 主机上的共享文件夹时，需要使用-t 选项指定文件系统类型为(　　)。

　　A. smb　　B. ntfs　　C. nfs　　D. cifs

119. 假设 Samba 服务器的 IP 地址为 172.20.1.70,建立了一个共享名为 wang 的共享目录,则使用 Windows 客户端访问 Samba 共享目录时,应在地址栏中输入( )。

    A. \\172.20.1.70\wang   B. //172.20.1.70/wang

    C. ftp://172.20.1.70/wang   D. 172.20.1.70:wang

120. 如果要允许匿名访问 Samba 共享目录,则在 smb.conf 文件的共享目录设置中应使用( )语句。

    A. public = no   B. guest ok = no   C. public = yes   D. guest ok = yes

二、多选题(60 题)

121. Linux 的主要特性有( )。

    A. 开放性   B. 多用户

    C. 多任务   D. 良好的可移植性

122. Shell 是一种( )。

    A. 程序设计语言   B. 命令语言

    C. 命令解释程序   D. 编译器

123. 安装 Linux 系统后,计算机的启动顺序是( )。

    A. 从 BIOS 到 KERNEL   B. 从 KERNEL 到 BIOS

    C. 从 KERNEL 到 login prompt   D. 从 login prompt 到 KERNEL

124. 在启动 Linux 并登录控制台后,若要查看引导信息可以使用的方法有( )。

    A. 浏览/var/log/messages 文件内容   B. 按 Shift+PgUp 组合键翻页

    C. 浏览/etc/inittab 文件内容   D. 任何时候运行 dmesg 程序

125. GRUB 的用户界面有 3 种,在 3 种用户界面之间进行切换的键有( )。

    A. C   B. E   C. X   D. Esc

126. 一些较知名的 Linux 发行版有( )。

    A. Solaris   B. RHEL   C. CentOS   D. RedFlag

127. 下列属于命令接口的是( )。

    A. 命令行界面   B. 可视化编程界面

    C. 图形用户界面   D. 文本用户界面

128. Linux 的引导程序有很多种,较为常见的是( )。

    A. ntloader   B. LILO   C. GRUB   D. Multiboot

129. 安装 Linux 所需的两个最根本的分区分别是以( )为挂载标志的。

    A. root   B. boot   C. /   D. swap

130. Linux 有多种安装方式,包括( )。

    A. CD-ROM   B. 硬盘   C. 网络驱动器   D. 软盘

131. 在 Linux 系统中,cat 命令的功能包括( )。

    A. 显示文件内容   B. 连接两个或多个文件内容

    C. 接收键盘输入并存入文件   D. 编辑文件内容

132. 假设当前登录系统的用户为 root,当前目录为/bin,现要将当前目录改变为

/root,可以使用(　　)命令。

  A. cd root   B. cd ../root   C. cd /root   D. cd ～

133. wc 命令可以统计文件中的(　　)。

  A. 行数   B. 字数   C. 段数   D. 字符数

134. 下面对 cp 命令描述正确的是(　　)。

  A. 可删除指定的文件或目录

  B. 可将指定的文件复制到另一个目录中

  C. 使用-i 选项可以防止用户无意识地破坏目标位置的同名文件

  D. 使用-r 选项可以递归复制一个目录及其包含的所有子目录和文件到指定
   位置

135. 下面对 mv 命令描述正确的是(　　)。

  A. 可将一批文件移至另一个目录下 B. 可将一个文件进行改名

  C. 使用-f 选项可递归移动整个目录 D. 通常用于文件的备份

136. 硬盘通常有两种接口,它们是(　　)。

  A. IDE   B. COM   C. USB   D. SCSI

137. 可以查看文件内容的命令有(　　)。

  A. more   B. ls   C. less   D. cat

138. 对 vim 末行模式的命令描述正确的是(　　)。

  A. 输入 q 表示结束 vim 程序,如果文件有过修改,则必须先存储文件

  B. 输入 q!表示强制结束 vim 程序,修改后的文件不会存储

  C. 输入 wq 表示存储文件并结束程序

  D. 输入 e 表示返回命令行模式

139. 若当前 vim 处于命令模式下,输入(　　)可以进入末行模式。

  A. :   B. /   C. $ D. &

140. vim 有多种工作模式,它们是(　　)。

  A. 输入模式 B. 末行模式   C. 执行模式   D. 命令模式

141. 在 vim 处于命令模式时,以下操作与描述正确的是(　　)。

  A. 按 0 键可把光标移至行首 B. 按 dd 键可删除一行

  C. 按 yy 键可复制整行   D. 按 p 键可粘贴已复制的文字

142. 下面为具有相反功能的命令组合有(　　)。

  A. mount 和 umount   B. df 和 du

  C. adduser 和 userdel   D. mkdir 和 rmdir

143. 用 ls -l 命令显示的信息中,开头是由 10 个字符构成的字符串,其中第一个字符表示文件类型,后面的 9 个字符表示文件的访问权限,分为 3 组,每组 3 位,以下叙述正确的有(　　)。

  A. 第一组表示文件属主的权限 B. 第一组表示同组用户的权限

  C. 第二组表示文件属主的权限 D. 第二组表示同组用户的权限

144. 下面对 rm 命令描述正确的是(　　)。

A. 对于链接文件,只是断开了链接,原文件保持不变

B. 如果没有使用-r 选项,有时也会删除目录

C. 使用 rm 命令要小心,因为一旦文件被删除就不能被恢复

D. 可以使用-i 选项来逐个确认文件是否要删除

145. Linux 安装后就在根目录下建立了许多用于存放不同用途文件的系统目录,下面对于这些系统目录的描述正确的是(　　)。

A. /boot 是超级用户的专属目录

B. /etc 下存放了系统设置的相关文件

C. /bin 下存放了各种命令程序和 Shell

D. 其他文件系统只能挂载到/mnt 目录

146. 如果根目录下有个名为 wang 的目录,该目录中有 soft、doc 两个子目录和一个 a. txt 文件,而当前目录为 soft,则指定对 a. txt 文件操作时应描述为(　　)。

A. a. txt　　　B. /wang/a. txt　　　C. ../doc/a. txt　　　D. ../a. txt

147. 直接执行 ls 命令以简略格式列出文件目录时,会用不同颜色来表示不同的文件类型,下列颜色表示正确的是(　　)。

A. 蓝色为普通文件　　　　　　　B. 绿色为可执行文件

C. 黄色为设备文件　　　　　　　D. 浅蓝色为链接文件

148. 使用 fdisk 命令对指定硬盘操作时,可以(　　)。

A. 删除一个分区　　　　　　　　B. 设置活动分区

C. 列出分区类型　　　　　　　　D. 改变分区类型

149. 下列命令可以创建新的文本文件的有(　　)。

A. vim　　　　　B. cat　　　　　C. touch　　　　　D. rm

150. 下列命令可以用于查找文件的有(　　)。

A. find　　　　　B. locate　　　　　C. who　　　　　D. whereis

151. 对 init 命令描述正确的是(　　)。

A. 可以使用 init 命令进行状态切换

B. 在状态 3 下执行 init 5 命令切换到 GUI

C. 执行 init 0 命令将重启系统

D. 修改/etc/inittab 文件可改变默认状态

152. 下列命令中,能让所有用户可以读和执行文件 exam1. txt 的有(　　)。

A. ♯chmod 111 exam1. txt　　　　　B. ♯chmod a+rx exam1. txt

C. ♯chmod 555 exam1. txt　　　　　D. ♯chmod a+rw exam1. txt

153. 关于 Samba 用户和 Linux 系统用户,以下说法正确的是(　　)。

A. 将 Linux 系统用户添加为 Samba 用户时,两者的密码可以相同,也可以不同

B. Samba 用户不一定是 Linux 系统用户

C. 要添加的 Samba 用户必须首先是 Linux 系统用户

D. 将 Linux 系统用户添加为 Samba 用户时,两者必须设置相同的密码

154. 关于启动 smb 服务，以下说法正确的是（　　）。

  A. 使用 ntsysv 命令可进入文本菜单界面将 smb 服务设置为永久启动

  B. 使用 chkconfig 命令可将 smb 服务设置为 3 和 5 运行级别，为永久启动

  C. 使用 service 命令可以永久启动 smb 服务

  D. 使用 service 命令只能临时启动 smb 服务

155. Shell 预定义变量及其含义正确的是（　　）。

  A. $0 指当前执行的进程名   B. $! 指后台运行的最后一个进程号

  C. $ * 后有位置参数的内容   D. $? 指上一个命令执行后的返回码

156. 使用 Shell 编写的程序被称为（　　）。

  A. Shell Script   B. Shell 程序   C. 源程序   D. Shell 命令文件

157. 执行 Shell 程序的方法有（　　）。

  A. bash Shell 程序名   B. bash ＜ Shell 程序名

  C. bash ＞ Shell 程序名   D. 将 Shell 程序成为可执行文件

158. 下列操作执行 4 条命令，对各命令描述正确的是（　　）。

```
[root@localhost ~]#su wbj
[wbj@localhost root]#ls /home/wbj
wbj.txt
[wbj@localhost root]# su wjm
Password:
[wjm@localhost root]#cat /home/wbj/wbj.txt
cat: /home/wbj/wbj.txt: Permission denied
[wjm@localhost root]#
```

  A. 第 1 条命令是由 root 用户切换到普通用户 wbj

  B. 第 2 条命令查看用户 wbj 主目录下的文件目录

  C. 第 3 条是切换到普通用户 wjm 时要求输入密码

  D. 第 4 条命令是用户 wjm 要查看用户 wbj 的文件 wbj. txt，但权限不够而被拒绝

159. 要将 exam. gz 文件解压缩，可以使用（　　）命令。

  A. gunzip exam. gz   B. gzip -d exam. gz

  C. rpm exam. gz   D. make

160. Shell 变量有（　　）。

  A. 用户自定义变量   B. 预定义变量

  C. 环境变量   D. 位置变量

161. 对于 tar 命令来说，常用的、几乎可以是固定的选项组合是（　　）。

  A. -tf   B. -xf   C. -xzvf   D. -czvf

162. 下面对 tar 命令描述正确的是（　　）。

  A. 将文件或目录打包成 . tar 包   B. 将打包文件解开

  C. tar 命令本身具有文件压缩功能   D. tar 本身并不是文件压缩工具

163. 使用 rpm 命令对软件包的管理包括（　　）。

A. 安装　　　　　　B. 打包　　　　　　C. 删除　　　　　　D. 升级

164. 与进程管理有关的命令是(　　)。

A. fdisk　　　　B. kill　　　　　C. pstree　　　　D. ps

165. 要安装或删除 RPM 软件包,可以使用的方法有(　　)。

A. 使用 setup 命令

B. 使用 rpm 命令

C. 使用 yum 命令

D. 通过 GNOME 的"添加/删除应用程序"

166. 下列不具有相反功能的命令组合是(　　)。

A. uname 和 man　　　　　　　　B. kill 和 top

C. adduser 和 userdel　　　　　　D. chmod 和 chown

167. 下列关于 Shell 环境变量及其功能的描述中,正确的是(　　)。

A. CDPATH 用于 cd 命令的查找路径

B. PATH 保存用冒号分隔的目录路径,Shell 将按此顺序搜索可执行的命令

C. PWD 是当前工作目录的绝对路径名,其值随 cd 命令的使用而变化

D. PS2 是主提示符,默认特权用户是"♯";普通用户是"$"

168. 用户自定义变量的定义规则为:变量名＝变量值,对它描述正确的是(　　)。

A. 变量名前不应加符号 $

B. 引用变量的内容时应在变量名前加 $

C. 为变量赋值时,等号两边可以留空格

D. 为变量赋值时,等号两边不能留空格

169. 命令 echo 是 Shell 内部命令还是外部命令,可通过执行(　　)命令得知。

A. enable echo　　　　　　　　B. enable -a │grep etho

C. type echo　　　　　　　　　D. help echo

170. 有关用户和组,下列说法正确的有(　　)。

A. 用户信息都存放在/etc/passwd 文件中

B. 组信息都存放在/etc/group 文件中

C. 新创建的用户也一定隶属于一个组

D. 一个用户可以隶属于多个附加组

171. 在网络接口配置文件/etc/sysconfig/network-scripts/ifcfg-eth0 中可以设置的网络参数包括(　　)。

A. 网络主机名　　B. IP 地址　　　C. 子网掩码　　　D. 默认网关

172. 有多种途径可以永久设置网络接口 eth0 的网络参数,包括(　　)。

A. 修改配置文件/etc/sysconfig/network-scripts/ifcfg-eth0

B. 使用 setup 命令进入文本菜单界面后选择 Network configuration 菜单项

C. 直接执行 system-config-network 命令进入文本菜单界面进行设置

D. 使用 ifconfig 命令

173. 要重启网络接口 eth0 可以执行(　　)命令。

A. service network restart
B. /etc/init. d/network restart
C. ifconfig eth0 up
D. ifup eth0

174. 与主机名称解析相关的配置文件有(　　)。
A. /etc/hosts
B. /etc/host
C. /etc/host. conf
D. /etc/resolv. conf

175. 在 Linux 中可以显示或临时设置网络接口 IP 地址的命令是(　　)。
A. ntsysv
B. ifconfig
C. ipconfig
D. ip

176. 要将 smb 服务设置为随 Linux 系统的启动而自动启动,方法有(　　)。
A. 执行 service smb start 命令
B. 使用 chkconfig 命令
C. 执行 ntsysv 命令进入文本菜单中设置
D. 执行/etc/init. d/smb start 命令

177. 可用于测试网络是否连通的命令有(　　)。
A. ping
B. traceroute
C. ifconfig
D. mtr

178. 某网络管理员通过 ping 命令测试网络连通性,以排查网络故障,以下说法正确的是(　　)。
A. Ping 通了 127.0.0.1 地址表明本机的网卡及其驱动已正确安装
B. Ping 不通本机网卡的 IP 地址表明网络接头或者网线坏了
C. Ping 通了本机网卡的 IP 地址表明本机 TCP/IP 协议及 IP 地址配置正确
D. Ping 不通网关的 IP 地址肯定是网关没有连接 Internet

179. 有关 Linux 系统中的 ping 命令,下列说法正确的是(　　)。
A. 不加任何选项会不停地发送 ICMP 包
B. 不加任何选项则发送 4 个 ICMP 包
C. 加-c 选项可指定发送 ICMP 包的个数
D. 按 Ctrl+C 组合键可终止发送 ICMP 包

180. Samba 的核心守护进程是(　　)。
A. smbd
B. samba
C. nmbd
D. smb

三、判断题(60 题)

181. Linux 是一个单用户、多任务的操作系统。　　　　　　　　(　　)

182. 如果在安装 CentOS 时选择了最小安装(minimal),那么在安装完成后就不可能再安装任何软件包。　　　　　　　(　　)

183. LILO 是一个比 GRUB 功能更强大的引导器。　　　　(　　)

184. GRUB 控制台同 Shell 一样也具有命令行的自动补齐功能。　　(　　)

185. 假设/boot/grub/grub. conf 文件中有两个 title 标题行分别表示可引导的两个操作系统,若要让前面一项作为默认引导的操作系统,则 default 的值应该设置为 1。(　　)

186. MBR 就是主引导记录,位于硬盘的 1 柱、1 面、1 扇区。　　(　　)

187. 在 Kernel 执行之后,将生成第一个进程 init。　　　　(　　)

188. Linux 操作系统的内核版本是指 Linux Torvalds 领导下的开发小组开发出的系统内核的版本。　　　　　　　　　　　　　　　　　　　　　　　（　　）

189. CentOS 在安装时创建的两个最基本的分区是根分区和 swap 分区，它们的文件系统类型都是 ext4。　　　　　　　　　　　　　　　　　　　　　　（　　）

190. 在 GRUB 的配置中，(hd0,0)表示第一块 IDE 硬盘上的第一个分区。　（　　）

191. fdisk 是一个硬盘分区工具程序，但只能处理 Linux 分区。　　　　（　　）

192. Linux 的文件名或命令名中的英文字母都是区分大小写的。　　　　（　　）

193. Linux 把所有设备都视为特殊的文件，也就是面向用户的虚拟设备，实现了设备无关性。　　　　　　　　　　　　　　　　　　　　　　　　　　　（　　）

194. 用户计算机上的光驱只能挂载到/mnt/cdrom 目录下。　　　　　　（　　）

195. 刚进入 vim 时处于插入方式的编辑模式。　　　　　　　　　　　（　　）

196. vi 是 Linux 和 UNIX 系统中标准的文本编辑器，可以说几乎每一台 Linux 或 UNIX 机器都会提供这套软件。　　　　　　　　　　　　　　　　　　　（　　）

197. 文件系统是操作系统用来存储和管理文件的方法，在 Linux 系统中每个分区都是一个文件系统，都有自己的目录层次结构。　　　　　　　　　　　　　　（　　）

198. 用 ls -a 命令查看刚刚新建的目录时是没有任何显示的。　　　　　（　　）

199. rm -r dir-name 命令可代替 rmdir 命令。　　　　　　　　　　　（　　）

200. 在 vim 编辑器中输入文本内容完成后，若要保存文件并退出 vim，应先按 Esc 键返回命令模式，然后按“:”键进入末行模式，最后输入 wq 并按 Enter 键。　（　　）

201. 执行 chmod 741 exam1.txt 命令后，文件的属主可读可写可执行、同组用户可读、其他用户可执行 exam1.txt 文件。　　　　　　　　　　　　　　　　（　　）

202. 输入重定向能把一个命令的输出内容送入到一个文件里，而不是显示在屏幕上。
　　　　　　　　　　　　　　　　　　　　　　　　　　　　　　　　（　　）

203. 用 mount 命令挂载任何类型的文件系统，都必须用-t 选项来指定要挂载的文件系统类型。　　　　　　　　　　　　　　　　　　　　　　　　　　　（　　）

204. 使用 mount 命令手动挂的文件系统，使用完毕应将它卸载，以免数据丢失。
　　　　　　　　　　　　　　　　　　　　　　　　　　　　　　　　（　　）

205. 任何一个新创建的目录下都有两个固有的隐藏目录，一个是当前目录(.)，另一个是当前目录的父目录(..)。　　　　　　　　　　　　　　　　　　　　（　　）

206. 在使用 cp、mv 和 rm 这 3 个命令时，经常会用到-if 的选项组合。　（　　）

207. 要将/wang 目录下以字母 t 开头的所有文件复制到当前目录下，可以使用命令：cp /wang/t *。　　　　　　　　　　　　　　　　　　　　　　　　（　　）

208. locate 命令查找文件的速度比 find 快，因为它不是深入到物理磁盘的目录结构中查找，而是在一个由例行工作程序 Crontab 自动建立和更新的资料库中查找。（　　）

209. whereis 命令只能用于查找二进制文件。　　　　　　　　　　　　（　　）

210. head 和 tail 命令分别用于显示文件头和文件尾，在缺省选项时分别显示文件开头的 10 行和最后的 10 行。　　　　　　　　　　　　　　　　　　　　（　　）

211. rpm 命令是由 RedFlag 公司开发的软件包安装和管理程序。　　　（　　）

212. shutdown -h ＋10 "System needs a rest"命令将告诉当前登录到系统上的所有用户"系统将在 10 秒后关闭",让用户有时间在系统关闭前结束自己的工作。　　（　　）

213. 用 kill 命令无法终止该进程时,可使用 SIGKILL(0)信号强制杀死进程。（　　）

214. RPM 保留一个数据库,这个数据库中包含了所有的软件包的资料,通过这个数据库,用户可以进行软件包的查询。　　（　　）

215. 一个文件经 tar 命令打包后,包文件的大小与原文件不一样。　　（　　）

216. bash 命令的位置参数变量为＄1～＄9,如果想访问前 9 个参数之后的参数,就必须使用 shift。　　（　　）

217. Shell 脚本必须经过编译、连接后生成可执行程序才能运行。　　（　　）

218. 使用 echo 命令输出一个包含变量引用且单词之间含有多个空格的字符串时,该字符串不加引号、加单引号或者加双引号的 3 种情况输出结果完全相同。　　（　　）

219. 如将 xyz-5.6-7.i386.rpm 改名为 xyz.txt,用 rpm 命令安装也会成功。（　　）

220. 如果创建用户时没有使用-g 选项指定用户所属组,则该用户必定不属于任何一个组。　　（　　）

221. 在使用 adduser 命令创建用户后,应使用 passwd 命令为该用户设置密码,否则不能使用该用户登录系统。　　（　　）

222. 在创建用户时不管有没有使用-d 选项来指定用户主目录,都会在/home 目录下自动创建一个与用户名同名的目录。　　（　　）

223. 使用 usermod 命令修改用户所属组时,用-g 或-G 选项的功能是一样的。（　　）

224. root 用户使用 su 命令将自己更改为某个普通用户,不会提示输入密码,要返回root 用户身份执行 exit 命令即可。　　（　　）

225. last 命令用于显示最近一段时间用户登录系统的相关信息,实际上读取的是日志文件/var/log/wtmp 中的内容。　　（　　）

226. 在使用 chmod 更改一个目录的权限时,若要以递归方式对指定目录下所有文件及子目录进行相同的权限修改,则应该加-r 选项。　　（　　）

227. ps 或 pstree 命令显示的是命令执行瞬间系统中的进程信息,而 top 命令可以动态地跟踪系统中的进程状况,默认每 5 秒刷新一次。　　（　　）

228. 不管是超级用户还是普通用户,都可以使用 date 命令来修改系统的日期和时间。　　（　　）

229. 执行 shutdown -r now 命令或 reboot 命令都将立即重启计算机。　　（　　）

230. 只要配置好可靠的 yum 源,使用 yum 不仅可以自动下载并安装指定的软件,还能够自动处理 RPM 软件包之间的依赖关系。　　（　　）

231. 要使网络接口 eth0 随着 Linux 系统的启动而自动激活,应把网络接口 eth0 配置文件中的 ONBOOT 设置为 yes。　　（　　）

232. Samba 用户必须首先是 Linux 系统用户。　　（　　）

233. 将 Linux 系统用户添加为 Samba 用户时,必须设置相同的密码。　　（　　）

234. 若执行 ♯rpm -qa｜grep samba 命令后没有输出任何信息,表明已经安装了Samba 服务器。　　（　　）

235. 要临时关闭 SELinux 系统，可以执行 setenforce 0 命令。（　　）

236. 在 Linux 客户端使用 smbclient 命令访问 Windows 共享文件夹时，使用 smbclient 的子命令 put 和 get 分别可以上传和下载文件。（　　）

237. 构建 Linux 局域网，通常使用 Linux 操作系统作为服务器，而客户机也要用 Linux 操作系统。（　　）

238. 执行 nslookup www.zjvtit.edu.cn 命令可以测试 DNS 服务器的反向解析是否成功。（　　）

239. 如果配置文件/etc/host.conf 中有 order hosts,bind 配置行，表示先用本机 hosts 名称解析优先于 DNS 域名解析。（　　）

240. 配置 Samba 服务器的目的是让 Windows 客户端能够访问 Linux 系统中的共享资源，Linux 客户端是不能访问 Samba 服务器中的共享资源的。（　　）

C.4　Linux 系统管理练习题参考答案

一、单选题参考答案

1	2	3	4	5	6	7	8	9	10
C	A	B	B	B	D	C	C	A	A
11	12	13	14	15	16	17	18	19	20
B	A	D	B	A	B	B	B	C	D
21	22	23	24	25	26	27	28	29	30
A	B	C	D	C	A	B	D	A	B
31	32	33	34	35	36	37	38	39	40
C	A	A	D	B	C	C	B	A	D
41	42	43	44	45	46	47	48	49	50
B	C	A	D	B	A	C	A	B	A
51	52	53	54	55	56	57	58	59	60
D	B	C	B	C	D	C	C	B	B
61	62	63	64	65	66	67	68	69	70
C	B	A	D	A	D	D	A	D	D
71	72	73	74	75	76	77	78	79	80
B	C	C	A	B	A	D	C	D	A
81	82	83	84	85	86	87	88	89	90
C	C	D	A	D	D	C	D	C	A

91	92	93	94	95	96	97	98	99	100
C	B	C	C	B	A	B	D	C	A
101	102	103	104	105	106	107	108	109	110
C	D	A	C	A	A	B	D	B	C
111	112	113	114	115	116	117	118	119	120
B	C	A	B	C	A	D	D	A	C

二、多选题参考答案

121	122	123	124	125
ABCD	ABC	AC	ABD	ABD
126	127	128	129	130
BCD	ACD	BC	CD	ABC
131	132	133	134	135
ABC	BCD	ABD	BCD	AB
136	137	138	139	140
AD	ACD	ABC	AB	ABD
141	142	143	144	145
ABCD	ACD	AD	ACD	BC
146	147	148	149	150
BD	BCD	ABCD	ABC	ABC
151	152	153	154	155
ABD	BC	AC	ABD	ABCD
156	157	158	159	160
ABD	ABD	ABCD	AB	ABCD
161	162	163	164	165
CD	ABD	ACD	BCD	BCD
166	167	168	169	170
ABD	ABC	ABD	ABCD	ABCD
171	172	173	174	175
BCD	ABC	ABCD	ACD	BD
176	177	178	179	180
BC	ABD	AC	ACD	AC

三、判断题参考答案

181	182	183	184	185	186	187	188	189	190
×	×	×	√	×	×	√	√	×	√
191	192	193	194	195	196	197	198	199	200
×	√	√	×	×	√	√	×	√	√
201	202	203	204	205	206	207	208	209	210
√	×	×	√	√	×	×	√	×	√
211	212	213	214	215	216	217	218	219	220
×	×	×	√	×	√	×	×	√	×
221	222	223	224	225	226	227	228	229	230
√	×	×	√	√	×	√	×	√	√
231	232	233	234	235	236	237	238	239	240
√	√	×	×	√	√	×	×	√	×